U0305384

居住空间环境解读系列

解读庭院与植物

黄一真 主编

黑龙江出版集团

黑龙江科学技术出版社

黄一真

  当代风水学泰斗，中国房地产风水第一人，现代风水全程理论的创始者。是国内外六十多个大型机构及上市公司的专业顾问，主持了国内外逾三百个著名房地产项目的风水规划、景观布局及数个城市的规划布局工作。

  黄一真先生二十年精修，学贯中西，集传统风水学与中外建筑学之大成，继往开来，首创现代房地产项目的选址、规划、景观、户型的风水全局十大规律及三元时空法则，开拓了现代建筑的核心竞争空间。

  黄一真先生的研究与实践足迹遍及世界五大洲，是参与高端项目最多，最具大局观、前瞻力、国际视野的名家，自1997年来对城市格局、财经趋势均作出精确研判，以其高屋建瓴的全局智慧，为国内外诸多上市机构提供了战略决策参考，成就卓著。

  黄一真先生数十年如一日，潜心孤诣，饱览历代秘籍，仰观俯察山川大地，上下求索，以独到的前瞻功力做出的精准判断，价值连城，在高端业界闻名遐迩。

  黄一真先生一贯秉持低调谦虚的严谨作风，身体力行实证主义，倡导现代风水学的正本清源，抵制哗众取宠的媚俗行为，坚拒当代风水学的庸俗化、神秘化与娱乐化。

  黄一真先生的近百种风水著作风行海内外数十载，脍炙人口，好评如潮，创造多项第一。其于2000年出版的名著《现代住宅风水》被誉为"现代风水第一书"，十年巨著《中国房地产风水大全》是全世界绝无仅有的房地产风水大全，《黄一真风水全集》则是当代中国最大型的图解风水典藏丛书。黄一真先生的著作博大精深，金声玉振，其趋利避害、造福社会的真知灼见于现代社会的影响极为深远。

  黄一真先生是香港凤凰卫视中文台《锵锵三人行》特邀嘉宾，香港迎请佛指舍利瞻礼大会特邀贵宾。2002年3月应邀赴加拿大交流讲学，2004年7月应邀赴英国交流讲学。

黄一真先生主要著作

  《中国房地产风水大全》《黄一真风水全集》《现代住宅风水》《现代办公风水》《小户型风水指南》《别墅风水》《住宅风水详解》《富贵家居风水布局》《居家智慧》《楼盘风水布局》《色彩风水学》《风水养鱼大全》《人居环境设计》《风水宜忌》《风水吉祥物全集》《大门玄关窗户风水》《财运风水》《化煞风水》《健康家居》《超旺的庭院与植物》《多元素设计》《最佳商业风水》《家居空间艺术设计》《卧房书房风水》《景观风水》《楼盘风水》《办公风水要素》《生活风水》《现代风水宝典》等。

解读庭院与植物

美化家居 招来滚滚财运
改善环境 花木催旺人生

003

大隐于市的尊荣贵胄

庭院 风水

"群芳摇落独暄妍，占尽风情向小园。疏影横斜水清浅，暗香浮动月黄昏。霜禽欲下先偷眼，粉蝶如知合断魂。幸有微吟可相狎，不须檀板共金樽。"宋初林逋的《山园小梅》被苏东坡誉为古今咏梅的绝唱，诗人所描绘的环境就是庭院布局的精髓。梅花孕蕾于霜雪冰冻肃杀之中，率万木之先，悄然绽放于早春二月，其傲骨铮铮，凌寒独放，象征执著、空灵、洁身自爱的风格和机敏、坚韧、先声夺人的气节，而园主则以此作为陶冶情操和人生追求的最高境界。

全世界的成功人士在功成名就之后都会殊途同归，在城市购置带庭院的住宅，自比上古隐逸圣贤，在享受红尘浮华生活的同时，借居住之地寓意超然出世，悟出"随缘任运"的人生之道。"不仅有家，而且有园"曾是多少中国人的梦想，所幸这种梦想随着国运的提升壮大，正在变成现实，走进一部分家庭之中。

对现代有家又有园的住宅而言，庭院的风水与门、厅、房、厨、卫的风水同等重要。尤其是庭院中的水池、喷泉、假山、花园以及花鸟虫鱼等活物，都或强或弱地影响着各种气能，直接关系到主人一家的健康与运道，理当引起充分重视。

比如庭院最常见的风水植物—竹，"竹"与"祝"谐音，竹子空心，表示谦虚；四季长青，展现年轻；竹节毕露，竹梢高扬，被喻为高风亮节。竹外形柔美，却弯而不折，折而不断，象征柔中有刚的处事原则；用竹制成爆竹，在喜庆节日燃放，则可驱邪祈平安。我最佩服的苏东坡就说："宁使食无肉，不可居无竹。"

释迦牟尼在王舍城宣扬佛教时，归佛的迦兰陀长者把自己的竹园献出，摩揭陀国王频毗娑罗就在竹园建筑一精舍，请释迦牟尼入住，释迦牟尼在那里驻留修炼了很长时间，这幢建筑就与著名的舍卫城祇园并称为佛教两大精舍。这则故事使竹在佛教界身价百倍，被看作圣物，出现在所有的佛教寺庙中，而居士、信徒也在家园中引种竹子，表达对佛教的信仰。

"岁寒，然后知松柏之后凋也"，是《论语》给予松柏的高度赞誉。松柏也四季长青，在严寒的冬季仍郁郁葱葱，充满生机，苍老盘曲的树干在霜冻飞雪中挺立，显示出坚毅的品格和强大的生命力。松柏象征坚毅、高尚和不朽，松树与鹤一起的和谐布局，象征长寿与成仙。由于松柏象征独立天地、风骨长存的崇高品格，也被大量运用在庭院中。

庭院中还有许多植物含有不同的风水功能，譬如梧桐，梧桐被视为圣洁之树，民间把梧桐当作凤凰栖息之处，可以给家园带来吉祥。而银杏树龄长达二三千年，又称公孙树，象征长寿、刚毅正直、坚韧不拔的精神。

玉兰树有吉祥之意，清香四溢，又比喻才华出众的人，称作"玉树临风"。将玉兰与海棠种在一起，更被称作"玉堂富贵"。庭院风水布局都喜种植紫薇和紫藤，两者都开紫色花，有祥瑞富贵、紫气东来之意。而在水中央，则有荷花寓意祥瑞。莲与别的植物不同，花和果实能同时生长，寓意举案齐眉、华实齐生，而莲子则喻"早生贵子"。

用置放花卉植物来改变庭院风水，提升活力气能，调整阴阳五行，往往能收到趋吉避凶的功效。庭院风水，其实就是外界山水的缩影，布局的精深微妙之处，一样与外界无异，内涵极为丰富，寓意极为深远。

我精心编撰此书的目的，亦是寄望有缘的读者通过成功的庭院风水布局，提升自我的庭院景致，巧夺天工造化，成为真正大隐于市的尊荣贵胄，则善莫大焉。

2007年5月 黄一真于瑞士日内瓦

第三章　庭院植物详解

解读庭院与植物

美化家居招来滚滚财运
改善环境花木催旺人生

007

改善环境花木催旺人生

美化家居招来滚滚财运

009

第四章 阳台植物详解

阳台植物知识要点

阳台常见易养植物

解读庭院与植物

大师全解植物开运密码 活用植物增旺住宅运势

第五章　居家内部植物详解

居家植物摆设知识..............358

适合玄关摆放的植物..............367

第六章 庭院设计实例赏析

改善环境花木催旺人生 美化家居招来滚滚财运

013

第一章

庭院与植物布置的

基础知识

随着城市的发展，绿地与树荫逐渐减少，于是人们对失去的绿色怀念不已。在都会中待久了，拥有一个有着绿色庭院的家，是大多数人的渴望。随着自然意识的抬头，庭院渐渐成了住宅的一部分，庭院中的池塘、喷泉、游泳池以及各种植物，都或强或弱地影响着各种气场，与居住者一家的健康和运道息息相关。庭院与植物布置便是由庭院中的各种构成要素出发，以兼顾美感与居住的舒适性为标准，来打造旺运利势的居家环境好格局。

古代风水学的基础知识--------------------------------------

1.古代风水学的概念

古代风水学是人类为了实现最佳居住方式而总结出来的生活智慧，它告诉人们应该如何健康地生活、工作与娱乐。大到生态环境，小到邻里居所的小环境，古代风水学都从安全和心理方面进行了全方位的考虑，有着一定的实用性和科学性。它根置于深厚的传统文化之中，数千年来人们一直在学习和利用它。大自然的环境正在遭受破坏，污染严重，人类居住的小环境也不尽如人意。现代建筑往往忽略了人与环境的关系，形成单调乏味的生活空间，使人们感到枯燥而压抑。古代风水学从天、地、人的关系出发，从人的生理和心理的不同角度对人类的居住环境做出有益的调整，它利用环境能量流的变化给人类的生存、生活质量带来积极的影响。如果说气功是"改善体内气的循环，维持健康的技巧"，那么古代风水学可以说是"改善环境气的循环，创造更好的生活空间的技术"。有人说风水是"住宅的东方医学"，一点也不假，古代风水学不是宗教学，不是神鬼灵异之说，更不是玄学，它是研究"天、地、人"三者关系的"环境科学"，是影响人们"生活"与"生存"的条件，同时也是左右"运势"的因素。在宇宙中，太阳、地球、大气吐纳的能量赋予了人类和世间万物的生命力，根据能量的不同密度，人们始终能感受到它的存在。古代风水学认为，世间万物都是由不同频率震动的必要能量组成，风水即"能量"。

2.古代风水学的应用宗旨

审慎周密地考察，清晰了解自然环境，顺应自然，有节制地利用和改造自然，创造良好的居住与生存环境，赢得最佳的天时、地利与人和，达到天人合一的至善境界，这就是古代风水学的应用宗旨。

3.古代风水学的实用价值

由古流传至今的风水学仍然罩着一层神秘的面纱，我们若要深入了解其中的规则，就必须先认同宇宙基本学说与现世物种运行方式之间的关联，认识所有的景物和环境所具有的象征意义，对动物、自然环境和阴阳力量等知

识进行融会贯通。

现在有许多有关风水学理论的著作流传于世，但在实践层面，风水的内涵则是靠口耳相传，一代代地延续下来的，因此难免夹杂一些迷信的行为与说法。其实，风水学的基本原理十分简单，因此，若想学好风水学并充分应用于日常生活中，一定要先了解风水学的基本原理和各项规则的运用方法。许多实例证明，根据风水学原理来安排居家与工作环境，的确能带来富足的物质条件与健康的身体，但这都是顺应风水学原理行事的结果，而不是风水学本身具有超自然的神奇力量。

○ 风水学是人类为了选择最佳居住环境而总结出来的生活智慧，它告诉人们应该如何健康地生活、工作和娱乐。

○ 认识四周的环境，并对其加以改造，让周围的环境符合自身的需求，可以为居家和工作环境创造良好的能量气场。

　　风水学是顺应居家或工作环境周围的能量品质而运作的，单靠风水学本身的力量，并不能为个人带来整体的好运。风水学的实质是为居家和工作环境创造良好的能量，以便在厄运袭来时，缓和灾难、降低损失并减轻痛苦。若一个人正处于一生运势的好时期，那么运用得当的风水学能使好运倍增。人类无法决定个人的出身或是一生运势的好坏，但可以掌握四周的环境，并对其加以改造，让周围的风水符合自身的需求，积极地改善和提高自身。

　　风水学几乎可以运用在生活的各个层面，不论是住家，还是办公大楼的协调合作，只要是人类的生活环境，都可以利用风水学改善能量场，营造各种至善境界。

4.风水学中的五行元素

古代风水学认为，天地万物由金、木、水、火、土五种基本物质组成，它们的运动变化构成了丰富的物质世界。五行是风水中的概念，顺应五行生克规律，就能够调旺风水，打造宜居庭院。

（1）五行生克

五行的基本运动规律是"相生相克"。"相生"是指一种物质对另一种物质具有促进作用，如木能生火，火能生土。"相克"是指一种物质对另一种物质具有克制约束的作用，如水能克火，土能克金。

五行相生：木生火，火生土，土生金，金生水，水生木。

五行相克：木克土，土克水，水克火，火克金，金克木。五行相生相克的口诀："顺次相生，隔一相克。"

（2）五行与方位的对应

东方属震，五行属木。

东南方属巽，五行属木。

北方属坎，五行属水。

南方属离，五行属火。

东北方属艮，五行属土。

西南方属兑，五行属金。

西方属兑，五行属金。

西北方属乾，五行属金。

（3）五行与颜色的对应及其内在含义

天地万物都可以与五行对应，五行对应的颜色即为五色，即青、赤、白、黄、黑五种颜色。

青色——相当于温和之春，为木叶萌芽之色。

赤色——相当于炎热之夏，为篝火燃烧之色。

白色——相当于清凉之色，为金属光泽之色。

黄色——相当于大地之色，为地气勃发之色。

黑色——相当于寒冷之色，为深渊无垠之色。

简而言之就是木为青色、火为赤色、土为黄色、金为白色、水为黑色。

○ 金木水火土。　　　　　　　　　　　　　○ 五行生克。

　　青、赤、白、黄、黑在中国的古代建筑中有不同的含义，寄予着特殊的意义：

　　青色——永远、和平。

　　赤色——幸福、喜悦。

　　白色——力量、富有。

　　黄色——悲哀、平和。

　　黑色——破坏、沉稳。

　　因此，中国古代建筑对颜色的选择十分谨慎。如果是为期望富贵而设计的建筑就用赤色，为祝愿和平与永久而设计的建筑就用青色，黄色为皇帝专用色，白色不常用，黑色除了用墨描绘某些建筑轮廓外，也不多用。故而，中国古代的建筑以赤色较多，屋内的栋梁颜色，则以青、绿、蓝三色用得较多，庭院中的色彩以青色为主。

　　现代建筑中，五行的特质和其代表色相对应的风水意义依然存在，在庭院中搭配好颜色与五行元素，十分符合庭院风水规划的本意。

庭院的基础知识

随着环保意识的抬头，庭院渐渐成了住宅的一部分，庭院中的池塘、喷泉、游泳池以及各种植物，都或强或弱地影响着各种气场，与居住者一家的健康和运道息息相关。因此，了解庭院的基础知识，对于建造适合自己居住的庭院来说大有裨益。

1.庭院中的五行元素

金、木、水、火、土是气的代表，它们代表着形状、颜色和感觉，居家庭院设计的目的就是建造一个不让任何元素占主导地位的阴阳平衡的空间，每种元素都可以在其中找到相对应的形态。

（1）金

金的能量与秋季、收获时节相关联。保持着流畅线条的自然轮廓以一种稀疏但却完整的方式象征着金之能量，圆形和圆顶就代表着金元素。在庭院

○ 圆形和圆顶代表了金元素，金的能量与秋季和收获时节相关联。

美化家居招来滚滚财运

改善环境花木催旺人生

里种植圆环形的，有着白色或银色花朵、树叶的植物可以引进金之能量。

　　将金的能量引入庭院，需要对其自然品质进行提炼和分解，并且围绕这个主题来创造特色。运用金的能量进行工作时，圆形是一种很恰当的形状，我们可以尝试着在庭院里面增加几个圆形的花丛，整个庭院使用白色或者银色作为主要色调，可以种植开着白花的灌木丛、有着银色树叶的树木，或者具有圆形叶片的植物。

　　（2）木

　　所有植物都代表了木元素，但植物的形状、颜色以及它们的位置却能够代表其他元素，我们可以用柱形树和相互垂直的木头支成的架子来特别说明木元素。

　　在风水学理论里，木之能量象征着新生的上升能量，木能量主导的区域通常是地势上升、高耸的树木和植物快速生长之处。

　　将植物边缘修剪成强有力的笔直线条，种植条块有序的蔬菜和植物，将为庭院增加木的能量；修理破损的篱笆、墙壁和其他建筑的外观也会有同样

○ 将植物边缘修成笔直的线条，也能增强庭院的木能量。

解读庭院与植物

大师全解植物开运密码
活用植物增旺住宅运势

○ 柱形树和相互垂直的木头支成的架子特别适合说明庭院中的木元素。

的作用；高大的树木也象征着木的能量。

庭院的大门或设置在庭院围墙上的通道，也是木能量的一种形式。

（3）水

实际存在的水、道路、植物的弯曲形状、低矮植物、同样颜色的植物群落都代表着水之能量。

水之能量可以带来柔和、平静、安宁的感觉，创造出一个没有任何抑郁、可以使人沉思的地方。溪流、蜿蜒的水池、穿过低矮树丛的小径，这些都能构成理想的沉思环境，给你的庭院平添一丝宁静。

需要注意的是，水若是不流动的，会由活水变为死水，死水中容易

○ 实际存在的水、道路、植物的弯曲形状、低矮植物、同样颜色的植物群落都代表着水之能量。

○ 在庭院中设置流动的水，如小溪，可以激活能量，带来财运。

长出许多蚊虫和细菌，因此，本身为静的水也需要一些动的元素，才能让其能量在运动中不断发挥作用。

在居家庭院中，可以设置小溪或是富有动感的喷泉，让代表财气的水流动起来。

（4）火

植物的尖形叶子可以代表火之能量，只需引入一株这样的植物就可以让毫无生气的庭院改变。三角形、锥形也代表火之能量，许多藤本植物的支架就是这种形状，但在种植藤本植物和搭建支架时要注意使它们与周围的建筑、植物相配。

每个人、每个家庭、每座庭院都需要一点火花。在墙头摆放一组天

○ 植物的尖形叶子可以代表火之能量，耀眼的红色也可以代表火之能量。

竺葵，在冬天的暖房里面种植开满着鲜红色鲜花的植物，都可以增加火的能量。

（5）土

道路、平顶的栅栏、树篱都代表着土元素。

土元素对于所有的室外空间来说，都是一种稳固的基础，为了加强良好的土之能量，需要保护土壤。在庭院里自然发生的所有事情都各有功能，即使是真菌类植物，也应该允许它生长，因为它能保持花园的健康和创造良好的土之能量。

就像当能量达到顶峰时阴阳会相互转换一样，元素也可以相互转变，

○ 土元素代表着丰富的资源，是庭院中的基础。

○ 道路、栅栏，都代表着土元素，能有效保持花园的健康。

庭院里的木元素就时常转变成土元素。在一个几乎全部都是绿色的庭院里，如果有土元素的边界和矩形木制的家具，木元素就变成了土元素，庭院就成了低能量庭院，这时要提高庭院的能量，就应该引入其他形状和颜色来赋予花园生机。

2.庭院在传统风水学中的作用

居家风水学是基于气、阴阳、五行、八卦等风水学原理，同时兼顾天人合一、天人感应理论的一种哲学思想，它可以让人与自然之间保持一种和谐的关系。人类生存在自然环境中，这种大环境中的山川水流、花草树木等形成了自然的环境景观，这些自然景观会对人类的生理和心理产生影响。当人处在一种美观、舒适、色彩和谐的环境中时，就会心情舒畅，思维更加清晰、敏捷，创造灵感也格外活跃，这便是好的环境所产生的积极作用。

（1）庭院能够增旺

庭院作为居家风水与外界风水相联系的媒体，它的主要作用就在于阻挡外来的"负能量"，守住家中的财气、旺气。

之所以说庭院是住宅的第一道防线，是因为就住宅这个小环境来说，也需要有负阴抱阳、背山面水的环境。一般来讲，居家住宅中常遇到的各种外部不利的因素，都可以利用房屋前的庭院来化解。比如，住宅大门正对笔直

○ 房屋前用心设计的庭院可以在很大程度上化解房屋外部的不利因素。

○ 在房屋前的庭院设置水池，可以满足纳财、顺财的愿望，有着良好的寓意。

的电线杆或者其他容易让人产生紧张感、压迫感的建筑时，我们就可以在住宅的前方设置一些盆栽植物或是修建弧形的围墙，这都能有效缓解这种直面而来的压迫感，让不利的因素消失在美好的景致之后。而这个住宅前方的位置，也就是庭院，不仅可以将这些不利的因素阻隔在外，还可起到由室内向室外过渡的作用，有利于不同气场的转换。

在风水学中，房屋前的明堂（庭院）是住宅的藏风纳气之处，明堂的道路、水流如果形态和方位都吉祥，就可以为住宅带来活力和财气，所以在房屋前的庭院设置水池、水缸可以满足纳财、顺财的愿望。

（2）庭院可以调和阴阳

庭院和住宅的关系非常重要，两者之间具有主从的关系，也就是阴阳的关系，住宅为"阳"，庭院为"阴"。

阳的力量是积极、跃动的力量，阴的力量则是属于平静的力量。以方位而言，东或南为阳的力量，西或北为阴的力量。住家既需要阳的力量，也需要阴的力量。例如，为了使孩子健康成长，儿童房要有阳的力量，而老年人的寝室则需要有阴的力量。

植物中的阴木是指橡树、棕榈、芭蕉、苏铁、樟树、紫薇、石榴、葡萄等；阳木是指兰花、牡丹、菊花、杉木、桂花、柿子树、松树、桃树、竹子等。一般而言，阳木是较大的树木，而阴木是比较小的树木。此外，开冷色

○ 周围有较高的住宅、太阳晒不到的庭院，则可以利用阳性植物来补充太阳的力量。

○ 住宅外墙如果是明亮的阳的颜色，则庭院可以种植较稳定的树木。

○ 树木将根扎于阴气之母的大地，又将枝叶伸向阳气之源的天空，协调着庭院中的阴阳。

系花的植物具有阴的力量，而开暖色系花的植物则具有阳的力量。

　　在庭院中种植接近3米高的树木，则木结构房屋的柱子和屋梁就能承受树木本身的力量，树木也能从柱子或屋梁等处吸收到力量。钢筋水泥结构的住宅，由于铁和水泥是无机质（阴），而植物属阳，阴阳调和对住宅会有好的影响。

　　较高的、垂直的住宅为阳，为了弥补阳，兴建一个具有阴的能量的庭院较为理想。如果是较宽敞的住宅，这种住宅具有阴的能量，则庭院中要种植高的树木，以高低参差的形状来弥补阳的力量。

　　（3）庭院可以增加住宅面积、转换气场

　　一般来说，住宅和庭院的比例以6∶4最好，最能营造和谐的生活氛围。在建地狭小的住宅庭院中，无法通过扩宽庭院转换气场，但可以利用各种景观设置、植物的妥善安排来营造丰富的庭院气场。譬如，庭院中原本有许多杂乱的芭蕉，风水学中本有芭蕉招阴的说法，加之芭蕉叶片厚大，遮挡了低矮植物的阳光，容易藏污纳垢，久而久之，让原本就不宽敞的庭院显得更为

○ 当住宅和庭院面积狭小时，可以利用园艺转换气场。

拥挤。如果将这些芭蕉清理干净，设置一个观景平台，在平台周围种上较低的灌木植物，或是开阔出一块用于健身的平地，都能完善住宅的功能区，改善住宅面积狭小的问题，让住宅显得清爽，庭院景致丰富有条理。

（4）庭院可以弥补住宅的突出或凹陷

一般来说，凹陷是指负面的力量，突出是指正面的力量，但是突出的部分过大时，也会破坏良好的宅形，给住家造成不好的影响。在这种情况下，可以借助盆栽或树木来化解。例如，在住宅凹陷的部分兴建庭院或种植树木，就能提升这个部分的能量。凹陷的部分可以种植2～3米高的常绿树木。突出的部分可以在住宅的内部进行调试，用植物弥补，消除突出的部分也是不错的化解办法。

住宅以方正的形状为佳，如果有自然的突出或凹陷的部分，就要用植栽来消除"突出"或"凹陷"带来的不好的影响。

住宅北边凹陷时，可在庭院凹陷的空间进行植栽，种植2～5米高、从二楼的窗户可以看到的树木。北侧宜种植常绿树木，因为北侧不能晒到太阳，冬天时又有寒冷的北风吹过来，高大的树木可以用来防风。

◯ 在住宅的突出或凹陷部分，可以利用植栽来弥补这些缺点。

◯ 住宅的北侧光照较少，可以在庭院种植高大的树木，防风挡寒。

住宅东北方位凹陷时，要在凹陷的地方种植南天竹，也可以种植开白花、较大的树木。

住宅东侧凹陷时，可以种植不太大的树阴草、会开红色花的植物。植物的高度以2米以下为好，不要挡住清晨照入住宅的阳光。

住宅西南方凹陷时，可以种植大树，或是在住宅和围墙平行排列树阴草或较低矮的树木。也可以兴建假山，种树阴草和小的树木，落叶木就较适合在这种情况下种植。

如果住宅西边到西北边凹陷时，可以在此方位种植2.5米左右的树木，以弥补这种缺陷。

3.庭院的方位简析

设计、建造一个庭院的首要问题，就是为其选择一个最适当的方位。合适的方位能形成一个上佳的气场，反之，如果庭院建造在不合适的位置上，并且配有不合适的建筑设施等，则会形成一个异常的气场，给人的生活带来诸多不便。

（1）北方

北方是具有水气的方位，在这个方位可以安装具有流水感的灯，将植物高低不齐地摆放。这个方位与喜水的植物和粉色系的花有良好的配合，且小花比大花更适合种植在北方，也可以适当安排一些高大的树木在这个方位。

（2）东方

东方是具有木气的方位，这个方位适合种植玫瑰、竹子等节节伸展的植物。

（3）南方

南方位的庭院，日光充足，使人心旷神怡。不过，南方是具有火气的方位，所以不适合栽种火气旺盛的植物，比如红色的花。具有净气作用的观叶植物和白色的花可以摆放在这个方位，特别是薰衣草和桔梗。

（4）西方

西方是具有金气的方位，这个方位可以放置低矮，呈圆形、线性的装饰物，栽培箱也应选择低矮、圆形的。在这里，只需要放置一种高大的植物就可以使能量得到平衡。此方位的花卉宜选择黄色、白色或乳白色的。

○ 小花比大花更适合种植在北方，也可以适当安排一些高大的树木在这个方位。

○ 东方是具有木气的方位，这个方位适合种植玫瑰。

○ 具有净气作用的观叶植物和白色的花可以摆放在南方。

○ 西方可以放置低矮，呈圆形、线性的装饰物，栽培箱也应选择低矮、圆形的。

（5）东北

东北方是具有土气的方位，如果在这个方位种植白色的花，有旺气的效果。红色和橙色的混合色也适合在此方位摆放。放置在此方位的花盆可以选择比较方正的，符合土的特质。装饰此方位时，可以将物品摆放得错落有致，不用整齐有序地排列。

（6）东南

东南方是具有木气的方位，这个方位适合西洋风格的装饰，与格子图案有较高的配合度，选择有方眼的花盆较好。种植在此方位的花朵，以四色混合的为佳，形成缤纷的色彩效果。

（7）西南

西南方是具有土气的方位，因为这个方位略低，有助于气的流通和聚集，所以可以选择略低的盆栽植物。这个方位也适合种植利于财运的黄色花朵，如金盏草和波斯菊。在西南方栽培水果或者开垦家庭菜园都是不错的选择。

（8）西北

西北方是具有金气的方位，在这个方位使用纵向的线性装饰有助于运气的提升。此方位比较适合常春藤类植物，以白花与绿叶混杂的植物为最好。

4.修建庭院的步骤

庭院的设计就是一个从无到有的过程，从庭院结构的构造，到山景、水体的设置，再到各种植物花草的摆放，都需要进行细致的规划。因此，在庭院修建、装修前，明确庭院设计的步骤十分必要。

（1）明确庭院的用途

不同年龄的人对庭院的需求各不相同，对退休人员来说，可能需要一块健身活动场地，或能栽种花草蔬菜的地方；小孩可能需要一块大草坪或实心铺装地，以方便在上面打球玩耍；中青年人需要一个幽静、舒适的休闲活动区域，用来看书读报，或邀上三五知己，在葡萄架下海阔天空一番；另有一些人则是简单地认为庭院是户外活动场所，是室内空间的延伸，只是偶尔种上几棵植物而已……所以在进行庭院设计之前，一定要了解家庭成员的各种不同需求，以及每一需求的优先程度。

○ 根据庭院使用者的不同需求进行综合规划，做足前期准备工作，才能设计并建成风生水起的多功能庭院。

　　但是并不是每一个人都有很清晰的思路，知道自己需要什么样的庭院，这时可以先进行一番实地勘察。全面测量场地的大小，了解围墙的尺寸和位置，包括面向庭院的门、窗、客厅等，这些因素都会与庭院的通道有关系，并为欣赏庭院选择最佳视点。场地分析时要将庭院的朝向、土质、地下管道及电线位置等细节一一标出，大致注明庭院中各要素的位置。这一切在未设计前都要有一个大致的框架。拍摄庭院不同角度的照片及整个庭院的形状和周边环境，以便在以后的设计中加以利用。

　　在进行测看和分析时，你会发现庭院周边的建筑风格可以为你提供思路，甚至可以决定该庭院的风格。例如，具有日式特点的住宅需要日式茶道庭院或枯山水庭院来与之协调；充满欧美现代气息的住宅需配简约风格的庭院。

　　在确定庭院的风格类型后，你需要列出一份详细的清单，列出庭院中所需要的配件要素，如水池、喷泉、凉亭、休闲平台等，并明确庭院的实际用途，是休闲、娱乐、欣赏之用，还是栽种果树蔬菜，由谁来用，什么时候使用的时间多一些，这些问题都会影响庭院的设计。

（2）构思规划

在你了解与庭院相关的问题后，就要进行构思规划了。首先，将庭院大致分成几个空间，草坪、菜园、休闲活动区域等，你所需要的各种元素能否与你所希望的庭院风格和谐统一，都要有一个整体的概念。一旦总体构思确定下来后，就可以列出一份更为详细的植物清单。你喜爱什么样的植物？你愿意在花园养护上花费多少时间？若没有时间打理，你最好种植些不需要精心管理的常绿植物或草坪。在植物清单上，这些因素都要考虑在内。根据庭院场地的大小和形状，将构思中的形象转化成平面规划图，然后再与家庭成员进行深入探讨，对场地进行实地察看，了解它们的可行性和不足之处，找出最佳设计方案。

（3）施工顺序

设计基本完成后，施工前要有一个合理的施工顺序，下面是常用且非常合理的庭院施工顺序。

①清理场地，锄草、翻土。

②规划场地，安排园灯线及水池进水管及溢水管。

③标出庭院主景的方位，如要修建凉亭的话，这时就要打地基等。

④种植植物。

⑤准备山泥、黄沙，为种草皮做准备。

⑥安装园灯及管道系统。

⑦整理场地，种植草坪，浇水。

5.庭院设计要点

庭院设计千变万化，同一庭院可以有不同的设计方案，每座庭院的外形、大小，以及与住宅之间的位置关系都是不同的。所以，应根据不同需求，利用庭院的基本要素来对庭院进行合理的设计。每个庭院都有其独特性，所以要想创造出一个真正属于自己的庭院，关键在于屋主本人的喜好和个性。

（1）明确主题

庭院设计的目的就是为人们提供趣味和享受，你可以根据自己的爱好来设计自己的庭院。设计庭院时要有一个明确的风格或主题，如水景园、玫瑰园、赏石园、蔬菜园，也可以营造一个以种植果树为主的果树园。对于一个果树园来说，充足的阳光和水分是必要的条件，人们在庭院中观赏着硕果累累的石榴、苹果时，感到惊奇、有趣，从而有种探究的神秘感。

（2）设置并强化焦点

小庭院的形状多样，有正方形、L形、三角形等，且每种庭院类型均可设计出许多不同的方案，规则式或自然式。小庭院空间有限，切忌小而全，把所有的庭院元素都运用在上面，这样就会显得杂乱无章，没有鲜明的主题。若均衡布局，没有一个焦点，则会感觉单调而沉闷，缺少趣味。在设计中可以设置一个焦点，并强化这个焦点，让其他元素均起衬托作用。

在设置焦点时，焦点周围可见的视域应简洁，以保证没有景物与所选的焦点相冲突，使焦点左右人们的注意力，从而产生趣味点，让有趣的景物使人忘记空间的狭小。在设计庭院时，不仅要选择好一个清晰的主题，还要努力去实现它，强化主题，剔除杂乱，使每一个元素在有限的空间里都处在更

○ 清晰的主题加上明确的焦点设置会让庭院更加有趣。

○ 庭院的景观应该主次分明，这样才能更好地突出焦点，获得更美的感受。

加合理或合适的位置上，营造一个舒适、悠闲的庭院氛围。

庭院由许多不同的焦点组成，焦点的组成取决于业主的个人品位和庭院风格。进入一个庭院时，焦点可以是水池边上的一件动物雕塑，或是一组坛罐，能吸引人并控制人们的注意力。

物品选择可以全凭个人喜好，但前提是必须与庭院风格相协调。理论上，同一视野中只能有一个焦点，因为焦点一多会产生冲突，导致混乱，但你可以设置焦点顺序，欣赏者在观赏一个的同时，视觉中有可能会看见后面的一个，这种方式是营造有趣的庭院所必需的。

（3）使庭院小中见大

在处理狭小空间的庭院时，有三种较容易出效果的办法，一是设置水景，前提是水景必须与整个庭院风格相吻合。水池的设计要富有想象力，以简洁为主，不要设置得太小，也不要让植物布满水面。在水生植物的选择上，要选择合适的种类，如睡莲、鸢尾、荷花等。在角落处或靠墙处砖砌水池可以最大限度地利用狭窄的场地，再布置壁泉和繁茂的背景植物来增加水

◎ 庭院的各种设计布局需要仔细考量庭院的大小、周围环境。

◎ 面积较大的庭院中还会设置其他的建筑，如凉亭、日光房等，以互相的配合来达到景致的和谐。

景的深度，即使是最小的水景也能产生扩大庭院空间的效果。

二是设置高于地面的种植池和花台。庭院内往往有一块用于休闲的铺装地，而在施工后会有多余的土，正好利用这些土就地围砌一个花台，将挖出的土填入花台内。种植池内的排水系统要处理好，底土下加一些沙砾可以提高土壤的排水能力，有利于植物的生长。提高种植池对小空间的景深和层次感均能起到一定效果，不失为一种扩大空间的好办法。

三是尽量少用绿篱。在小庭院内，绿篱尽量少用。如果边界用绿篱围合起来，有一种墙壁围合房间的感觉，围篱越高，空间就会显得越小，庭院中形成的阴影就越多。最好的方式是，降低围合高度，甚至不用围合，与周围的景观连成一片，和邻家的树木融为一体，借用外围空间，使空间无限延伸，使原本较小的庭院看上去比实际空间大一些。

（4）巧妙利用限制性因素

在相对较小的庭院中，可以在一个封闭或相分隔的庭院分区中营造一些不同的元素，而不造成风格上的冲突。从某个角度来看，有些看似限制性的因素往往可以引发出有趣和富有创意的设计。由于场地的限制，对它的设计

○ 庭院中的装修和装饰材料尽量采用高对比度，可以营造天然舒适的质感。

将会是一种具有创造性的挑战。运用花架或攀缘植物来制造屏障以遮挡不雅观的东西，通过巧妙的设计，将人们的视线引入到有趣的景物上来，既要设置得当又要富有艺术性，就没人会意识到它们起初的目的。

每个庭院由各分区元素所组成，有的用垂直要素或用树木来划分它们的界限，并形成不同的分区形状。在任何组合中，对比会产生趣味，而太多的对比则会产生冲突。垂直的板式分隔物会形成稳定的韵律，与常绿植物统一和谐，而用水平线的分隔物则会产生较大的冲突感。垂直植物的作用是形成屏障，有效的屏障并不一定要厚实的屏障物，而用植物将会更加有趣，采用自然树形作屏障，不可能完全阻挡人们的视线，但却很有吸引力。通过这道屏障，人们的视线会被引向屏障的后面，有探索的愿望。

（5）运用简单的表现手法

在一些休闲的小庭院中，要努力去营造一种适于休息的静谧平和的氛围，就需要应用"简单"这一表现手法，简单会给人以宁静感。总体设计原则是以"宁静"的区域去衬托多变的区域，如趣味多样、色彩丰富的植物或水景，而这些"宁静"的表面就要保持低调。要营造一个"简单"的庭院，不是件容易的事，首先要组织好庭院的构思与元素，整体方案必须是明确的。如果第一眼看见庭院时，设计就能清晰地将主题信息表达出来，那这个

○ 各种有香味的植物装点在庭院中，可以改善庭院的氛围，不失为简单有效的表现手法。

庭院就具备了简单的特征。在小庭院中，太多的元素会使景观杂乱，会使原本不大的庭院空间显得更小，所以简单尤显重要。简单不是缺少深度和复杂性，而是有效地将这些元素组织起来，连贯一致。

（6）协调统一各元素

整个花园的协调统一十分重要。在建造的初期，景观效果上还没有达到协调，植物还未长大成荫，无法遮盖一些硬质元素的生硬线条和粗糙表面。植物生长要花费较长的时间，但景观庭院中"硬质"元素马上就可以见到效果。庭院中的硬质元素都要与建筑相协调，在风格上和材料上保持一致，存在着具有吸引力的连续性。在考虑庭院的植物元素时，植物色彩要协调，例如秋天，橘红色的基调，有橙黄、橘红、粉红等一片美丽的秋季景观展现在我们面前，既统一又协调，古朴、粗犷的石灯笼设置在植物丛中，形成了庭院中宁静一隅的完美焦点。粗糙的石质肌理与粉红色花朵、绿色叶片形成对比，遥相呼应，与周边环境相和谐，令人赏心悦目。统一是一条线，能将各种元素串连起来，从而形成一道美丽的景观。

○ 庭院中的硬质元素都要与建筑相协调，在风格上和材料上保持一致。

美化家居招来滚滚财运
改善环境花木催旺人生

6.庭院的布局原则

庭院是住宅的外围部分，其中的花草树木、假山流水如果合理布局，可以使整个住宅看上去犹如世外桃源、人间仙境。在建造、设计庭院的时候，不仅要注重美观，还要符合风水之道，这样才能有利于主人的身心健康和财运兴旺。

（1）前庭应开阔宽广

住宅的前庭是庭院大门与住宅大门的过渡地段，是庭院中最具有风水影响力的部分。不管是从屋外向内看，还是从屋内向外望，前庭的设计都给人视觉上最直接的观赏效果。同时，前庭会引导气进入住宅内部，同玄关一样发挥着进气纳福的作用。前庭宽阔时，可以通过大门、树木的设置营造活跃大气的特点；如果前庭不够宽阔，甚至有些狭窄，可以利用外墙和植物围篱的平衡改变景观。

○ 前庭往往引导气进入住宅内部，是庭院中最具有影响力的部分。

（2）中庭应与外界保持平衡一致

一般情况下，气压不同的空气会在中庭产生各种异常的气流。若中庭有池塘、大树的话，这种异常会更为明显，气流的不稳定对家人的健康有极大的影响。而且，中庭为花园的时候，散发出的土气会让住宅的能量偏离，影响居住者的健康运。所以，一定要让中庭有充足的阳光照射，不要设置大树与池塘，以保持中庭的气

○ 中庭具有采光与通风两种优点，但是就风水学观念而言，气无法集中，不算是吉相。

压、土气与外界的平衡一致，这样才能保持卫生、健康和家运兴旺。

（3）后院宜保持清洁简约

住宅的后院是住宅的背靠，因此不用像前庭一般豪华，可以以较稳重

○ 后院是人丁智慧的象征，应时时保持清洁，才能让家中的每一个成员感到神清气爽。

的风格来设计。在颜色设置方面，不宜过亮，否则容易让人感到浮躁。可以适当地种植花木，但不能过多过杂，造成不易打理、阴气湿重的现象。后院最好能有光照，并保持通风和排水的顺畅。在风水上，后院是人丁智慧的象征，应时时保持清洁，才能让家中的每一个成员都感到神清气爽。

7.庭院的多种形式

精美的庭院是由植物、石材、水景等各种不同的素材通过艺术的手法结合而成的。在庭院中，我们既可以嗅到自然的气息，又可以享受居住的安逸。在中式庭院里，假山、流水和翠竹是必不可少的元素；西式庭院讲究对称与协调，比较多地用植物的造型和位置来增强它的视觉效果，需要比较大的空间。庭院可以看成是由地面、灌木、围墙、栅栏、遮棚、树冠等环境中

◯ 自然、假山、流水和翠竹是中式庭院中必不可少的元素。

○ 西式庭院讲究对称与协调，比较多地用植物的造型和位置来增强它的视觉效果。

的有形元素围成的空间。西方与东方庭院比较明显的不同点之一，就是西方人惯用实体的存在来证实自己，而东方人与环境的对话方式则偏向于引用。

（1）中式庭院

中国的庭院有着悠久的历史和独特的民族风格，在世界上享有崇高的地位。但如同我国的传统文化一样，庭院文化很长一段时期以来也是在一种与外部世界交流较少的环境中，通过世代的摸索、探求、总结而逐步生长、完善、沿袭、流传下来的。这种在历史上相对孤立、闭塞的状态，一方面使中国庭院长期处于一种逐步积累、相对稳定、相当保守的渐进式的衍变过程中；另一方面，也使它有可能创造出与其他民族迥然不同的风格。中式庭院不是简单地模仿大自然，而是概括了自然美的内涵，形成了具有浓厚民族特征的庭院风格，表现出"人是主人，景为人用"的基本特点。

①中式庭院的特色。

中式庭院是一种自然山水式庭院，追求自然情趣是中式庭院的特色。中式庭院把自然美和人工美高度结合起来，融艺术境界和现实生活于一体，把

○ 中式庭院是一种自然山水式庭院，追求自然天趣是中式庭院的特色。

社会生活、自然环境、人的审美情趣与美的理想水乳交融般地交织在一起，形成可坐可行，可游可居的现实物质空间。中式庭院是人们认识、利用和改造自然的伟大创造，"自然者为上品之上"，"虽由人作，宛自天开"成为评价中式庭院艺术的最高标准，"外师造化，中得心源"成为中式庭院艺术的基本信条。

中式庭院的总体布局要求"庭院重深，处处邻虚"，空间上讲求"隔景"、"藏景"，要求循环往复，无穷无尽，在有限的空间范围内营造出无限的意趣；在审美情趣上，则追求神似，不追求形似，特别讲究因地制宜，因势随形。

②中式庭院的基本类型。

中式庭院的基本类型大致可以分为自然庭院、寺庙庭院、皇家庭院和私家庭院四种。四种庭院风格的实用需求不同，但其庭院内涵则是基本相同的。庭院的规模大小不一，小庭院多为单一空间，功能较为简单；中、大型庭院则不然，独立性强，在功能上变化多样，可满足会客、读书、听戏、宴请、赏月等不同需要。少数私家庭院，不仅独立于住宅之外，其面积也远大于一般院落，形成一种集多种式样的建筑群、园中园的"集锦式"格局。

③中式庭院的基本元素。

下面我们以私家庭院为例介绍一下中式庭院的基本元素。

中式私家庭院概括起来有以下一些特点：因物质条件上不能同皇家庭院相比，建造所费资金较少，一般规模也较小，而选址都在城市内幽静处，也与起居住宅相联，居住赏游合一。选址在城市，无自然山水景观可借，只能"开池设濠，理石挑山"。庭院的建造，全凭人力，但在庭院景观上要求尽量不留人工雕凿痕迹，力求自然之美。尽管私家庭院规模小，但要在咫尺空间内造就出"山不高而有峰峦起伏，水不深而有汪洋之感"的特殊的庭院意境，在一方有限的空间内组合成千变万化的庭院景观，就要求设计者们有高超的艺术造诣。

私家庭院中透着浓浓的书卷气，从选址的立意、构思、布局、建造，到题名、匾额、楹联，都与传统文化密不可分，它与中国的文学、诗词、绘

◎ 中式庭院讲究亭台楼阁的经营布局，假山池沼的配合呼应，花草树木的互相映衬，近景与远景的层次感。

050

○ 中式私家庭院规模小，但可以在咫尺空间内造就出多变有趣的特殊意境。

画、雕刻、书法等艺术关系密切，相互渗透、影响，从而有文人园林之称。设计师所追求的目标是，不论观者站在何种角度，总是最佳的视觉角度，看到的都是完美的一幅画面。它讲究亭台楼阁的经营布局，假山池沼的配合呼应，花草树木的互相映衬，近景与远景的层次感，从而享有"立体的山水画，无声的山水诗"的赞誉。

中式庭院除了必须的山景、水景外，还包括庭院建筑。中式庭院的建筑内容丰富多彩，有亭、台、楼、阁、榭、厅、堂、馆、轩、斋、桥、路、院门、洞门、漏窗等，在它漫长的发展过程中，逐步形成了自己独特的风格和形式多样的建筑构成。

（2）日式庭院

中国的庭院建造艺术在公元6～8世纪随中国的佛教传入日本，日式庭院有选择地吸收了与日本自然条件和社会条件相适应的部分。

综观日式庭院，它给人们留下了几种截然不同的庭院类型，有传统的禅宗枯山水庭院，融小桥、湖泊与自然景观于一体的古典回游式庭院，以及四周环绕着竹或树篱的僻静的茶道庭院。

①枯山水庭院。

枯山水庭院内的造景元素多静止不变，如苔藓、沙砾、石头、常绿树等，庭院内基本上不使用任何开花的植物，因为在禅宗修行者们看来，花朵是华而不实、易凋谢的，会扰乱人们的沉思，以及他们所追求的"苦行"与"自律"精神。灌木、小桥、岛屿，甚至水体等常用的庭院建造要素均被枯山水庭院剔除，仅留下岩石、天空和土地等，运用极其简单的材料创造不凡的景观，给人以无限的遐想，产生极大的心灵震撼。枯山水庭院如同日本绘画、文学一样，表达了一种深沉的哲理。

"石"在日本有宗教象征意义，日本人视"石"为神，石庭院便成为一处神圣场所，所以岩石的选择及配置在枯山水庭院中有特殊的重要性。枯山水庭院常采用花岗岩、片磨岩等有个性的石种，还有浅色系的沉淀性岩石，如石灰岩、火山岩等。岩石的设计布局要经过反复推敲，一般设置为单数，三五块岩石为一组，注重大小搭配，造型生动而富有整体韵律感。由于石块

○ 日式庭院重在精致传神，将各种自然景观浓缩成经得起推敲的完美布局。

○ 日本人视"石"为神，善用岩石装饰庭院，打造出独特的石庭院。

○ 石灯笼是日式庭院中不可或缺的点缀景物，不仅能用来衬托景致又可当作路灯照明。

呈不规则状，铺设时要加强石块之间的呼应与协调，使之与整个环境和谐一致。

沙砾在枯山水庭院中有很大的隐喻性。在禅宗修行者的眼里，"沙"是圣洁的。枯山水庭院内多采用细沙石，或直径为6～7毫米的碎石，最佳的色彩为浅灰色和浅灰白色。将沙或碎石耙出纹理，可形成不同的象征意义。直线条可喻为静水，小波纹可喻为轻缓溪流，大波纹可喻为急流……创造出无水枯溪庭院的造型美。

日式枯山水庭院在精神上追求"净、空、无"的状态，作为一门艺术，深为人们所喜爱。

②回游式庭院。

回游式庭院一般规模较大，它包含了日本庭院中所有的设计要素，山、路、岛屿、水池、溪、桥、石灯笼、石水钵、竹篱笆等。其主要建造手法借鉴于中国古典庭院，常用借景、漏景来进行空间布局。其主体部分是由一个较大的水面构成，将驳岸、岛屿设计成不规则状，弯曲自如，在水中与岛屿上点缀踏步石，有意促使人们在上面徘徊，将观赏速度放慢，欣赏树木的优美姿态，凝望一池泉水发出爽心的声音，以增添游玩时的趣味性。

回游式庭院中的植物种类非常丰富，有株干不大、且生长缓慢的槭树（为落叶植物，春季萌发时为红色，夏季转为绿色，秋季为橙红色，因其优美的树型和斑斓的叶色而深受人们喜爱，是理想的景观树种），有造型优美的五针松，形态多姿的小乔木，丛生灌木，覆盖于岩石之上的地被植物，以及罗汉松、日本铁杉和常绿杜鹃等。在回游式庭院中，最基本的植物是常绿植物。常绿植物不仅可以保持庭院的景观风貌，也可为色彩浅亮的观花或观叶植物提供一道绿色背景，从而使庭院色彩更为丰富。

回游式庭院吸取枯山水和茶道庭院的建造特征，将庭院的四时观赏性景观与静谧自然的、充满乡土气息的风景融为一体，显示出中国庭院所没有的天然和野趣。

③茶道庭院。

茶道仪式繁多，茶道庭院布置自然不能简单随意，每件物品都有其特定用意。千家流茶道的鼻祖千利休，在茶道庭院的森林休憩处设置了许多被称为"役石"的石头，希望通过"役石"将头脑中的世俗杂念抛至脑后，营造出一种"千百妄想抛云叶，一身清净万事空"的心境。

茶道庭院道路旁有石制洗手盆，一般放置在茶庭较荫蔽处，用于净体或漱口仪式。石制洗手盆有两种类型，一种为低矮的蹲式洗手盆，曲身前倾方能洗手，以培养人的谦卑感；另一种为1米左右的立式洗手盆，多设置在走廊、游廊或外廊。茶庭中一般都使用较矮的蹲盆。石制洗手盆是茶道庭院中最为典型的庭院要素之一，古朴原味的石材质感使人产生回

○ 茶道庭院中的石质洗手盆使人产生对自然、对回归的向往之情。

○ 在茶道庭院中，常用植物围篱，如竹节、树皮等，对空间进行隔断，增强趣味性。

时，就会感到火所具有的魅力，火是神的化身。人们不愿让这种神火熄灭，就用灯笼去罩住它，由此产生了石灯笼。若干年来，经过日本园艺匠师的精心设计，已创造出数以百计、造型不同的石灯笼。石灯笼进入茶道庭院后，主要用于照明或装饰。制作石灯笼的主要材料有铁、铜、木、石等，但通常以石制灯笼为王。在茶道庭院中欣赏石灯笼，会令人感到洋溢的古朴之美。

在中国古典庭院中，常用围墙、假山、植物来对空间进行分隔，使狭小面积的庭院更有层次和富于趣味性。在日式茶道庭院中，也存在各种隔断或围护物所限定的小型室外空间。最为典型、运用得也最普遍的是植物围篱，形状多变，可由竹节、树皮、编织条、灌木杆及树枝等制成，既提供了庭院的私密性，又与庭院的天然韵致相融合。

在茶道庭院中，对于竹的运用相当广泛，有竹篱笆、竹围、竹帘、竹制流水筒、竹制匙筒等。即使在非常狭小的空间内，竹子都扮演着不可替代的

○ 在茶道庭院中，还常建有藤架与凉亭，与环境统一融合。

角色。

在日式茶道庭院中，还有与建筑物形式相似的藤架或凉亭等，它与庭院中的其他元素一样，同周围环境统一融合。日式茶道庭院的主要建造手法是用材料的精神来处理自然，从没有感情的事物中感受其精神实质。其对色彩的使用相当谨慎，对植物的配置十分细致，处处小心处着手，细部设计相当耐看，在咫尺庭院中，抽象化地表现自然。

（3）欧式庭院

通过世代的摸索、沿袭、创新，欧洲庭院设计显出丰富多彩的样式，有的为严格规则式的，有的是非规则式的，还有的是在传统的各种典范基础之上加以创新演变而来，绝大多数的设计风格都是各国根据自己不同的国情、地况而进行设计布局，从而形成了自己的风貌，其中具有代表性的有意大利台地式庭院、法国规整式庭院、英国自然式庭院。欧式庭院内的基本元素有雕像、小天使、喷泉、水池、日晷、凉亭、小桥、陶罐、藤架、坐椅及壁饰

◎ 意大利台地式庭院的喷泉通过独特地势的落差压力，形成丰富的庭院水景。

物等。

润饰物在欧式庭院布局中占有十分重要的地位。在大草坪上，一尊雕像、一组花色艳丽的盆栽，或漂亮的圆形水池、一眼喷泉等都可赋予庭院独特的个性，增添情趣。

①意大利台地式庭院。

文艺复兴时期的意大利，在郊外建有别墅庭院，它继承古代罗马人的庭院特点，采用了规划式布局而不突出轴线。由于意大利半岛三面临海，多山地丘陵，因而其庭院大多建造在斜坡上。在沿山坡引出的一条中轴线上，开辟了一层层的台地，每一层台地上对称布置着几何形的水池、喷泉、雕像等。多用黄杨或柏树组成带花纹图案的树坛，突出常绿树而少用鲜花。此外，对水的处理极为重视，借地形台阶修成渠道，高处汇聚水源引放而下，形成层层下跌的水瀑，或利用高低不同的落差压力，形成各种不同形状的喷泉。喷泉是意大利台地式庭院的一种象征，往往在喷泉上饰以雕像，用轴支

○ 法国庭院按照对称的几何图形格式布局，表现的是恢弘的气度和雍容的华贵。

○ 法式庭院是规整式园林的典范，善于采用平静的水池，在造型树的边缘，以时令鲜花镶边，成为绣花式画坛。

撑一个以至几个水盘，呈塔状。或将雕像安装在墙上，形成壁泉。作为装饰点缀的小品形式多样，有雕镂精致的石栏杆、石坛罐、碑铭，以及以古典神话为题材的大理石雕像等，从而形成了很有自己风格的意大利台地式庭院。

②法国规整式庭院。

法国庭院受到意大利台地建造艺术的影响，也出现了台地式庭院布局，剪树植坛，建有果盘式的喷泉。但法国地势平坦，在庭院布局的规模上，显得更为宏大而华丽。法国庭院采用平静的水池，极少采用落水、瀑布，大量地运用花卉，在造型树的边缘，以时令鲜花镶边，成为绣花式花坛，在大面积草坪上，以栽植灌木花草来镶嵌组合成各种纹理图案。

17世纪，法国建筑师埃·勒诺特尔亲自主持了凡尔赛宫苑的设计。中央林荫大道上的水池、喷泉、台阶、雕像等花坛建筑小品，均按照严格对称的几何图形格式布局，相比较意大利台地式庭院，更显出恢弘的气度和雍容华贵，是规整式庭院的典范，使这座皇家庭院成为世界上规模最大的庭院，其

○ 英式的图画式花园，讲究庭院内外景物的融合，让自然支配着庭院的布局与风貌。

构建风格风靡欧洲及世界各地。

③英国自然式庭院。

18世纪20年代，英国蒲伯倡导自然式庭院，扬弃了笔直的林荫大道、几何形状和对称整齐的庭院布局，取而代之的是自然式的树丛草地，蜿蜒曲折的河流、道路，讲究庭院外景物与庭院内景物的自然融合，把花园布置得犹如大自然的一部分。

这种风格的庭院被称为自然风景园，以至18世纪后半期，在自然主义和浪漫主义文艺思潮的影响下，这种庭院形式进一步发展成为图画式花园，其基本原则是"自然天成"。自然式庭院支配着建筑，建筑成为了庭院的附加景物，与勒诺特尔式的古典主义建造理论、建造布局及其审美情趣迥然不同。

植物的基础知识 --

植物在风水学中有着特殊的作用，每种植物都有其各自的特殊含义。在打造属于自己的庭院之前，了解植物的基础知识能更快更好地达到理想中的设计效果。

◎ 植物的阴阳属性广泛存在，庭院中可依据植物的阴阳属性将其分门别类，按阴阳平衡原则种养。

1.植物的阴阳与五行属性

风水学中的五行生克、阴阳理论，也在花卉植物中得到体现。在庭院中进行植物的规划时，应注意植物的阴阳属性、五行属性，不仅力求景观美，而且注意发挥植物的功能，为住家创造良好的环境。

（1）植物有阴阳

植物有阴阳属性的最明显的例子，就是将属阳的植物置于阴湿的环境中，则会变得体弱、无花、无果或死亡。白兰、玫瑰、茉莉、梅花、牡丹、芍药、杜鹃、菊花等均属阳性植物，这些植物必须让阳光充分照射才能正常生长。而文竹、龟背竹、万年青、绿萝、蓬莱松、巴西铁等，不需要阳光亦能正常生长，此类植物可长期置于室内或阴暗处，属于阴性植物。

风水学理论认为，阴对应雌性，阳对应雄性，在植物中也不例外。植物的阴阳属性广泛存在于庭院中，只有阴阳协调，庭院才会生机盎然。开花结果的植物，喜欢异性同栽，不宜同性片植或孤栽。如银杏树，雌雄同栽，方结白果。苹果树孤栽会减产。君子兰被人称为"君子"，在于不俗色取宠，十月结籽实如同人类的"十月怀胎"，一时侍养不周，断绝润水，也不枯萎，脱俗入雅，没有"小人气"，被视为植物中的"君子"。君子兰虽系雌雄同体，但在蕊萼上生长有雄蕊、雌蕊之萼，花粉可自行授受，亦可异株互相授受，自授者不结籽，自行脱落，只有异株雄蕊授粉，方可结籽，确保君子兰一代一代的壮美。

（2）植物的五行

五行中属水的植物有松柏、蒲桃、旱莲等。因为其可以广泛地应用于临水的庭院建筑中，为水种水培植物，且这些植物所具有的黑色也是水的代表色。

五行中属火的植物有火石榴、木棉、象牙红、枫、红桑、红铁、红草、红背桂等，大都是鲜艳的红色，有三角形或尖形的叶片或花朵。

五行中属金的植物有白千层、柠檬桉、九里香、白兰、络石、白睡莲、冰水花等。属金植物的共同点是树皮白、花白或叶白，因为白色是金在植物中的代表色。

五行中属木的植物有绿牡丹、绿月季及其他绿色林木。一般来讲，绿色

○ 植物间的五行生克可调整环境，是布置庭院环境中的重要一环。

植物都可以归到木这一类，因为绿色就是木的代表色。

五行中属土的植物大多为黄色的植物，如灵霄花、黄素馨、金桂、金菊、黄钟花、黄玫瑰等，因为黄色是土的代表色。

2.植物的相生相克

在生活中，不管是植物之间，或者植物与人之间，都有着密切的联系，存在着不可分割的相生相克的关系。在打造属于自己的庭院时，应注意这些生克关系。

（1）植物间的相生相克

植物间有相生互助的情形。胡萝卜和马蹄是"好朋友"，它们能"和睦相处"，两者都是广东人常用的汤料。在豆角地套种黄豆、姜、葱、蒜而

○ 植物与环境之间、植物与人之间及植物之间相互协调才能形成一个良好的生物场。

各得其所，都长得很好。我国南方有在水田边栽种绿豆的习惯，为的是让水稻、绿豆互益。玉米和大豆一起种植，大豆会把根瘤菌生产的氮肥无私地供给玉米，而玉米的根部会分泌出糖类，为大豆根瘤菌提供养料，这样它们都会长得茎粗叶茂，硕果累累。同样，大麦和马铃薯是好朋友，它们所需要的养料不一样，不会相互争夺，却会相互促进。大蒜和棉花也是好邻居，棉花发达的根系可以疏松土壤，促进大蒜鳞茎的发育，大蒜则分泌出挥发性很强的杀菌素，可以驱逐棉蚜虫。

植物间存在相克、相互制约的关系。例如，黄瓜忌花生，同吃则泻肚不止，用藿香正气丸可解之；梨忌热茶，同食则大泻，用樟树煮水服可解之；香蕉忌芋头；葡萄栽在松柏旁，不会结果，栽在榆树旁，即使结果，亦是酸溜溜的；芋头不能与甘蔗种在一起，否则两败俱伤；卷心菜与芥菜是"冤家"；水仙与铃兰为邻会"同归于尽"；甘蓝和芹菜间种，两者都会生长不好，甚至死亡；矢车菊和雏菊在一起会叶片枯萎，花容憔悴。这是怎么回事呢？原来很多植物都会从体内分泌出一种气体或者液体，如各种挥发油、有机酸等，这些气体或液体能抑制某些植物的生长。

（2）植物与人的相生相克

植物与人也存在生克关系。如孕妇的住宅旁边不能有柏树，因柏树气味促呕。民谚有"榕树不容人"，榕树气根的气场对人不利，不宜近宅。葡萄架下不宜睡卧，因为葡萄的气场不利于人体。民谚有"白兰屋前种，美花香气送"，这是说明白兰对人有利的一面，植物花朵的淡雅香气能清新空气、舒缓视觉，更能改善气场。

3.庭院植物的作用

风水学上有"东植桃杨，南植梅枣，西栽桅榆，北栽吉李"的说法。在庭院中，花草树木是最不可缺少的一部分，花草树木可以决定庭院的生气与表情，为住家带来生机勃勃的景象。

如果庭院里恰逢有小范围的自然生态群落，应好好加以利用，创造自然的好风水植物景观。要知道，这可是得天独厚、可遇不可求的好条件。选择栽种一些玉簪属的植物，例如菟葵、牡丹、郁金香等，搭载成自然生态园，具有富贵吉祥的良好寓意。

在庭院中种植一些鼠尾草、飞燕草、雏菊等耐寒植物，可以在冬天为庭院增加阳的能量，增添活力和朝气。

○ 流动的水、吉祥的花草树木，可为住家带来生机勃勃的景象。

◎ 庭院里如果有小范围的自然生态群落，就可以用来创造自然的植物景观。

　　庭院中的开花灌木，譬如玫瑰，可以利用其鲜艳的色彩和带刺的形态，成为庭院的忠实守卫，是庭院里绝妙的美丽篱笆。

4.庭院植物的美化

　　美化庭院是居家美化的重要组成部分。在庭院中可种植绿树鲜花，也可

○ 庭院中的花草的生命力可以让庭院的景色富于变化，并使住家的运气得到提升。

掘小潭蓄清水，这样不仅可减少空气和噪声污染，还能增添生活乐趣。

（1）宽阔的庭院

较为宽阔的庭院，可在其中建一些小型花坛，坛内栽种一些奇花异草。在墙壁下，可设置长条式花坛，种植一些枝蔓长的绿藤植物，如爬山虎、紫藤、牵牛花等。坛外则可种植美人蕉、鸡冠花、串花、金银花、八月菊、蔷薇、石竹、雏菊、金鱼草等，形成前低后高、中高边矮，富有立体美的屏障。如果条件允许，还可在庭院中设置一些小型的假山和水池，周围配置独立的花坛，栽种些杜鹃花、报春花、牡丹、迎春和月季花等，形成一幅山水兼备、百花争艳、满院芳香的立体画。

在庭院的不同方位，适当栽种些桃、杏、李、梨、苹果或葡萄等果树，以及百日红、桂花等观花类树木，更是优雅别致。

○ 较为宽阔些的庭院中，可建一些小型花坛，配合不同方位的果树，显得住宅优雅别致。

（2）狭小的庭院

对于庭院较小的家庭而言，如也想常年观赏鲜花绿草，让庭院四季香艳，可在窗外或墙隅下栽种一丛腊梅或贴梗海棠，早春就能观赏到黄似金或红如霞的花朵。春天可在靠近建筑物的墙下种植些攀缘植物，如爬山虎、常春藤或丝瓜、梅豆等，这样既能在夏季使墙壁免受日照，降低室温，又能使整个住宅显示出独特的自然景色。另外，如果能在院中栽种些月季、夜丁香、含笑草、米兰、金橘等盆花，不仅能享受浓密的枝叶、绚丽的鲜花，而且四季花香袭人，给人带来美和欢乐。

5.花草树木的布局禁忌

花草树木是自然界中的精灵，如果庭院中的花草树木栽种不当，则会对庭院的使用功能以及家人的健康、生活等产生不良影响。

（1）庭院中不宜栽种大树

庭院中的大树是指高度超过4米、枝干粗大的树。实际生活中，庭院里种植大树的使用价值并不高，而不便之处却不少。

一是在庭院中种植大树影响采光。高大的树木会遮挡门窗，阻碍阳光进入室内，以致住宅内变得阴暗和潮湿，不利于居住者的健康。

二是在庭院中种植大树还影响通风，阻碍新鲜空气在住宅与庭院之间流通，导致室内湿气和浊气不能尽快排除，使得住宅变得阴湿，不利于健康。

三是大树的根生命力旺盛，吸水多，容易破坏地基而影响住宅的安全。树根在房子下面生长或枯死，也会给住房的安全带来潜在的危险。

四是给生活空间带来不利影响。如果在庭院种植大树，大树本身所占面积不小，如此一来，会使庭院显得更加狭窄。另一方面，大树叶多，风一吹，落叶满地，不易清扫，又影响环境和美观。

庭院里不适宜栽种大树，不过可以栽种一些高度有限的小树，以美化环境。另外，庭院中可种植一些花草，不但是一种点缀，也是一种乐趣。每天早晚抽出时间修剪花木或除草浇水，这也是有益健康的锻炼，对老年人更能增寿。喜欢花木的人，可以设计一个庭院花园，但要不拘时宜，令人赏心悦目，没有大树而格局独特的庭院花园同样令人流连忘返。

（2）树木不能离窗户太近

窗外的婆娑树影和斑驳的光影会带给居住者赏心悦目的感觉，但要注意的是，树木不宜太贴近窗子，否则会招致阴湿之气，不利于居住者的身体健康。一般来说，窗前之树要离开窗户2米以上。

（3）门前不宜有倾斜树或枯树

宅前不应有倾斜树。如果宅前方有倾斜树，说明住宅所受的阳光有特定的角度，树木的生长中心就会偏离主干，长期如此，树干将不能支撑树枝，容易倒塌砸到家人。

如果庭院内所有的树木均枯萎败朽，那说明此地的地气可能存在问题，否则树木怎么会枯死呢？土地的地气养育万物，地气萧条则万物沉寂。人居于此，则人的健康也会受到损害。另一方面，枯树在门前，在人的视觉、心理上都会形成阴影，影响一家人的出行情绪，久而久之，对居住者的事业、

○ 庭院中若有倾斜树或枯树，会给家中成员带来不好的感觉，最好在布局时避免这些禁忌。

生活都会造成影响。如果住宅前有枯树，就应该立即砍掉再植新树、新草坪。

（4）不宜有干花、凋谢的花

鲜花能给家居增添活力和能量，如果得到精心的栽培和照料，其色泽与外形会影响住宅的气场。但是，枯萎凋谢的花朵会有负面的影响，因此，在家居生活中，必须每天勤于更换鲜花的水并裁剪花茎，使其功效持久。同时要注意的是，在家居的植物布局里，最好不使用干花。

第二章
庭院构成要素大盘点

庭院中的要素十分丰富，有作为边界和守卫的围墙、大门，有作为内部空间与气流转换的路与桥，还有具有变动和稳定力量的山与水……这些要素应如何布置搭配于庭院中，打造成聚财旺运的布置，都各有讲究，在设计和建造时都应仔细考量。

庭院之外的构成要素

　　庭院是住宅的一部分，承担着与外界交流的重任，起到抵御外部不利因素、招来财气的作用。因此，庭院之外的构成要素应引起足够的重视。

1. 庭院的大门

　　庭院大门是宅内空间与外部空间分隔的标志，也是气口所在。庭院大门接纳外界的气息，犹如人体之口接纳食物一样重要。好的庭院大门能提升主人的运势。阳宅中的"三要素"（门、房、灶）及"六事"（门、路、灶、井、坑、厕）均把"门"当作第一要素。庭院大门是生气的枢纽、住宅的面子，又是划分社会与私人空间的一道屏障，陈眉公有一句话归纳得很精辟："闭门即是深山。"

　　（1）庭院大门的作用

　　庭院大门是庭院的第一道守卫，掌管着住家的生活区间同外部空间的

解读庭院与植物

大师全解植物开运密码
活用植物增旺住宅运势

○ 庭院之门接纳外界的气息，犹如人体之口接纳食物一样重要。

○ 大门催财的方法就是在门旁摆水，或者放置水种植物及插花

转换枢纽。门与内、外气的流动的关系非常紧密，因为房屋内、外的气不能通过住宅坚实的墙壁，但是可以通过门的开合而进出。外部大门影响外气进出，而住宅内部的门则通过庭院吸纳财气或不良运气。每个人每天出入自家大门的瞬间，都会受到大门气场的影响。

　　庭院的大门，起着维护庭院的隐密性和私有性的作用。敞开的大门让庭院和住家的生活一览无余，在其中种植的植物、居家摆设，都能通过大门查看。因此，注重隐私的住家应考虑好大门的材质和大小，在适合生活的同时，保护好自己的隐私。

　　古代风水学理论认为，庭院大门可以为家中催财及招财，而最简单的催财方法就是在庭院大门旁摆水，所谓"山主人丁水主财"，有水的地方便寓意发挥财气。除了摆水之外，所有水种植物及插花都有寓意财运兴旺的作用，适宜放在大门口。

（2）庭院大门的四大方位

中国传统的南北东西四大方位以四种灵性动物来象征表示，分别是：孔雀、蛇龟、青龙、白虎。其方位口诀为："前朱雀、后玄武、左青龙、右白虎。"一般的庭院大门开门有四个主要选择，即开南门（朱雀门）、开左门（青龙门）、开右门（白虎门）、开北门（玄武门）。

风水学理论认为，以门的前方有明堂为吉，如果前方有绿茵、平地、水池、停车场等，以开正前正中的南门为首选。如前方无明堂，则以开左方门较佳，因为左方为青龙位，青龙为吉。

○ 前方有绿茵、平地、水池、停车场等，以开正前正中的南门为首选。

（3）开门需配合路形

开朱雀门：住宅前方有一宽敞绿茵、平地、水池、停车场，即有明堂，这样，外气聚于前就用朱雀门接收，门便适宜开在正前南方。

开青龙门：风水学里以路为水，讲究来龙去脉。地气从高而多的地方向低而少的地方流去，如果庭院大门前方有街或走廊，且右方路长为来水，左方路短为去水，则庭院宜开左门（青龙门）来牵引收截地气，此法

○ 如果庭院大门左方路长为采水，右方路短为去水，则庭院宜开右门以收接地气。

○ 如果庭院大门前方有街或走廊，宜开左门来牵引收截地气。

称为"青龙门收气"。

开白虎门：如果庭院大门前方有街或走廊，左方路长为采水，右方路短为去水，则庭院宜开右门（白虎门）来牵引收截地气，此法称为"白虎门收气"。

（4）庭院大门的颜色与尺寸

庭院大门的颜色最好与房主的五行之色匹配，这样，庭院的大门才更完美、吉祥。

金命大门吉祥色：白、金、银、青、绿、黄、褐。

木命大门吉祥色：青、绿、黄、啡、褐、灰、蓝。

水命大门吉祥色：灰、蓝、红、橙、白、金、银。

火命大门吉祥色：红、橙、白、金、银、青、绿。

土命大门吉祥色：黄、褐、灰、蓝、红、橙、紫。

○ 大门的尺寸与房子应成比例，颜色最好与房主的五行之色匹配。

大门的尺寸与房子应成比例，不可门大宅小，亦不可宅大门小。风水学理论认为门大宅小的房子，不能守住财气，会让好运从大门流失出去；门小宅大的房子，从外观上看就极不协调，不利于纳财旺运。

（5）庭院大门的设计要点

庭院大门的种类有很多，以前人们一般采用立上门柱、周围用围墙围住的封闭样式。近年来，很多家庭采用了开放的样式，仅仅保留门扉，周围种植花草作为空间区隔。庭院的

○ 庭院的大门因为处在室外，在设计时要注意防风防潮，环境注意清理干净。

大门因为处在室外，在设计时要注意防风防潮，在美观的同时注重安全和隐私。可将信箱、门牌、对讲门铃都装在大门的门柱上，十分方便。

（6）庭院大门的材料选择

大门的铺装材料很多，有未经修饰的小栅栏，几柱杉木支起一个绿意盎然的花架，能构成一幅简朴随意而富有野趣的画面，这种未经刻意修饰的低矮园门，能清晰地浏览到院中葱郁的植物美景；有工艺精致的园门，在客人未进入庭院之前，驻足品味，给人以无尽的遐想；有怀旧式的园门，古朴粗犷的木制门，配上大小不一的毛石，显得古朴厚重，别有趣味；坚固的木门也许是最佳选择，它不但外表简洁，而且能给人一种安全感；也有铁丝门和铺以石块连接的铁门，或是精致的、有雕塑趣味的金属园门，还有木制门、竹制门、琉璃门等。但不管是何种样式的园门，材质或设计必须与庭院建筑的风格等协调统一。

◎ 不管是何种样式的门，材质或设计必须与庭院建筑的风格等协调统一。

2. 庭院的篱笆

庭院的篱笆起到的最大作用是区隔空间。建造篱笆可用植物，也可使用其他材质，好的篱笆既能区隔空间，又能起到装饰的作用。篱笆可以在建筑物之间距离较近的时候发挥功用，代替围墙实现保护隐私和保持美观的双重要求。

篱笆没有围墙那么经久耐用，但在小庭院中运用，可以使庭院景观显得生动灵活。篱笆的形式多种多样，尖状木栅栏能圈地围栏；铁丝网的篱笆不仅能圈定用地，而且给人以安全感；竹子制成的篱笆，在日式庭院中运用较多，围合的形式也多种多样。

用植物形成篱笆，可以选择直线状排列的树木，树木高度达到1.5米时，能很好地保护住户的隐私；用高的树和矮的树组合起来形成篱笆，或者在里

大师全解植物开运密码
活用植物增旺住宅运势

078

◯ 庭院的篱笆混合植物可以增加庭院空间的层次感，使庭院景色更为生动灵活，增添无穷情趣。

◯ 庭院篱笆上的植物长得生机勃勃，能护住宅气，也能提升住家的整体运势。

○ 篱笆可以在建筑物之间距离较近的时候发挥功用，代替围墙实现保护隐私和保持美观的双重要求。

面种植高树，外面种植矮树，都可以给庭院营造富于变化的表情；攀爬的藤类植物和灌木丛搭配矮小的竹篱笆，也能不露声色地将间隔与自然很好地融合，形成天然的住宅屏障。有香气的植物可以用作篱笆的装点，如栀子、玫瑰、树莓、玉兰、瑞香、丹桂等。

在修建和整理庭院的篱笆时，需要注意的一点就是，应该将篱笆设置得高于地面，最好能高出地面30厘米左右，再用砖块或者混凝土将篱笆的底部固定。因为篱笆过低时，各种垃圾、灰尘会卡在篱笆里，不利于清扫，而将篱笆修建得高于地面，则可以避免这种问题。同时，篱笆有一定的高度可以保证其有良好的日照和通风，也方便给植物浇水，植物生长得生机勃勃才能护住宅气。

3. 庭院的围墙

围墙是保证住宅安全的重要屏障。古代的围墙，是按照身份、地位、品位来决定其形式的，住宅更是考虑了身份、地位、品位才建造的，所以院墙与住宅一定要和谐相称。若是围墙过高，与住宅不能配合，在风水学中，是

美化家居招来滚滚财运 改善环境花木催旺人生

○ 庭院围墙的设计一定要与住宅和谐相称，同时还要与外部环境相搭配。

○ 围墙是保证住宅安全的重要保障，同时还能体现屋主的身份、地位、品位。

○ 围墙在庭院中的表现形式多样，在空间构成中还是一种有机的联系手段。

属于不吉之兆。

（1）围墙的材质

围墙的用途，是为了划分与邻居的地界、起防范作用、让马路上的人看不见室内的情况，所以，庭院的围墙以混凝土围墙、金属围栏为主。也有使用木头围栏的，为斜纹格子的斜格围栏或者是竖直围栏，这些木头围栏既有良好的装饰功能，又有颜色的变化，费用也比较便宜，因此广受欢迎。

有些人会在住宅的周围建造水泥围墙，这样虽然可以使泥土的湿气不会蒸发，但是会使地面产生湿气，不算是好的围墙。改进方法是，在围墙的底座制作一个牢固的地基，以混凝土或者砖块制作，围墙上部可使用铝制、不锈钢、木制等色彩鲜艳的围篱。

使用开洞的木围墙，风能够钻进墙内，又安全又透气，是不错的设计，但缺点是耐久性不够。在水泥墙的一部分使用玻璃，能够透光，上部能借着围篱让风进入，也是比较新颖的设计，不过要注意，玻璃的使用面积不要过

◎ 庭院的围墙以混凝土围墙、金属围栏为主，搭配其他的材质做出多样造型，既能护宅气，还可以起到美化作用。

大，因其不利于聚气，还容易造成反光等问题。朴拙的红砖水泥墙，花格富有变化而易于植物攀爬，优点是一劳永逸，缺点是通透性不够。

（2）围墙的颜色

色彩是庭院建设中一个重要的表达方式，可以通过构筑一个五彩缤纷的万花园，将庭院的气质表达得自信而美丽。今天，随着居住形态的发展，大落地窗的户型越来越受到人们的喜欢，因此，庭院与内部空间的色彩关系是否协调就决定了庭院设计的方向。这个色彩关系提示我们，在考虑内部空间的色彩时就应该系统地将庭院家居的配色及地表铺装配色也一并考虑在内。

对于庭院而言，外墙的颜色非常重要。中式庭院的外墙经常使用茶色、褐色系列，但是，在欧洲和美国等地，庭院外墙有各种不同的颜色，如橘色系列、粉红色、蓝色等，都非常美丽。如果使用蓝色系列的墙壁，也就是倾向于阴的外墙颜色，那么庭院内的花最好是暖色系的。茶色系列或米黄色系列与绿色搭配最为得当，但需要注意的是，种植绿色植物时最好同时考虑暖

○ 庭院围墙的颜色非常重要，要注意根据风水要素搭配，做好阴阳平衡。

色系列和寒色系列花的平衡。

（3）围墙的高度

因为围墙不同于庭院的篱笆，它更注重保护庭院和住宅的隐私，因此在高度上，要比篱笆更高一些。如果以具体的数字说明，1.8米以上的围墙，围墙与住宅之间至少间隔1.8米。与住宅高度相比，围墙过高或过低都是不合理的设计。从房屋外部看，围墙与住宅应是一体的，远眺可隐约看见房舍门窗，这样的景致才最美。过

○ 围墙以1.5～1.8米的高度为佳，与住宅之间最好隔开一定距离。

高的围墙，不仅不美观，更显得主人过于封闭、气量狭小，同时还会阻挡住宅的日照和通风。过低的围墙不仅让屋内的隐私得不到保护，还容易让噪音和灰尘等污染物进入住宅，所以围墙也不宜过低，以1.5～1.8米的高度为佳。

（4）围墙的外部环境

在兴建围墙时，也要注意围墙与外部环境的搭配。如果是封闭的围墙，外面是人来人往的道路，那么不要在围墙上开窗，最好只安排一个大门，更有利于气在庭院中聚集。

还有一点需要注意，在与邻居家交界处设置围墙或其他边界前，要和邻居事先商量好，毕竟围墙的修建会影响到邻居的视野。我国俗语中有"和气生财"的说法，说明"气"对"财"的影响有积极的作用，所以在保护自己隐私的同时，也要照顾到邻居的居住心情，这样才能创造和谐快乐的居住环境。

解读庭院与植物

大师全解植物开运密码
活用植物增旺住宅运势

084

○ 围墙同邻居家庭院的关系密不可分，好的围墙能带来和谐美好的住家环境。

○ 庭院围墙与排水系统在一起时，要处理好各种细节，做好清洁疏导工作。

庭院之内的构成要素

庭院之内的构成要素不仅仅是庭院中的每一个小点，同时还是住宅空间的延伸和补充，发挥着不可替代的作用。

1. 庭院的山

俗话说"山旺人丁，水旺财"，一般来说，有山的地方，特别是一些大型的山区，人丁兴旺，多出人才。现在很多小区，出于美化环境的考虑，在景观的布置上会做一些人造假山。但应当注意的是，这些假山与自然的"山"是有很大区别的。因为这些山上面既没有土，也没有花草树木，并不是真的山，如果这些人工建造的山结构与做工不精细，就会有安全隐患，尤其是家中有孩子的住家，很容易因为山石而发生意外。

（1）山的功能

风水学上常说住宅靠山而居是大吉之相，但是，随着社会的发展，可用

○ 在庭院中设置假山，与前庭呼应形成背山面水之势，能使整个住宅充满自然之气。

空间越来越小，"山景住宅"已经很难成为可能。于是，在庭院中设置假山成为住宅设计中的常用手法。不过，庭院中必须少放乱石或沙石，最好采用山石，这样与前庭呼应形成背山面水之势，能使整个住宅看上去沉稳、充满自然之气。

私家庭院无自然山林可借，只得掇石叠山。其表现手法众多，有独石构峰之石—完整的一块太湖石，玲珑剔透，具备漏、透、瘦、皱、清、丑、顽、拙等特性，一旦觅得，被视为镇园之石；也有旱地堆筑假山，作为庭院中的点缀；或点石于小径尽

○ 假山作为庭院中的点缀，表现手法多样，应依据庭院特点和假山的本身形态综合考虑。

○ 在屋前屋后叠筑假山，意在点缀，贵在玲珑生趣，浑合自然。

头、狭湖岸边、竹树之下、粉墙之前，置数块湖石或黄石，做到有疏有密、相互呼应，也能产生很好的艺术效果。在房前屋后叠筑假山，意在点缀，贵在玲珑生趣，浑合自然，注意凹与凸、透与实、皱与平、高与低的变化，再配以花草树木，从而形成一幅生动的画面。

（2）假山的方位

假山、池塘都是庭院中的一部分，所以不可单独考虑。要将假山、池塘和大小树木都配置在吉位的话，面积不够也不可能。因此，对一般的住宅来说，应该将假山、池塘设置在生旺方位，才能有镇宅利运的效果。

在西方位设假山为吉相。如能在西方配合着种植一些树木，防止西晒就更加吉祥。

西北方位设置假山为大吉。因为西北是山的本命位，会带来稳定感，寓有不屈不挠之意。配上具有生气的树木，让家运更兴隆。

北方位设假山为吉相。在北方设置假山，往往有地势偏高的问题，这种情况下应适当种植一些树木，与假山加以调和，会让庭院的整体显得更佳美

○ 庭院中的假山、池塘最好设置在庭院的吉方位。

观。不过要注意，不要让这些搭配假山的树木过于靠近房子和窗户，遮挡了住宅换气的通道，反而形成不良的风水格局。

东北方位也可以设假山。这个位置的山，设置得高一点比较好，意味着财产稳定、一家团结、有好的继承人。

东方位设置假山并不是好风水，因为假山会遮住早晨的阳光，给人以前进、发展有障碍的感觉。

东南方位和东方位一样，不适宜设置假山。同时，假山最好也不要设置在南方或是西南方。

2. 庭院的石

石块是庭院中的点缀品，在庭院中适当摆放一些石块，对增添庭院的景致大有帮助，也是庭院风水设计的重要部分。

（1）庭院石块不宜过多

如果庭院中的石块数量过多，形状怪异，会给人住宅成为衰微寂寞之地

○ 石块是庭院的点缀品，可以增加庭院美观度，但不宜放置过多。

的感觉。风水学上认为，在庭院铺设过多的石块，会让阴气扬起以至于衰微破败。石块本身是庭院的点缀品，是增加庭院美观用的，如果铺设过多，庭院的泥土气息会因此消失，使石块充斥阴气，阳气受损。

在实际生活中，炎热的夏天，石块受日照会保留相当的热量，庭院如果铺满石块，离地面1米高的温度几乎会达到50℃。而且石块容热量很大，不容易散热，连夜间都会觉得炙热异常。冬季，石块吸入白天暖气，使住宅倍觉寒冷，非加设暖气设备不可。下雨时，石块也会阻碍水分蒸发，增加湿气的产生。此外，庭院的石头中如果混有奇异的怪石，如形状像人或禽兽，或者住宅的大门有长石挡道，都会给人的心理造成影响。根据医学验证，有的石头上会有复杂的磁场，对人的精神和生理产生不良影响。庭院中铺设过多石块，人经过时脚底的感觉也不舒服，反而失却了庭院的休闲意义。

（2）正确地设置庭院中的石块

铺设过多的石块既然有这么多缺点，那么可以考虑以其他方式来美化庭院。大的庭院可以铺设大小不一而足的石块，加以精心设置，多种植一些

◎ 在庭院中，一致的石块可以用作空间的区分标志，形成规整的庭院形态。

○ 放置在庭院中的石块，应选择温和无冲击性的形状。

植物。如果庭院狭小，最好整个庭院以植物为主，另外象征性地铺设些小石块，如此既可增加观赏价值，还可避免石块带来的害处。

不过，如果住家十分喜爱用石头来装饰庭院，也可以遵循以下原则来布置石块。

①石头自然的形状非常奇异，满是小洞，而且被水深深地侵蚀。风水学中，这些特征被认为是"道"在自然中的反映。这些石头可在阴的环境里起到阳的作用，它们经常被放置于代表水的被耙过的砂石中，这块本是阴的平地就变成阳地了。

②如果将石块放置在花园里需要补土的地方，石头也可以代表土。但是要小心，形学风水对那些状似猛兽或带有尖角的石头有很多讲究，这些石头在风水上另有意义，因此应该排除在自家的花园之外。确定要放进自家花园的石头，摸起来和看起来都应是温和的。

3. 庭院的草皮

常见的草皮有假俭草、百慕达草等，都是耐热、耐旱、生长速度慢、低维护的草种，它们都需要充足的阳光。若庭院日照稍差，则可选较耐阴的玉龙草、地毯草、类地毯草、翡翠草、奥古斯丁草等。

铺草皮前一定要先整地，将土内的杂草、石砾清理干净。其次，应提供排水良好的环境，所以在翻整土壤时，可加入泥炭苔或培养土等改良土壤。若土壤排水不良，则可先铺一层碎石或排水板，再覆以无纺布，最后铺5～8厘米的土并压实即可。刚种时

○ 草皮属阴，适宜在阳性较强的庭院中铺设。

○ 庭院中的草皮既可作地面的铺设，也可以作为植物，用来美化调整美丽的庭院。

○ 庭院的草地应适度修剪，以免杂草过多，影响美观。

每天都要浇水至土壤湿润，前两周踩踏，以让其尽快长出新根。

　　大部分的草皮都需要通风透气且排水良好的环境，即使是较耐阴的品种，也要有半日照以上的光线。浇水约每日一次，避开日照强的时段，若天气阴凉则每周1～2次，但刚种时早晚都要浇水。春秋两季施撒氮肥为主的肥料，以促进生长旺盛，但要注意，避免施肥过多，使草变得枯黄。

　　草地上虽然都是草，但若出现杂草，除了影响美观，更重要的是可能破坏原草皮生长。因此出现杂草时，可以人工拔除，将杂草连同根系拔起，效果最佳。若杂草数量太多，不想费时费力，则不妨适度修剪草皮。当然，也可使用除草剂，不过使用时注意方法，小心别污染环境。

　　庭院中，若铺设水泥或砖块，地下的土地将无法"呼吸"，所吸收的辐射热也较难散出，但若全部铺草皮或种植物，也不方便活动。铺设植草砖是不错的折中办法，镂空的植草砖有供绿草生长的空间，让土地也能适度呼吸。植草砖能承受重压，让草不会因踩踏或轮胎压碾而夭折，用来做活动场地或停车场很方便，不用担心大雨来袭时满地泥泞。透水性佳的植草砖也可防水冲刷土壤，还能储水保持草皮湿度。

4. 庭院的溪流

在构成庭院设计的元素中，水是最重要的环节之一。《黄帝宅经》指出，"宅以泉水为血脉"。而溪流作为流动的水，在滋养生命、提升活力等方面，其作用都是不可替代的。因此，我们在建设庭院时，需十分注重溪流的设计。

（1）溪流在庭院布局中的作用

"问渠哪得清如许，为有源头活水来。"溪流是家居中的活水，有助于活跃家居气流，避免财气停滞，并且能够有效抵消住宅受不良之气的影响，使居家环境更富有个性与动感。最好的形态是溪流蜿蜒向屋内，在明堂前聚集，中间可以穿插安置石材景观。

○ 溪流是家居中的活水，有助于活跃家居气流，避免财气停滞。

（2）庭院溪流的设计要点

庭院的溪流分可涉入式和不可涉入式两种。可涉入式溪流的水深应小于0.3米，以防止儿童溺水，同时水底应做好防滑处理。对于可供儿童嬉水的溪流，应安装水循环和过滤装置。而不可涉入式溪流宜种养适应当地气候条件的水生动植物，以增强观赏性和趣味性，同时溪流配以山石也可充分展现其自然风格。

庭院中的溪流，流经的速度不要太快，因为水流过快过急，给人家中的运气和财气来得快也去得快的感觉。溪流流过时，也不宜时断时续，意味着气的不稳定。溪流转弯的地方，也不要弯度过大，因为弯度过大会造成水的飞溅，不利于聚气，且不利清洁。溪流的坡度应根据地理条件及排水要求而定，普通溪流的坡度宜为0.5%，急流处为3%左右，缓流处不超过1%。溪流宽度宜在1～2米，水深一般为0.3～1米，超过0.4米时，应在溪流边采取防护

◎ 为了使住宅环境景观在视觉上更为开阔，可以适当增大溪流的宽度或弧度。

美化家居招来滚滚财运
改善环境花木催旺人生

○ 溪流与水生或湿地植物相结合，可减少人工造景的痕迹。

措施，如石栏、木栏、矮墙等。为了使庭院景观在视觉上更为开阔，可以适当增大宽度或使溪流蜿蜒曲折。

5. 庭院的池塘

池塘是指比湖泊细小的水体，可以由人工建造。一般而言，池塘应小得无需使用船只渡过，浅得可以让人在不被水全淹的情况下安全涉水，且需水清得阳光能够直达塘底。现代家居庭院中有池塘则极富意义，为了让池塘充满活力，大多会在其中饲养观赏鱼、青蛙、水生植物等，以形成生态链，维持良好的生态平衡并使水质清新。池塘为住宅改造了生存环境，增加了自然的美感，为生活平添了无限的诗意。

（1）池塘的风水运力

在池塘中游弋的鱼类，由于其外形、颜色与状态的不同，会对家居产生不同的风水影响。室外池塘内可以多饲养色彩斑斓的锦鲤，中国人养鲤已经有近2500年的历史，自古有"鲤鱼跃龙门"、"鲤鱼传尺素"、"年年有

○ 池塘中的生物能为庭院的水体带来活力，并使水质清新。

○ 池塘的形状最好为半圆形，形如明月半满，取其"月盈则亏"之意。

美化家居招来滚滚财运
改善环境花木催旺人生

鱼"之说，因此鲤鱼有富贵的象征意义。锦鲤在淡水中生长，属于杂食性鱼，外形养眼，生命力强，对调和阴阳有促进作用。

池塘的水体是自然而亲切的，对于家居的宅运大有裨益。池塘的形状多数是圆形或不规则圆形，但是在风水学意义上说，池塘的形状最好为半圆形，形如明月半满，取其"月盈则亏"之意，户主以此自勉，期待着不断进取，宅运不断提升。

通常，池塘都没有地面的入水口，而是依靠天然的地下水源和雨水或以人工供水方法引水进池。正因为如此，池塘这个封闭的生态系统跟湖泊有所不同，它是现代庭院景观的重要构造。

庭院内大池塘中央盖凉亭，会破坏平静的水面。若真要盖凉亭，应在陆地上，而且凉亭要独立，不可建长廊和住宅连接，否则会将水气引入住宅。

（2）池塘的方位设置

在现代家居庭院中设置池塘是一件极富意义的事情。在设置池塘时，要注意将池塘置于有利方位。

○ 将池塘设置在住宅或者庭院的吉方位，可以增加财运。

西北方位设置池塘相对较好，不过池塘要经常保养，否则，吉祥之气会减少。植物也要摆设得美观，才能产生稳定的气场。

西方位设置池塘时，无阳光反射就是吉相。此方位本来就是"泽"、止水的位置，此方位的住宅形状为吉相的话，会带来柔和、明朗的喜悦情绪。

南方位的池塘要设在阳光不会反射的位置，大约距离房子5米的地方就可以。

东方位池塘的设置是吉祥方位，倘若再配上小河的话则更佳。

东南方位和东方位一样，设置池塘是吉相。如果想增设小河，流速则要慢一点。

东北方位不可设置池塘，因为水气停滞相对不宜。若水是流动的物质，其性质和山相反，因此，会减少山的好运，给居住者带来不利影响。

北方位设池塘相对不宜，若一定要设置时，就设在正中的位置或是靠近西方的地方。需要注意的是，池塘过大并不为吉。

西南方位最好不要设置池塘。

6. 庭院的游泳池

随着别墅的走热，带有游泳池的庭院设计受到越来越多人的追捧。如果住家的庭院非常大，可以以游泳池为中心而建造庭院。考虑平衡的问题，可以在庭院中再做一个圆形的花坛，在花坛中央设计一个喷水池。如果庭院较大，可配置日光平台、游泳池和喷泉等，这种庭院当然非常美丽。游泳是最好的健身运动之一，常与水亲密接触，能为身心注入水的特质，有助于开扩思维，对人体十分有宜。

（1）游泳池的位置

游泳池最好临近住宅而建，当然，也可以在容易建造的地方去建。泳池的最佳方位是在庭院的东部或东南部，但不能太靠近大门，因要防

◎ 游泳池最佳方位是在庭院的东部或东南部，迎接住宅的朝阳之气。

◎ 游泳池不宜太靠近大门，为了防止潮气入宅，可以稍稍远离大门。

◎ 游泳池周围可以设置木质平台，配以庭院家具，更能提升休闲放松的氛围。

○ 几何图形相互穿插套叠构成的游泳池，常给人以动感和活力。

止潮气入宅。另外，如果已经确定要建凉亭、露台或其他带有炊具和座椅的休闲场所，那么在这些地方建造游泳池则更为合理。无论在什么位置修建游泳池，都应把这个区域隔离开来，以免从庭院的各个角落都能直接望见。喷泉、假山和瀑布可以包容在水池的总体设计和水网系统中。同样，游泳池也可以成功融进带有池塘及其他景致的水上花园中。水池可安排在家人经常去的地方，或主人经常驻足的窗户之外。但是要注意，绝大多数的水生植物需要阳性环境，否则会生长不良。

在美国，游泳池通常设置在景观视线较好的高处，同时，在游泳池边会设计服务设施，如小木屋、桑拿房、淋浴、木平台、躺椅、太阳伞等，以供人们休憩。游泳池既有游乐的功能，同时又兼具观赏性。在设计游泳池时，造型可以是中规中矩的长方形、圆形，也可以是具有优美弧线的不规则形。当然，几种几何图形相互穿插套叠构成的游泳池也是被允许的。为了更具美感，游泳池经常也结合景墙、坡地、雕塑做成漂亮的动态水，在游泳池边上甚至还会加建一个水疗池，充分享受舒适的生活。

（2）修建泳池的注意事项

在风水学上看来，游泳池等水池的高度最好不要过高或过低，边缘也不要为奇怪的形状。因为水池过高则不能接地气，且会给其他的装饰带来麻烦；游泳池过低则容易积水，排水困难，不使用时也充满湿气，容易滋生细菌；泳池的形状奇怪会给人带来不安全的因素，也不利清洁，私家庭院中最好是选择圆形或椭圆形的泳池，通过种植植物营造丰富的效果。

游泳池一旦落成，那么最需要注意的一个方面就是安全。如果游泳池周围没有围栏或相应设施的话，就会对人，尤其是小孩，构成潜在的危险。游泳池池岸必须作圆角处理，铺设软质渗水地面或防滑地砖。游泳池周围多种灌木和乔木，并提供休息和遮阳设施，有条件的庭院住宅可设计更衣室和供野餐的设备及区域。虽然说池塘和游泳池也可以由具备一些建筑知识又热衷于自己动手的人来建造和装饰，但还是欠妥，最好请专业人士来建造，这样会比较安全。

◎ 私家庭院中最好是选择圆形或椭圆形的泳池，有利于安全且便于清洁。

7. 庭院的喷泉

喷泉在欧式庭院中运用得最多，也是最为焦点的装饰物，已经有上千年的历史了。最为著名的就是意大利红衣主教伊波利别墅里蔚为壮观的喷泉群，到现在都是一处游览胜地。

（1）喷泉在庭院布置中的作用

喷泉在生活中对人有许多益处，它能够增加局部环境中的空气湿度，增加空气中负氧离子的浓度，减少空气尘埃，有利于改善环境质量，有益于人们的身心健康。它还可以陶冶情操，振奋精神，培养审美意识和情趣。所以，喷泉不仅仅是一种独立的庭院装饰物，还是创造良好布置的好帮手。

○ 喷泉能够增加局部环境中的空气湿度，增加空气中负氧离子的浓度，减少空气尘埃，有利于改善环境质量，有益于人们的身心健康。

○ 喷泉的类型很多，选择什么类型的喷泉要视喷泉在水景中所起的作用而定。

（2）喷泉的类型

喷泉的类型很多，选择什么类型的喷泉要视喷泉在水景中所起的作用而定。每一种喷泉都呈现出不同的景观效果，最为简单的是水射向半空，呈弧线形下落。最常见的喷泉池是呈阶梯式排列成三层，都采用混凝土建成。

在古典风格的庭院中，比较考究的喷泉会配上天使雕塑层，呈三跌状瀑泉，为庭院增添动感与生机，被人们称为"活的雕塑"。喷泉将光与水结合在一起，会产生人们意想不到的奇特而梦幻般的效果。

开阔的场地多选用规则式喷泉，喷泉下方的水池要大，喷水要高，照明不要太华丽。狭长的场地喷泉下的水池多选用长方形，现代住宅建筑旁的喷泉水池多为圆形或长方形。

中式庭院的水池形状多为自然式，其喷泉形式也比较简单，常做成跌水、涌泉，以表现天然水态为主。喷泉的形式自由，可与雕塑等各种装饰性小品结合，但变化宜简洁，色彩要朴素。

（3）喷泉的位置

在选择喷泉位置、布置喷水池周围的环境时，首先要考虑喷泉的主题与

○ 庭院中的喷泉最好设置在避风口的位置，水流不要流出界定范围。

形式，所确定的主题与形式要与环境相协调，把喷泉和环境统一起来考虑，用环境渲染和烘托喷泉，以达到装饰环境的目的，或者借助特定喷泉的艺术联想，来创造意境。其位置一般多设在庭院的轴线焦点、端点或花坛群中，也可以根据环境特点，做一些喷泉小景，布置在庭院中、门口两侧、空间转折处等。但在布置中要注意，不要把喷泉布置在建筑物之间的风口风道上，而应当安置在避风的环境中，以免大风吹袭，喷泉水形被破坏和落水被吹出喷泉的水池外。

8. 庭院的水池

水是生命之源，人类在潜意识里存在着亲水性。对于以回归自然、调节心情为目的而设计的庭院来说，水池是重要的构成元素。本节中的水池，主要为装饰性的水景。在条件许可的情况下，设计布置一个水景，无论大小与风格怎样，都会给生活增添情趣。水池的平面形式有自然式、装饰式和规则式三种，在小庭院中以自然式和装饰式较为合适。

○ 水池可以设置在宅前、庭院中或墙角处，填补庭院缺陷的同时美化绿色空间。

○ 小庭院中自然式和装饰式的水池能给庭院增添无限情趣。

○ 自然式水池最好修建在日照充足的地方。

（1）各种水池的设计要点

清澈幽凉的流水会给庭院增添无穷的魅力与美感。只要有水的浸润，无论是砖材、木材、水泥还是植物，都会变得充满光泽。自然式水池设置在有限的空间里较为适宜，在宅前、庭院中或墙角处都可以。在水池边堆上溪坑石或太湖石，种上水生植物，撒上些石子，一种接近大自然的景观就营造出来了。装饰性的水池和自然式水池比较起来，最大的优点在于能随意搬动，更加简便。比如微型喷泉，虽然喷出的水少，流速慢，但同样会形成一种静中有动的景观。

构建装饰式水池的材料多姿多彩、种类繁多，只要是盛水的容器都可以加以利用，如瓦缸、木桶、陶缸等，它们体积小、随意性强，能赋予庭院鲜活耐久的生命力。

规则式水池在小庭院的设计中用得不多，一般有方形、圆形、椭圆形等几何形状，通常需要足够的空间来陪衬，才能达到最佳效果。在面积较小的庭院中建造规则式水池，往往会破坏空间比例，影响美感。

自然式水池最好修建在阳光充足的地方。适宜在水中或水边生长的植物种类很多，萱草和鸢尾在池塘边就生长得很茂盛，惹人喜爱的睡莲就生活在水中，还有荷花、品藻、大藻等都很适合观赏。

（2）设置水池的风水原理

庭院中水池的设置，对风水至关重要，一定要慎重。水池不可乱设，必须注意方位，也不可过深。

建筑物的东西两侧不可设水池，尤其是西边的水池，古称"白虎开口"，大忌。其道理很简单，因东边有水池，清晨阳光会经由水池反射到室内，产生眩光，影响视觉。西边水池也一样，夕阳经水池反射，同样产生眩光。

若房子是坐北朝南，前有空地，最好是在空地上设个半圆形的池塘，

○ 水池具有一定高度时，要注意水的循环流动。

平的一面朝屋子，圆弧面朝外，有利风水。大楼门口前也可设半圆形水池，也是要"圆弧朝外，直缘朝内"。圆弧朝外像弓外射，且有扩散发达的象征。若是反过来，如弓内射，就于风水不利。

若在正确的方位上设圆形水池，也不可过深，最好是浅浅的，池底中央微微隆起，加上清澈的流水，是最佳风水。过深的水池会损伤地气，如果要设水池，不妨考虑以堆高的方式，在地面上筑个矮池，而不要向地下挖。

水池的水要是活水，不可为死水，否则里面虽是清水，从风水学角度讲也不是很好。有庭院草皮的住宅，设个池塘养养鱼，也是不错的，但一定要请专人实地勘察，配合地势，选个最好的位置才好。

Tips 风水学小课堂

自然界的水体千姿百态，其形态、风韵、声音都能给人以美的享受，自古以来人们就视其为艺术创作的源泉。无论是小溪还是河流，对人都有一种天然的吸引力。私家庭院面积虽小，但水景是必不可少的，用水景来点缀环境由来已久。水晶莹剔透，清澈幽凉，静若处子，而飞溅的喷泉则会给庭院增添几分动感与情趣。水让人心胸开阔，而水中的植物则为水池增添了几分柔美。水景构造，因地制宜，一类是平地挖掘，比较费力，费财；一类是利用原有的低洼地，进行挖掘再加工，即所谓"低凹可开池沼"。建造庭院必须有水，无水难以成形，水面随庭院大小布局而定，或开阔舒展，或萦回幽深，使景观变幻多姿。也可将水池分割成大、中、小三个不同情趣的水面，池水轻拍，倒影如画。尽管私家庭院的面积有所限制，但其理水布局精致细巧，正所谓"人为之美入天然，故能奇；清幽之趣要浓丽，故能雅。"在处理建筑与水体关系时，有依水和贴水两种格局，"大庭院宜依水，小庭院重贴水"。

9. 庭院的瀑布

庭院中的瀑布，按其跌落形式被赋予各种名称，如丝带式瀑布、幕布式瀑布、阶梯式瀑布、滑落式瀑布等，并模仿自然景观，设置各种主景石，如静石、分流石、破滚石、承瀑石等。通常情况下，由于人们对瀑布的喜好形式不同，而瀑布自身的展现形式也不同，加之表达的题材及水景不同，造就出多姿多彩的瀑布。

（1）瀑布在风水学上的意义

因瀑布的声音和形态有助于吸引人气，所以瀑布对于做生意的店家而言，是非常好的风水之景。但住宅内部的瀑布却没有如此好处，有些瀑布设置在大门前，且高度过高，会给人压迫感，并不能带来良好的效果。若是住宅前的瀑布隔得太近、水流太急，容易让水汽飞溅到住宅中，会让住宅和庭院过于阴湿，不利于人的健康。一些集合式住宅造景时，很喜欢在中庭做个瀑布，这种瀑布对楼层较低的住户影响较大，总让人感觉在被水浇。若住家

○ 庭院中的瀑布，保持清洁的同时还应注意不要让水长时间断流，让山石浸润在水中才能让财气顺畅流动。

○ 瀑布的声音和形态有助于吸引人气，十分适合经商人家。

感觉被瀑布所扰，又不能移除瀑布，可采用玻璃窗台等装修方式，将瀑布隔绝在屋外，同时也能欣赏到瀑布的美景。若庭院中设置了瀑布，要保持清洁的同时，还要注意不要让水长时间断流，让浸没在水中的山石暴露在外也会给人萧条的感觉，对人的心情不利。

（2）庭院瀑布的设计要点

同一条瀑布，如瀑布水量不同，就会演绎出从宁静到宏伟的不同气势。尽管循环设备与过滤装置的容量决定整个瀑布的循环规模，但就景观设计而言，瀑布落水口的流水量（自落水口跌落的瀑身厚度）才是设计的关键。庭院内瀑布的瀑身厚度一般在10毫米以内，瀑布的落差越大，所需水量越多，反之，水量则越少。

与瀑身形态对高差小、流水口较宽的瀑布，如果减少水量，瀑流常会呈幕帘状滑落，并在瀑身与墙体之间形成低压区，致使部分瀑流向中心集中，"哗哗"作响，还可能割裂瀑身，这种观赏性不佳的瀑布也会影响风水，需采取预防措施，如加大水量或对设置落水口的山石做沟槽处理，凿出细沟，

美化家居招来滚滚财运
改善环境花木催旺人生

○ 瀑布的去水处最好蜿蜒流出，排水系统应保持通畅。

○ 庭院因有瀑布、水帘的动感装饰，环境既有声有色，又有静有动，充满艺术性。

使瀑布呈丝带状滑落。通常情况下，为确保瀑流能够沿墙体平稳滑落，常对落水口处山石作卷边处理，也可以根据实际情况，对墙面作坡面处理。

如果采用平整饰面的白色花岗岩作墙体，因墙体平滑没有凹凸，使人不易察觉瀑身的流动，影响观赏效果。利用料石或花砖铺设墙体，应采用密封勾缝，以免墙体"起霜"。如果在水中设置照明设备，应考虑设备本身的体积，将基本水深定在30厘米左右。在庭院中利用假山、叠石，并在低处筑池作潭，山石上作瀑布，使水帘轻泻潭中，击石有声，水花喷溅。也可利用室内专设的景墙作骨架，引水从上端轻轻流泻而下。墙头流水的出口宜平直整齐，水量适度，水流形成薄而透明的水帘，显得轻曼柔美。此外，还可以用金属管件作挂瀑，将金属管的一侧开长缝作为瀑布口，再把瀑口管水平悬空架立于庭院中，其下作水槽接水，这就形成了金属管挂瀑。

庭院因有瀑布、水帘的动感装饰，环境既有声有色，又有静有动，明显地增加了环境的艺术性。

TIPS 风水学小课堂

需要注意的是，在庭院中无论是设计池塘、游泳池还是设计喷泉，最好把这些水体的形状设计成类似于圆形的形状。

一是能藏风聚气。喷水池、游泳池、池塘等水池设计成圆形，四面水浅，并向住宅的方向微微倾斜（圆方朝前），如此设计方能够藏风聚气，增加居住空间的清新感和舒适感。

二是便于清洁。如果将喷水池、游泳池、池塘设计成长沟深水型，则水质不易清洁，容易积聚晦气，古书上称这种设计为"深水痨病"。因此，池塘、喷水池要设计成形状圆满、圆心微微突起，污垢才不易隐藏，便于清洁。

三是利于安全。如果将喷水池、游泳池、池塘设计成方形、梯形、沟形，则容易形成深水区，在水中嬉戏的人容易发生危险，尤其是儿童，而圆形的设计则十分安全。

四是利于健康。如果喷水池、游泳池、池塘的外形设计有尖角，又正对大门，则水面反射光会射进住宅内，风水学上认为这样的反射对人的健康不利。

改善环境花木催旺生

美化家居招来滚滚财运

10. 庭院中的装饰水景

　　装饰水景在庭院设计中不附带其他功能，只是起到赏心悦目、烘托环境的作用，这种水景往往构成环境景观的中心。装饰水景是通过人工对水流的控制，如排列、疏密、粗细、高低、大小、时差等，达到艺术效果，并借助音乐和灯光的变化产生视觉上的冲击，进一步展示水体的活力和动态美，以满足人的亲水要求。

　　倒影池就是装饰水景中观赏性较强的一种。光和水的互相作用是水景景观的精华所在，倒影池就是利用光影在水面形成的倒影，扩大视觉空间，丰富景物的空间层次，增加景观的美感。倒影池极具装饰性，可以十分精致。无论水池大小都能产生特殊的借景效果，花草、树木、小品、岩石前都可设置倒影池。倒影池的设计首先要保证池水一直处于平静状态，尽可能避免风的干扰。其次是池底要采用黑色和深绿色材料铺装，如黑色塑料、沥青胶泥、黑色石材或瓷砖等，以增强水的镜面效果。

○ 倒影池极具装饰性，能产生特殊的借景效果。

人工海滩浅水池一般建于临海的别墅内，主要让人体验日光浴。池底基层上多铺白色细沙，坡度由浅至深，驳岸做成缓坡，以木桩固定细沙。水池附近最好有冲沙池，以便于更衣。

11. 庭院的给水和排水

庭院的给水和排水是营造好风水水景的关键，良好的给水和排水能使水流动顺畅，不好的给水和排水会使水景干涸或形成淤积，所以庭院的给水和排水应该请专业人员进行设计。

（1）庭院的给水

庭院的给水，在满足效果的前提下应控制水深，尽量设计节水的水景，并在庭院中留出必需的给水点，这些给水点包括灌溉、水景补水、生活取水口等等。供喷泉用的水源应为无色、无味、无有害物质的清洁水，除用自来水作为水源外，也可采用地下水，冷却设备和空调系统的废水也可以作为喷泉的水源。古人称水为庭院的"血液"、"灵魂"，因其给人以明净、清

○ 庭院的给水是庭院水体的源头，是庭院明净清新的重要保障。

○ 水是庭院的"血液"和"灵魂"，一定更要注意清洁。

○ 庭院中还应流出必需的给水点，包括水景补水、喷泉补水等。

澈、近人、开怀的感受，因此，庭院的给水工程做好了，人处在庭院中，会有一种脑清神明的感觉。

（2）庭院的排水

庭院的排水系统也要进行专门的设计，包括每一个水景的排水、草坪排水、道路排水、住宅排水等。庭院的排水系统应尽量和植被区的补水结合起来，而不应直接排走。在构筑硬景及软景的时候，也要加强地面及种植区的渗透性能，使水能及时被土地吸收，加速排水，并补充地下水分。

草坪在庭院中所占的面积比较大，所以草坪表层的排水就显得尤为重要。如果草坪排水

○ 庭院的排水要与庭院中的其他景观综合考虑，在设计之初就做好规划。

不好，水淤积会影响草皮的生长和日常的使用。最好的方法是，在坡形设计合理、找好排水方向的前提下，在草坪表层逐次利用细沙扫面及在适当的位置安排排水口，这样可以迅速排干草坪表层水分，使草地的坡形更为平滑美观，还可以减少虫害。有了沙子对土壤的隔离，即使雨天，走在草坪上面鞋子也不会粘上泥土；天气好的时候，躺在草坪上面晒太阳，也不用担心衣服被弄脏，从而提高草坪的使用性和观赏性。

12. 庭院的路

庭院中的路是整个庭院中不可或缺的一部分，除了满足功能上的要求之外，还起着组织和联系景点的作用。可以说，景点是珠，路即是链，好的路可以令庭院更加和谐统一，成为一个整体，反之则有散沙之虑。

设计庭院的路时，要根据庭院的大小、风格以及功能来筹划。路的宽度最好设置在0.4～0.6米间，太宽会使小庭院在比例上失调，令庭院气散不聚；太窄则不方便活动，令人运气受到阻滞。

大师全解植物开运密码
活用植物增旺住宅运势

○ 庭院中的路起着组织和联系景点的作用，令庭院更加和谐统一。

（1）路的形态

庭院的路在形态上，一般不会选择最直接的线路，而讲究弯曲回转之美，在移步易景中到达庭院中每一个景致。风水中，在开放的庭院里，有小径蜿蜒穿过庭院，可以带来吉祥的、上升的能量，也能减缓相应的不利因素，将负面能量化解在迂回的庭院小路中。当然，如果庭院只是建筑间较小的一块空地，可以选择短小精悍的直线小路。

庭院的路的形态讲究柔和的曲线美，在高度上也应该平缓顺气。有时住宅会比庭院高出一部分，这时庭院到住宅大门的小路便应起到一个过渡的作用，让这个上坡易于行走，房屋显得幽深有安全感。如果坡度过陡，且路的面积够大，可以在大门前或者园路转折的地方设置平台，用阶梯代替不安全的小路。如果庭院中的路是用大的垫脚石做成的，就要量好石头之间的距离，以便左右脚可以方便地向前行走。石头之间的距离会影响人的脚步，进而影响到气沿着路流动的速度。长的距离会使人迈开大步，而短的间距会让行人放慢脚步，所以石板路的间距最好小一点。

◎ 在开放的庭院里，有小径蜿蜒穿过庭院，可带来吉祥上升的能量。

 庭院中大面积石板路的铺装，质感宜粗糙、刚健些，因为粗糙往往使人感到稳重、沉着、开朗，与装修精致的室内空间形成良好的配合。

（2）路的颜色

　　路面的颜色可以选用多种颜色的拼合营造变换的风格，也可以选用单一的颜色形成质朴统一的和谐庭院。园路的边缘也可以通过地砖的颜色加以区隔，或者利用砖块缝隙间的植物和其他装饰带来动感和趣味。不过，在选择路面的颜色时，最好不要选用大红等过于鲜艳的颜色，因为这样不仅会显得突兀缺少美感，还会令庭院中的花草黯然失色。而且，鲜艳的颜色在室外经过雨水冲刷，也会因褪色变得晦暗，带动着让庭院失却优雅与闲适。

◎ 路面的颜色可以选用多种颜色的拼合，营造变换的风格，也可以选用单一的颜色，形成质朴统一的和谐庭院。

（3）路的方位

　　风水学认为，气是经由道路进入住宅的，因此庭院中的道路非常重要。道路的宽度、方位、地形，都会在不同程度上影响到住宅和庭院的气场。

　　如果庭院的东边有道路，以风水学而言，气会由东边的道路进入庭院

◎ 庭院的东边有道路时，应利用花坛或木栅栏将其余三侧加以装点。

◎ 南边有道路的庭院，需要日照良好，西侧与东侧的设计也不可忽略。

◎ 庭院的西边有道路时，可以稍微拉长庭院大门到玄关的距离，加深住宅的深度。

◎ 庭院的北边有道路时，要达到南、北庭院空间的平衡，才算是"吉"。

中，可以利用花坛或木栅栏将这几个方位加以装点，能较好地守住住宅的幸运能量。

庭院南边的道路，因为南方代表着艺术和文化，会给住宅带来类似的好运与能量。

庭院的西边有道路，表明会有较强的西方能量由此流入庭院中。

北边有道路的庭院，住宅一般会靠向北边兴建，而在南侧建造庭院。如果是这种布局，那么最好保持南北的平衡，不要让南方的庭院占地过大，失去平衡。

（4）路的铺装材料

在铺装路面时，材料也有多种选择。在树木浓荫或者植物不易生长的小径上，可以选择松软的沙粒、碎砖，给人自然轻松的感觉，不仅耐踩，而且渗水性强，有利保持庭院的整洁。在比较大型的庭院中为了散步而修建的道路，铺装路面可以选择条块状的材料，如青石板等材料，不仅坚实耐用，还可以拼接出多种图案，营造庭院的美感。若是希望打造富有乡土气息的农庄，可以选择黏性的材料铺路，比如在水泥中镶嵌鹅卵石，让园路自然又富有野趣。

园中的小路若是什么也不铺，露出本身的泥土，下雨天时会泥水飞溅，

● 选择质地坚硬、密实的材质作为庭院的路面，符合户外材质的耐用原则。

● 多种材质的路面材料，从造型上给庭院阳光般的明亮动感。

◎ 铺装路的面层时，要选择利于行走的安全材料，其次才是注重美观要求。

◎ 在落叶较少或叶面较大的植物旁边可铺设小石子路面。

大师全解植物开运密码
活用植物增旺住宅运势

124

◎ 砖块的样式和形状都十分丰富，可用于营造多变的庭院空间。

◎ 铺设水泥时，要考虑排水和容易产生湿气的问题。

或者形成积水坑，使人难以行走，同时还会聚集不好的秽气。

　　路是庭院中使用频率最高的部分，因此，在路的面层铺装时，一定要选择利于行走的安全材料，在保证安全后再追求路面的新颖美观。

　　庭院的路面有时也会选用花岗石等材质铺设。花岗石质地坚硬密实，十分耐用，利于户外的装饰。但就风水学上而言，忌选择黑色的花岗岩，因其颜色过重，容易消弱庭院中阳的力量。

瓷砖较容易产生色彩，而且因大小不同，较容易产生变化，是非常大众化的路面铺设材料。经常会在阶梯等位置使用，不过要注意防滑。

用于建造长廊、花坛的砖块，样式和形状都十分丰富，用其来铺设路面，可利用不同的组合、颜色或光泽等让路面产生变化，营造多变的庭院空间。

庭院中的砖块在拼贴时，都少不了水泥，有时也会单独用水泥来铺设路面，也可以产生不错的效果。

13. 庭院的桥

我国庭院以大自然为蓝本，水面景观构成了中国庭院的五大要素之一。庭院中的桥不仅沟通园路，还起着联系各景点及分隔水面空间的作用，而且还能构成独特景观，是主人精心构思和高雅情趣的体现。庭院之桥因庭院审美的需要而设立，是对绿化景观的补充和渲染，起着锦上添花的作用。小庭院中的园桥，一般架设在水面较窄处，造型大小要服从庭院的功能、园路和造景的需要，注意与周围景观的结合。环境要协调统一，让园桥与前后景观

○ 平桥跨度较小，水池较浅，可以不设栏柱平水而过。

○ 石质小桥和小巧的白色石子协调了庭院中的阴阳。

美化家居招来滚滚财运
改善环境花木催旺人生

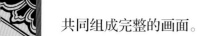

共同组成完整的画面。

庭院中桥的类型很多，按材质分，有木桥、石桥、竹桥、水泥桥等；按形式分，有单跨、多跨、平桥、曲桥、拱桥、亭桥、廊桥等。

平桥在较小的水面上应偏向水体一隅，其桥身临近水面，一般跨度较小，水池较浅，可以不设栏杆，平水而过，别有一番情趣，在小庭院中运用较多。

拱桥是庭院中造型最优美的桥之一，桥孔大都为单数，设置在平静的水面上，圆拱曲线丰满，富有动感美，与水面形成动静对比的效果，一般小庭院中运用不多。

石平桥常用于小水面空间环境，运用石板、木材搭成，桥墩一般用石块砌筑，上面架石板条或木板，无栏杆，一般跨度较小，桥身较低，贴近水面，以方便观鱼赏花，人行其上，给人以清新、明净和亲切的感受，在小庭院中运用较为广泛。

亭桥是在桥上置亭，一是为了避雨纳凉，驻足休息，二是亭桥形态多

○ 木桥和庭院的许多材质都可以搭配，需要注意防潮和虫蛀的问题。

大师全解植物开运密码
活用植物增旺住宅运势

姿，可增加桥的自身美感，一般多在较大的水面采用，适宜四面欣赏观景，在居家庭院中运用不多。

竹桥有竹子的质朴之美，价廉物美。原始的竹子经过艺术设计、加工，与桥头花草相交掩映，给人一种自然的亲近感，与环境显得十分协调，在日式庭院中运用广泛。

园桥的铺装用材十分丰富，有水泥、石板、木块、木板、杉木条、钢架等，但不管运用哪一种材料，必须要与建筑物及建筑风格相协调，这样才能达到设计的预期效果。

14. 庭院的平台

近年来，作为第二户外生活空间的木制甲板颇受人们的青睐。所谓木制甲板，就是用木材制作的台板，常用于建筑物到庭院之间的连接，形成庭院中的平台。如果将木制甲板和露台组合起来，那么无论是作为一个家人团聚的场所，还是孩子及宠物们嬉戏玩耍的游乐场，或是充满慰藉的私人花园，

○ 庭院内铺设的木板，要以户外专用或经过防腐处理的为主。

美化家居招来滚滚财运
改善环境花木催旺人生

○ 平台的边缘可以种植植物，在视觉上建立一种安全感，同时也能有效阻挡外界的不利因素。

○ 将木制甲板班和露台组合起来，可以打造一个舒适而享受的空间。

○ 先铺一层排水板，再铺上庭院用木板，可以解决露天平台的排水问题。

都是一个舒适而享受的空间。

在庭院的平台中，我们可以只身其中体验烧烤的乐趣，可以配之以凉棚或日光房，享受品位提升的庭院，也可以在上面陶醉于月光花园的魅力中，使心灵得到慰藉。

不管多狭小的空间都可以设置平台，它不仅仅是一个休憩的场所，同时还可以作为物品收纳空间或晾衣处，具有很好的实用性。

木头平台与地面之间留出空隙的话，垃圾灰尘之类的东西容易被风吹进去，难以打扫，也可能被老鼠利用做窝。若是将平台覆盖到裙边，就可以防止这类问题，还可以有效地利用其收纳物品。有些人将木头平台的下面全部用水泥封住，这样不但花费较多，而且想改造也会比较麻烦。其实，木头平台的下面很容易干燥，没必要一定要封上水泥，装上裙边，美观又节约。

庭院内铺设平台的木板，要以户外专用或经过防腐处理的为主，可选用浅色的南方松、较深色的原木等，最简易的方式是先铺一层排水板，再铺上庭院用木板，连排水问题也可以很好解决。

还有一点需要注意的是，设置木头平台时，要考虑完成后站在台板上的视野和高度的问题。如果将平台建得很高，会让房子整个凸显出来，视野也较为开阔，但在另一方面也会减少家人的安全感；如果将平台建得很低，不利于观赏户外的景色，呼吸新鲜空气。最好的台板高度是从室内出来后略低的高度为好，这样方便通行的同时也有不错的视野。

15. 庭院的台阶

在设计庭院时，遇到高度不同的平面，最常见的方法就是修建台阶。当然，也可以人为地在平面上营造出一个高度变化，产生落差，改变节奏。直上直下的台阶看上去有种单一感，而在有限的空间里设计一个小平台，再以直角拐弯，台阶就变成了一道景观，给人以惊喜。

设计庭院台阶要注意三大要素：级高、级宽和阶数。台阶每一层的高度我们称之为"级高"，较为舒适的级高是15厘米左右，可以根据需要调整台阶的层数，但不要使台阶的级高过高或过低，一般不得低于7厘米，否则人很容易被绊倒。每一层台阶的深度叫"级宽"，级宽的平均值是45厘米或者更宽些。特别要注意的是，级高和级宽在一定范围内必须保持一致。最后，大

○ 庭院台阶的级高不宜过高或过低，级高和级宽在一定范围内必须保持一致。

○ 庭院中台阶的阶数不宜太多，否则，任何节奏的变化都会导致人的绊跌。

多数庭院中台阶的阶数不宜太多，否则，任何节奏的变化都会导致人跌倒。

　　台阶材料的选取范围很广，几乎可以用任何材料加以铺装。如用砖砌成环形台阶，连接露台与高出地面的混凝土台阶，风格质朴；原木或石头台阶则体现了美观而简洁的风格。

　　总体来说，台阶的设计要根据庭院与建筑物的整体风格而定，接近建筑物的台阶要处理得较为规则，所用的材料也要与建筑物的材料相协调。庭院内的台阶可以朴素无华，不用像前者那么要求严格，但也应与连接其间的园路的材料一致，构成整体风格的完整性。最后，台阶旁还应设置照明灯，以便晚上使用。

16. 庭院的廊

　　在中国庭院木构架体系建筑物中，廊是一种很微妙的建筑，狭长而畅通，婉转而曲折，与亭、台、楼、阁等建筑物相比，它给人以不同的静态美。

　　廊在庭院中的运用，其形式和手法丰富多彩，有单面空廊，面对主要景色，背面沿墙或附属于其他建筑物；有双面空廊，即两边均无墙体，均可自由观景。

◯ 双面空廊，两边均无墙体，可自由观景。

◯ 现代建筑的门廊力求简洁实用，提升整个建筑物的生命之气。

美化家居招来滚滚财运 改善环境花木催旺人生

○ 单面空廊会选择面对主要景色，背面沿墙或附属于其他建筑物。

复廊是在双面空廊中间隔一道墙，形成两侧单面空廊的形式，中间墙上开有式样各异的漏窗，可以从每一扇漏窗看到另一边的景观。

双层廊，即把廊分成上下两层，上下均有通道，也可称为楼廊，可供人们在上下两层、不同高度观赏景色。

廊的位置选择不受限制，有平地建廊，水边或水上建廊，也可以在山地上建廊。廊的构建，"宜曲宜长"，只有这样，才能取得较佳的景观效果。廊可"随形而弯，依势而曲"，这是前人的经验所得，我们要在实践中因地制宜地灵活运用，加以创新。

17. 庭院的日光房

可以经常享受暖融融的太阳的日光房，因为四周是挡住的，人身处其中十分轻松自在。与木头台板和露台相比，日光房更增添一分隐秘性。日光房的玻璃窗户可以自由开闭，夏天有微微的凉风吹过，冬天有暖洋洋的阳光照射，十分舒适。日光房可以作为单独的书房或者活动室，也可以作为家人聚

○ 日光房应设置在阳光照射的东面和南面，室外景观也应相应配置。

○ 日光房室内可以悬挂遮光的窗帘，在需要时形成独立隐蔽的空间。

○ 日光房可以作为单独的书房或者活动室，也可以作为家人聚会的场所。

会的场所。

日光房要尽量选择日照充足的地方修建，若是日照不好的话，就无法发挥日光房的好处。一般的家庭，是在原来的建筑物上加盖一个房间，打造庭院中的日光房。若是新建的房子，在设计的阶段，就最好为庭院中的日光房考虑好日照的问题。

18. 庭院的藤架

传统的欧式藤架是一种简单的半封闭式的构造物，可遮阴，一般作为植物架而构造。在藤架下可设坐椅，为庭院营造一个安逸又隐秘的角落。架设藤架时，必须保证藤架与建筑物的风格相协调。如果庭院主体是一栋对称的乔治亚风格的建筑，在旁边架设一个木制的藤架，你就会感到很别扭、古怪，但如果把这些木制藤架设置在乡村别墅式的庭院中，就会营造出一种独特的情趣与魅力。在空间允许的情况下，在住宅的门口设置藤架，为庭院添加一丝绿意的同时，也可以起到住宅与庭院的过渡作用，与

○ 让攀缘植物在棚架上形成一个天然的植物篷盖，可以充当庭院中的凉亭。

○ 藤架的位置建在庭院中的某个角落或建于建筑物附近，作为庭院的通道使用。

◎ 在住宅的门口设置藤架，为庭院添加一丝绿意的同时，也可以起到住宅与庭院的过渡作用。

露台合二为一。也可以在庭院的小路尽头设置一个藤架，让覆满植物的藤架充当庭院中的凉亭。

营造庭院气氛最有效的方法之一是，让攀缘植物在藤架上形成一个天然的植物篷盖。许多植物都适合在藤架上生长，如爬藤月季、金银花之类，凌霄、紫藤等攀缘在开花时节能为庭院增添色彩。

藤架还可作为庭院中种植的蔬菜水果的支架，在庭院中种植攀爬类的蔬菜，如丝瓜、豆角等，能让庭院充满美好的生活气息。

藤架所用材料很多，有用木材来做的，也可以用砖来砌，也有用混凝土来构造的。当然，所选的材料必须由建筑物的风格来决定。

19. 庭院的花坛

鲜花常以特别活跃的形式给庭院带来缤纷的色彩，如果得到精心的栽培和照料，鲜花还能具有强烈的风水效应。庭院如果设计成花园的形式，花坛更是要仔细考量。

◯ 鲜花的色泽与外形会影响住宅的气场。

◯ 圆形花坛从各个角度看都是相同的，具有稳固的力量，能为庭院带来好的气场。

（1）花坛的形状

在住宅南侧兴建圆形花坛时，最好有两个圆形花坛，在西北侧时则可以建一个稍大的圆形花坛。如果庭院够大，在庭院正中央建造花坛，或在玄关前的走廊建造圆形花坛都可以。圆形花坛的特征，就是不管从哪个方向看，都是相同的，而且正中央看起来像山一样。如果庭院够大，日式花坛的边缘可使用自然石装饰，西式花坛的边缘则可使用砖块或小的木栅。

在与邻地交界处的围篱旁兴建花坛时，围篱侧要种植较高的花，而前方则种较低矮的花。如果庭院不够大，可围绕树木兴建花坛。

正方形或长方形的花坛可以建在庭院或玄关的门口，朝向东、东北、东南的庭院十分适合使用这种形状的花坛。东方种红花，东北方种白花，东南方种橘色的花，更能提升风水力量。

在住宅和庭院交界处建造花坛，可以选择细长形状的带状花坛。反覆使用白色与粉红色、白色与红色、红色与蓝色等花，形成一定的条纹，使人有

○ 庭院内的花坛设置必须协调，才能让其中的鲜花发挥作用。

顺畅之感。

（2）种植的内容

实际设计花坛时，首先必须考虑庭院的大小，如果忽略庭院的大小而设计花坛和花坛里要种植的内容，极容易造成庭院内容的不协调。其次就是在颜色或材质上，也要搭配各种不同颜色的花卉。

金——以黄色系的花卉为代表，如发财树、万两金、金钱树、水仙、黄菊等，应搭配种植在金属材质的花坛中。

木——绿色植物皆属木，在庭院装饰中，可选择"种子"植物，寓意"发"的意思，将其栽种在庭院的东或东南部的木质花坛中。

水——以水耕栽培的植物为代表，如开运竹、万年青等，应搭配种植在蓝色的花坛中。

火——以会开花或是会结果的植物为代表，花色应为红色，如火鹤花、蝴蝶兰、凤仙花等，可以搭配使用红色花坛。

○ 绿色植物皆属木，将其栽种在庭院的东或东南部，寓意"发"。

◎ 不同颜色的花朵，具有不同的效果，可以根据住家的需求摆放。

◎ 室内耐阴的植物属土，适合栽培在陶瓷花盆中。若花木耐阴不耐湿，则宜栽培在瓦制花盆中，其吸水、透气性更佳。

土——以室内耐阴的植栽为代表，如绿宝石、仙人掌等，应搭种在黑色花坛里，或者种植在西南或东北方的陶制花坛中。

20. 庭院的花架

人们在欣赏庭院时，常能看到一些被单独置于草坪上或宅前屋后、千姿百态的架子，这就是花架。花架运用在庭院中，其形式和表现手法丰富多彩，不仅为人们在烈日下欣赏园景时提供了便利，而且增加了庭院的景观层次感。

（1）花架的作用

花架在庭院中有以下几个方面的作用：

一是供人们歇足休息，观赏两边的景色，成为园内区间的联系手段，并起到分割空间、组合景物的作用。

二是有优美的景观功能。花架本身就是一件艺术作品，它与亭、桥、园路等的静态美相同，往往丰富多变、弯曲空灵、婉转多姿，与庭院建筑构成了实与虚的和谐美，而使庭院变得富有生气，引来人们对它的欣赏和品味。

○ 花架运用在庭院中，可以增加庭院中的景观层次感。

改善环境花木催旺人生　美化家居招来滚滚财运

◎ 轻巧的花架，餐厅、屋顶花园的葡萄天棚，创造了一个宜居的庭院环境。

◎ 花架位置选择要求四周通透，能给人特殊的空间感受。

三是为攀援植物创造生长条件。轻巧的花架，餐厅、屋顶花园的葡萄天棚，往往物简而意深，创造了与周围环境互相渗透、浑然一体的感觉。

（2）花架的设计要点

设计花架时要注意，尽量与空间成比例。就小庭院而言，所设计的花架体型不宜大，太大了放在小空间内，比例失调，所以比例尺寸要把握准确。

花架在绿阴衬托下要美观，但在落叶以后也要好看，要把它当作一件艺术作品来设计。如果是日式庭院，可以利用竹篱笆等做成花架，形成斜格子状或四方形格子状。

花架摆在西南边、西边或西北边时，可以使用能够发挥木头本质的茶色系列。如果是涂上白漆的花架，适合庭院的任何方位。鲜红色的花架适合摆在东方。鲜黄色的花架适合摆在西方，寓意催旺财气和促进人际关系。

选择放花架的位置要求四周通透。花架给人的空间感受是很特殊的，除了做支撑的柱子，没有围墙和门。花架上下铺和檐口并不一定要对称相似，可以自由交叉，相互引申。普通的花架三步一折，五步一曲，能生出许多小景观，于无景处生景色，给庭院景观平添许多风情。

（3）花架的搭设

双柱花架要用水泥文化砖做双柱的贴面，顶部用花架板做方格状。双柱花架的优点是光线比较通透。双柱花架里面表现形式多样，可直线、曲线、折线等。

单柱花架的结构简单，易于搭建。用直立的10厘米×10厘米的板块，支撑中部，承受两端外悬重量即可。为了花架的美观和稳定，单柱花架在平面上宜做成曲线，让形体轻盈活泼。由于花架通常要支撑相当的重量，所以其支柱和横梁要有足够的强度，并构造合理。

◎ 由于花架通常要支撑相当的重量，所以其支柱和横梁要有足够的强度，并构造合理。

一般来说，一个花架配置一种藤蔓植物，也可以配置2～3种相互补充的藤蔓植物。因为观赏价值和生长要求不尽相同，在设计花架前要对植物习性有所了解。如葡萄架上种植葡萄，要求通风好，光照条件适宜，也要考虑到合理的种植间距。紫藤枝盛叶茂，观赏性强，在设计紫藤花架时，所用的材料要求是永久性、能负荷的，花架造型力求简洁、古朴。对于茎干草质的藤蔓植物，如牵牛、葫芦等，一般都要借助于绳子或铁丝来搭设花架。

　　藤蔓植物的种类很多，喜阳的藤蔓植物有紫藤、葡萄、藤本月季、爬山虎等；耐阴的藤蔓植物有猕猴桃、蔷薇、常春藤等，都适合于花架的摆设。

21. 庭院的花境

　　庭院绿化是立体的、综合的艺术，在景观设计时除了满足功能上的要求，给人们的生活提供方便外，还要追求景观上的美观。可以从不同角度营造小庭院，使用小技巧，使庭院看上去比实际空间大一些，美观些。普通住宅的庭院面积都不大，但总希望多种些不同的植物品种。如果将几种不同的

◎用花境来布置几种不同的植物，使其高低、花期错落，能取得较长时间的观赏效果。

植物种植在庭院内会觉得很凌乱，解决的方法就是用花境来布置，将不同高度的植物进行配置，使其高低、花期错落，以便取得较长时间的观赏效果。

花境是指在地块边缘种植花卉的一种布置形式，也可以指在宅前、墙基、人行道旁、台阶、斜坡或灌木丛前混合种植的多年生植物带。以多年生花卉为主进行种植布置的花境，称为"花卉花境"；以灌木为主布置的花境，称为"灌木花境"。

从平面布置上来说，花境是规则的，但从内部植物的种植来看，花境则是自然的。布置花境时应将矮的植物放在前面，中等的放在中间，高的放在后面，使之有背景、中景与前景。构成花境的植物要求花色鲜艳、花期较长、养护管理简单，使花境不需要经常更换植物，能较长时间保持其景观。

可供人单面观赏的花境，后面种植较高的灌木花卉，前面配以较矮的花草，丰满的立体层次就出来了。也有四周都可以观赏的"四面花境"，花境中部以较高的花灌木为中心，四周的植物高度向外逐渐降低，在不同高度的植物之间要有衔接和交叠，使其看上去美观、自然。为了取得较长期的观赏

○ 矮的植物在前面，中等的在中间，高的在后面，即有背景、中景与前景。

◎ 花境布置的长度和宽度要与庭院环境相协调。

◎ 花境除了考虑植物配置、高度外，还需要考虑不同季节的季相变化。

效果，可用几种花期稍错开的植物来配置。

　　花境布置的长度和宽度要与庭院环境相协调，一般宽度适宜设置在1～1.2米，通常不宜超过庭院长度的三分之一。

　　花境除了考虑植物配置、高度外，还需要考虑不同季节的季相变化。同一种类植物不同的园艺种有不同的形态，同一品种在不同的土壤、气候、水分、光照条件下，形态也会有不同，故在设计花境时须考虑清楚，配置时一定要协调。

　　花境中常用的多年生植物有向日葵、木槿、蜀葵、大丽花、金盏菊、凤仙花，这点植物可以种植在花境的中间，或作为背景。理想的矮生植物有四季海棠、三色堇、赛亚麻、马齿苋、美女樱等，这些植物枝叶密集丛生，都适宜种植在花境边缘。花境常用的植物还有月季、绣球、美人蕉、蛇目菊、萱草、金鱼草、迎春、山梅花、连翘、芍药等。

○ 花境中常用的多年生植物有蜀葵、水仙、菊花等。

22. 庭院的饰边

饰边是庭院铺装中不可缺少的组成部分，常运用在花园、树丛与草坪之间，或者是花坛的边缘，达到保持整洁的院容、阻止根系特别是草根的蔓延、有效控制杂草的目的。饰边从简单到华丽，形式多样，材料各异，有石制的、木制的、黏土的、铁制的等等。

庭院中精心布置的饰边，不仅为庭院增添优雅的景色，也使庭院便于养护、打扫，保持整洁。如今，饰边在庭院中运用相当普遍，但和园路一样，必须把握整体风格，要将园景和建筑协调起来。如果房屋的外结构是文化石的，就应该用文化石饰边。饰边铺装时可以稍微高出地面，也可以和地面一样高，在刈草时，便于刈草机的轮子往返自如。石块饰边最好铺设在碎石层或坚固的基础上，用水泥连接、固定，令石块更加坚固。如果房屋是木结构的建筑，采用杉木饰边就非常合适了。另外，水泥地的边上也可以考虑用杉木饰边。做饰边的杉木要经过处理或者涂上木焦油，以令木质更加持

◎ 做饰边的杉木要经过处理或者涂上木焦油，以令木质更加持久耐用。

○ 饰边往往运用在花园、树丛与草坪之间，或者是花坛的边缘，能有效控制杂草。

○ 庭院中精心布置的饰边，不仅为庭院增添优雅的景色，也使花园便于养护。

美化家居招来滚滚财运
改善环境花木催旺人生

久耐用。总之，应根据不同建筑形式设计不同的饰边，使庭院总体风格保持一致，力求就地取材。对于小庭院来说，简洁、朴素、经济美观是不变的原则。

23. 庭院的照明

庭院虽然作为室外与室内的过渡空间，不需要室内的华丽装饰，但作为居家生活的重要部分，庭院也需要有良好的照明，以获得更好的观赏效果和实用性能。

（1）照明的作用

灯光是庭院的灵魂，除了要满足照明的功能以外，还有安全上的作用，如水池边缘、台阶边缘的提醒作用、防盗作用等。

庭院中有分阳地及阴地，在夜晚光线的衬托下，花朵变得半透明，草状羽形植物闪闪发光，这便是阳。灯光照射不到的地方，便是阴。如果庭院特别空旷，没有阴的平衡，也可通过种植高大乔木创建一个阴地。因为完全重新设计庭院常常不太现实，而庭院的照明是个可以产生巨大变化，而且可以自己完全掌握的。光是阳的，要想平衡过多的阴，最简单的方法就是通过增加庭院里的灯光来加强阳。

◎ 园灯是有装饰效果的建筑小品，可以为户外增添一道亮丽的风景。

◎ 有了五彩的灯光，一座普通的庭院也会幻化成一个魔幻的童话世界。

○ 庭院的照明可以让庭院产生巨大的变化，增加庭院阳的力量。

　　庭院中的照明设计得好，可以为居家带来绝佳的效果。在住宅或者公寓大楼的边界和角落设置照明，每晚开灯，并保持灯具的洁净整齐，有利于增加住宅的安全感，也能带来良好的正面能量。如果庭院一角落太阴冷、黑暗或凄凉的话，就需要增加气，最简单的方法就是用灯光。当然，把这个角落彻底打扫一下，保持洁净，也可以增加阳的力量，起到同样的效果。用灯光来弥补房屋的缺陷，在房屋的缺角处设置灯具，这样的灯光照射就弥补了住宅的外观，也就成为庭院风水学中不可分割的一部分。庭院的光线充足，也会增强花和植物散发出来的良好之气。

　　（2）设计要点

　　庭院的照明在设计的时候要特别注意以下几点：

　　①照度要适宜。不同的空间需要的亮度不同，同时要控制整体亮度，以达到节能的目标。

　　②色调要统一。庭院一般使用暖色调或选显色性强的光源，不宜选择

大师全解植物开运密码

活用植物增旺住宅运势

◎ 在住宅或者公寓大楼的边界和角落设置照明，有利于增加住家的安全感。

◎ 庭院中的灯光，可以让装饰更显美感，在晚上展现不一样的神采。

○ 当照明的主体为植物或者雕塑时，突出显示其特殊之处，能创造出惊艳的效果。

○ 在采光不好的地方可以配置上数盏探灯，有寓意招财、镇宅、护宅的特殊效果。

美化家居招来滚滚财运
改善环境花木催旺人生

153

光源色彩过杂，或色彩怪异的灯光。

③防止眩光。要合理选择光源和灯具，尽量做到见光不见灯，防止光源裸露造成令人不快的污染。

④冷色调的光源，如高压泵灯有较强紫外线，并容易吸引蚊虫，所以要尽量避免使用冷色调光源。橘色的灯光紫外线较弱且具有驱蚊的效果。

⑤依据照明主体的不同而有不同的侧重点。例如，进行水景的照明设计时，要注意水流的形态，最好是从水下铺设灯光，表现出水景的流动感觉。同时，要注意灯具的防水，避免发生漏电等意外状况。当照明的主体为植物或雕塑时，可根据其形状特点，用灯光突出显示其特殊之处，提示人们欣赏到设计者所营造的意境。

庭院的灯具因在室外，因此要在设计之初就考虑好防护问题，做到防雨、防风、防尘，材质也应选择较为耐用的。

（3）灯具类型

庭院中的园灯种类繁多，有草坪灯、花坛灯、雕塑灯、亭台灯、壁灯，以及沿园路布置的园灯、装饰性很强的柱子灯、花境下预埋的小型聚光灯、水池下的聚光灯、休闲平台灯，日式庭院中的石灯笼灯，等等。为了满足人们休息和管理上的需要，各处园灯还要保持一定的距离和照明度，定位时既要考虑夜晚的照明效果，也要考虑白天的庭院景观，如沿园路布置在小庭院内的草坪灯，它们之间的间距宜为4～8米。间距也可因地形起伏的程度、树丛的疏密开合等的不同，而作相应的调整。

灯笼可以营造喜庆祥和的气氛，常在节日或者特殊日子悬挂。但是要注意灯笼的固定，注意防风，以免掉下后砸伤人或对植物、线路设施造成损坏。

高高的庭院灯最好也不要超过2米，以1.8米和围墙并齐为佳。同时要选择颜色、造型、方位都与庭院相匹配的。高压钠灯具有发光效率高、节能、色温适中等优点，在庭院主干道上的光源类型基本上就考虑采用高压钠灯。庭院中一些支路上照明要求不很高，同时需要营造比较幽静的气氛，白炽灯正好满足这些要求，设置在齐腰高的位置，既温馨又协调。

映照出通达玄关的长廊灯，是非常重要的照明。如果长廊稍短，则照明更有效。

解读庭院与植物

大师全解植物开运密码 活用植物增旺住宅运势

脚边灯是庭院中不可缺少的一种灯饰，夜晚的长廊中，重视脚边安全是必须首先考虑的问题。

园灯的选择也要和整个庭院的建筑及设计风格相吻合，如果中式庭院中，配上很现代的园灯，就会有风格上的不协调，所以在选择时尽量做到与整个庭院风格接近，格调统一、自然。

◯ 脚边灯是庭院中不可缺少的一种灯饰，增加庭院的安全感。

24. 庭院的凉亭

在欧式庭院中，凉亭的运用十分广泛。凉亭可以说是一种有屋顶的建筑物，确切地说，是一种"庭院房屋"。一个美观、实用、安逸、舒适的凉亭会给人们的生活带来许多方便和快乐。

（1）凉亭的功能

现代人庭院中的凉亭，已不像古典式庭院或维多利亚式庭院中的凉亭那么精致、考究，大都结构比较简单，一般可坐4~6人，周末聚会或朋友间品茗小憩，绝对是个好去处。凉亭的位置一般在园路的尽头或者园路的交叉处，让坐在里面的人可观赏到不同方位的景色。在设计凉亭时，就得考虑好它的用途，如果你想用于安静地看书、思考、休闲，最好远离喧嚣的地方，以免受人打扰；如果是用于家人娱乐或在外活动方便，不妨建在游泳池旁，运动休闲两不误。

在庭院中，也可以将藤架和花架当作凉亭使用。在屋顶搭建玫瑰棚架、在长廊末端的大树下乘凉，这些都可以称为庭院中的凉亭。如果住宅附近有较高的大厦，担心别人从上方可以看见住宅内部，可以搭棚架或凉亭，以抵挡其他建筑直冲的不利因素，保护隐私的同时使得运气完全改变。

○ 庭院的周围有破坏风水的不利因素时，可以通过修建凉亭的形式抵挡。

○ 庭院中的凉亭，有多种实用功能，可以为家人娱乐、生活提供活动空间。

（2）凉亭的设计要点

在古代，亭的种类非常多，有建在小水井上的井亭，专为立碑用的碑亭等等，而形式最多、变化最丰富的，还是要数庭院中的凉亭。自凉亭进入庭院后，亭子的纯粹使用意义逐渐被淡化，逐步突出的是它的审美观赏价值。

在庭院中选择建亭的位置要把握这样的原则，一是坐在亭内向外看时要有观景的价值，让入内歇足的人有景可观，流连忘返；二是由外向内看也要好看，凉亭成为被观赏的风景中的一个内容，它必须与周围环境相融合；第三，凉亭对庭院视觉空间有扩张作用，也就是说，凉亭的存在要让庭院更有层次感。对于本书介绍的小庭院来说，凉亭的设计要求小巧精致，实用美观。在建筑风格上，凉亭的风格要与周围建筑物的风格相协调。是中国传统式样还是西方现代风格，是自然朴素还是华丽富贵，这些都必须结合建筑物本身的风格元素。

（3）凉亭的式样

凉亭的式样很多，有三角形、正方形、长方形、六角形、八角形等，基本上都是规则的几何体。凉亭的构成比较单纯，有柱子、坐凳（坐椅）、栏

○ 凉亭下会形成阴影，这里不应种植草皮，可用不规则的铁平石铺砌地面。

杆、出入口等。凉亭的立面大致可以分为中国古典式和西方传统式两种，都有现成的标本可供借鉴。一般来说，西方传统式在铺装时较中国古典式更简便、省时。

一般小庭院的凉亭的平面和组成都追求简洁，可在屋面的变化上多花些工夫，如做成弧形、波浪形等；材料可用瓦板材或折叠板，也可仿自然野趣，用稻草、松竹等材料，还可以利用一些新型建材，营造帐幕样新式凉亭。

（4）凉亭的建材选择

凉亭的建筑材料多使用木材、混凝土、钢材等做梁柱，装饰构造则多使用木材或钢材。木质凉亭应选用经过防腐处理的红杉木等耐久性强的木材。需要盘结悬垂类的藤木时，凉亭设计应确保植物生长所需的空间。因为凉亭下会形成阴影，所以凉亭内不应种植草皮，可用不规则的铁平石铺砌地面。

25. 庭院的雨阳棚

雨阳棚作为室内外的过渡区间，是庭院中不可缺少的构造。对于庭院而言，雨阳棚不但具有标志性的指引作用，同时也是庭院空间文化的体现。雨阳棚的形式依据庭院的风格和使用需求呈现出多种多样，有玻璃、混凝土等材质的雨阳棚，也有依靠花架、藤架搭建形成的天然雨阳棚。

要想有属于自己的天然雨阳棚，只要搭个棚架，再种上爬满棚架的藤蔓植物就可以了。如果喜欢赏花，那么紫藤、炮仗花、蒜香藤、忍冬、九重葛、紫蝉花、软枝黄蝉等都不错，而百香果、葡萄这类果藤则有尝果的乐趣。须根垂下具有垂帘效果的珠帘藤，也能营造优雅情境。

◎ 与建筑相连的雨阳棚和独立的雨阳棚一起使用时，可以很好地弥补庭院无遮挡的缺陷。

○ 独立的雨阳棚在炎热的季节里可以很好地降低棚内温度。

在采光较好的庭院中，会设置独立的雨阳棚，在炎热的季节里，架设在庭院的雨阳棚可以很好地降低室内温度，避免了关闭窗户而影响采光的坏处。

26. 庭院的秋千

在庭院里设计一款舒适别致的秋千，享受绿树成荫、青藤悬挂、卵石漫地、秋千摇荡的天然野趣，不再是人们心头一个未圆的梦。

秋千的质地大致分为三种：铁制、木制和藤制。铁制秋千架配上藤编的双人位秋千凳，坐起来足够舒服；不怕生锈的木制秋千总是让人有一种浪漫的感觉，还能提高舒适度；藤秋千的造型很可爱，就像一个小巧的、敞开的鸟笼。如果在秋千上撑一把太阳伞，再加上两把小小的藤椅，朋友来了，在太阳伞下叙叙旧，在秋千上慰藉一下疲惫的心。

在庭院中设置秋千时，最需要注意的就是安全问题，秋千登离地面的高度不可过高，摇摆时的幅度最好也不要超过190°。如果庭院狭窄，设置

大师全解植物开运密码
活用植物增旺住宅运势

○ 藤秋千的造型很可爱，就像一个个小巧的敞开的鸟笼。

○ 木制秋千总是让人有一种浪漫的感觉，享受自然的原木触感。

○ 秋千上部的固定也应用良好的构架，才能保持秋千的稳定与安全。

秋千有可能发生磕碰，所以秋千应该根据庭院的大小来设置。秋千上部的固定也应选用良好的构架，这样才能保持秋千的稳定与安全。

○ 铁制秋千架配上藤编的双人位秋千凳，坐起来足够舒服。

27. 庭院的雕塑

　　雕塑是造型艺术之一，是雕刻和塑造的总称，以可塑的（如黏土、油泥等）或可雕刻的（如金属、木、石等）材料，制作出各种具有实在体积的形象。由于雕塑占有三度（长、宽、高）空间，因此亦名"空间艺术"，也称之为"视觉艺术"或"触觉艺术"。雕塑一般分为圆雕和浮雕。又可按放置的位置分为室外雕塑和室内雕塑。

　　圆雕完全是立体的，占有独立的空间，立于地面或悬挂于空中，适于从各个角度欣赏。浮雕通常以厚度的压缩程度和形体凹凸的高低厚薄而分为高浮雕和低浮雕（也称薄浮雕）两种。

　　另外还有一种透雕，亦称为镂空雕。镂空雕分单面雕、双面雕，一般是圆雕和浮雕相结合，这类雕塑多数运用于建筑和家具上。

　　按使用功能，雕塑可以分为纪念性、主题性、功能性与装饰性等，通常以其小巧的格局、精美的造型来点缀空间，使空间富于意境，从而

◎ 庭院的雕塑以动物为主体，可以增加庭院的动感和生命力。

○ 佛像除了寓意能定宅消灾，还有一定的装饰美化效果。

○ 雕塑与公共区间融为一体，给人独特的视觉享受。

◎佛首放置在庭院或家中，可有象征保家宅平安、财运亨通的寓意。

提高整体环境景观的艺术境界。从表现形式上，雕塑又可分为具象和抽象、动态和静态。

雕塑在布局上，一定要注意与周围环境的关系，恰如其分地确定雕塑的材质、色彩、体量、尺度、题材、位置等，展示其整体美、协调美。雕塑应该配合庭院内的建筑、道路、绿化及其他设施来设置，起到点缀、装饰和丰富景观的作用。

在庭院中，最忌出现形状过于怪异、有许多尖角、颜色过于花哨刺眼的雕塑，这些夸张的雕塑会让人的视觉受到色彩或形状上的冲击，对老人和小孩来说尤其不安全，应尽量避免在庭院中摆放。

28. 庭院的家具

户外家具主要是指用于室外或半室外的家具，它既是决定建筑室外空间功能的物质基础，又是表现室外空间形式的重要元素。在住宅的庭院中，摆放适当的户外家具可以方便起居生活。

○ 在住宅的庭院中，摆放适当的户外家具可以方便起居生活。

（1）庭院中家具的种类

现在的户外家具可以分为三大类，一是永久固定在户外的家具，如木亭、帐篷、实木桌椅、铁木桌椅等，这类家具选用优质木材，具有良好的防腐性，重量也比较重，可以长期放置在庭院中；二是可移动的户外家具，如藤椅、可折叠木桌椅和太阳伞等，用的时候拿到户外，不用的时候可以收纳起来放在房间里，这类家具更加舒适实用，不用考虑坚固和防腐的性能，还可以根据个人爱好加入一些布艺饰品等做点缀；三是可以携带的户外家具，如小餐桌、餐椅和阳伞，这类家具一般是由铝合金或帆布做成，重量轻，便于携带，最好配备一些烧烤炉架、帐篷等户外装备，为庭院生活增添更多乐趣。

（2）庭院家具的选择

如果长期放在户外，不可避免风吹日晒，家具会有一定的变形和褪色。挑选户外家具时，最重要的就是材质。木材是首选材质，要选择油脂厚的木材，如杉木、松木、柚木等，而且一定要做防腐处理。其次是制作工艺，因为长期暴露在外，难免会发生变形，如果工艺不过关，家具很可能因为榫接

解读庭院与植物

大师全解植物开运密码
活用植物增旺住宅运势

166

◎ 金属材质的庭院家居比较耐用，但是要防止撞击。

◎ 木材是庭院家居的首选材质，要选择油脂厚的木材，而且要做防腐处理。

不牢或者膨胀系数不对而散架。相比木质户外家具，金属材质的户外家具更经久耐用，其中经过防水处理的合金材质最好，但是要防止撞击。

户外家具的材质选择与住宅装饰风格有关，从材质本身来讲，除了性能以外，在风格上还要有一些特性和技巧来做到与整体风格协调。在线条上，户外家具一般以直线条为主，一些夸张的造型也比较好。对于喜欢田园风格的人来说，木材本色再适合不过了，天然的纹理和气质都比较容易做到协调，通过细腻的线条能营造出平静自然的生活氛围，让紧张的身心得到放松，让繁杂的生活多一些浪漫。

在众多的庭院配置中，休闲桌椅对庭院起着画龙点睛的作用。如何正确利用它们对一个庭院建设成功与否是非常关键的。首先，如果可能的话，尽量选择与庭院装修材质相同的家具，因为相同材质搭配是最和谐不过的了。此外，款式与色彩也最好与装修风格一致，这样才不至于产生不协调感。挑选时有一个窍门，木质的庭院家具一般不会与整体效果有太大的冲突。

（3）庭院家具的使用与保养

在设置庭院家具的时候，要注重使用者的休息和观景的习惯，选择

○ 室外的家具保持清洁才能令人感到舒适，带来良好的气。

适合人体舒适要求的家具。各种接触人体的家具，还需要在边角处做磨边倒角处理。

　　户外的家具在雨后或者落下灰尘后，如果要清洁，最好使用软布擦拭。清洁剂不要选用强酸性的清洁剂。定期检查户外家具的连接部位，要及时更换受损的部件，掉漆掉色后要及时进行修补。

　　优雅的庭院生活是万万少不了精美的家具的，庭院家具最重要的一点就是要与周围的环境和谐一致，不论是海一样的蓝色、花一样的红色，或是清新自然的绿色与黄色，都要与周围的环境相配合。花形沙发是庭院生活中的经典作品，躺椅是户外最休闲的休憩处，折叠椅更是你享受阳光、享受生活的最佳选择。与室内的家具相比，这些多样化的家具都需要得到更多的细心照顾才能发挥最佳的使用效果。

（4）座椅的设计

　　庭院中最重要的家具莫过于座椅了，在庭院中歇息、活动时，都少不了座椅这个多功能家具。座椅的设置是庭院设计布局中的有机组成部分，与其他庭院润饰物一样，座椅的选择应与庭院里其他材料互相融合，其风格也应

○ 木质座椅还应该作防腐处理，座椅转角处还应作磨边倒角处理。

○ 庭院中的坐椅设置要显得恰到好处，达到既美观又实用的标准。

与总体风格完全一致。庭院内座椅的设置要显得恰到好处，使人一看到它就有种要坐下来休息的欲望，感觉这个坐椅就应该在这个位置上；其次还要考虑到坐在坐椅上的人观赏庭院的视角，尽量让美景尽收眼底。

室外座椅的设计应满足人体舒适度的要求：普通座面高0.38～0.4米，座面宽0.4～0.45米，单人椅长0.6米，双人椅长1.2米左右，三人椅长1.8米左右，靠背座椅的倾角以100°～110°为宜。庭院座椅的材料多为木材、石材、混凝土、金属、塑料等，应该优先采用触感好的材料，木质座椅还应该作防腐处理，座椅转角处还应作磨边倒角处理。

29. 庭院的景框

很多庭院都有一些附加的构造物，如为保护私人空间而围合起来的围墙、绿篱或木栅栏。庭院通过分隔设施与外界相隔，又可经过出入口与外界贯通起来。所以，庭院设计从某种意义上来说又是空间的设计，通过分隔设施划分庭院，将之分成若干个区域。在若干个区域中，常常会有各种景框，让你身处其中却可一窥其他风景。

○ 庭院的景框不仅是各个区间的分隔，同样也是多个空间不同视角的展现。

（1）绿篱屏障

对于狭长形的庭院来说，如果中央较开阔，站在前面看可能一览无余，意趣全无。此时不妨用藤架、柳条、木架搭建的分隔设施做障景，这样不但不会遮挡视线，还可以透过这些障景看到后面的景色。这就是有着审美价值的绿篱屏障，其主要功能有两个：一是借景，二是隔景。景中有画，画中有景是庭院景观美的集中所在。

原本不经意间走过的地方，却通过绿篱屏障或透过"窗户"欣赏到后面如画般的迷人景色，观赏的节奏就会放慢，在无形中扩展了欣赏的空间。在小庭院中，适合攀爬在绿篱上的植物有金银花、常春藤、蔷薇花等。

需要注意的是，由于庭院与建筑为统一体，因此在设计庭院分隔设施时无论是材料的选择、外观的决定，还是比例大小、高度的确定，都必须与建筑物相统一。

（2）漏窗

庭院中的漏窗又名花窗，是庭院中的一种装饰，多用瓦片、薄砖、木材

○ 用藤架、柳条、木架网搭建的分隔设施作障景，不会遮挡视线，还可以透过绿篱看到后面的景色。

等制成几何图形，也有用铁丝作为骨架，做成人物、山水、禽兽、植物等图案。漏窗的高度一般在1.5米左右，和人的视线相平。漏窗使后面的景物若隐若现，更为生动多彩，以此增加庭院空间的景深，起到小中见大的效果。

（3）洞窗

一个艺术性高的洞窗设计颇具匠心，其主要艺术功能有两个。

一是隔景。将一个主体庭院分隔成若干个子园，其分隔物一般多用粉墙，粉墙上的洞窗便起到了实而有虚、隔而不死的效果，有着分隔主题与隔景的作用。

二是借景。洞窗后面映衬着几块太湖石，再配以植物花草，形成一种"景中有画，画中有景"的庭院景观。

（4）洞门

庭院中的洞门具有特定的审美价值，人们透过洞门，看到外面如画的景致，引起一种好奇的遐想，从而放慢观赏速度，驻足品味。从洞门中呈现出的景物，"虚中有实"，洞门起到了装饰墙的作用，植物花草又衬托着洞门，这种虚实互补的空间效果，在私家庭院中运用得最为广泛，大有"蓦然心会，妙处难以与君说"的感受。

30. 庭院的车库

车库，不仅仅是停车场，还是放置自行车、小孩子玩具等物品的空间。用来停车的车库，也是住宅的一部分，影响着住宅的整体风水。但是，由于车库类似于储藏室的性质，容易让人在居家布置中忽略对其装修、布置。

（1）车库的方位

北方相当于"水"的方位，具有能够冷静处理事物的性质。面对北侧道路的车库，从宅邸中心看来，车库西北方会被太阳西晒，是温差较大的地方，所以必须下功夫减轻车子的负担。预备品的管理也必须多注意，照明要充足。

东北是带有变化能量的方位，车子停放在此方位会受影响，因此驾驶员在开车时必须保持平常心。这个方位的车库非常适合白色的装饰。如果车库

◎ 车库不仅仅是停车场，还可以当作储藏室使用，也是住宅的一部分。

○ 车库可依据车子属性和车主的喜好来进行装饰。

设在东北方，应在北风进入的北侧建一面墙，就能召唤运气。

　　因为东方是"雷"的方位，也是旭日东升的方向，此车库的主人开车时速度不要太快，必须注意车子的维持与管理。红色和蓝色对这个方位的车库来讲，是召唤幸运的颜色，可多使用。

　　如果车库在东南方，可以将与花有关的东西放在车子或车库内，以提升车库的活力。

　　西方是与"口"有关的方位，因此要特别注意车库门的设置。同时，还要注意处理西晒和去湿的问题。

　　西南方有车库时，可以使用茶色系列的装饰装修。车库内堆积的杂物要多清扫整理。

　　（2）车库的周边设置

　　在庭院设置车库时，一般不会非常宽敞，可根据自己的喜好利用好空间，让其成为集装饰性和实用性于一体的吉祥空间。车库上方的房间最好不要设置为卧室、儿童房等，因为汽车属火，在发动时产生的尾气和汽油味对

○ 车库上方的房间忌设置为卧室、儿童房等，因为汽车的尾气对人的身体有害。

人的身体有害。若房子下面有地下停车场或者车库，必须注意排水、换气、防盗等问题。楼上式的停车场则必须注意安全性的问题。

庭院的车库，最重要的就是汽车能够自由出入，所以视线一定要好，千万不要放置障碍物。在铺设车库的地砖时，最好选用防滑的材质，避免轮胎打滑，装饰效果较强的石头或者枕木都非常实用、美观，还可以通过材料和颜色的变化勾勒出简洁的停车标准线。车库的格局最好是长方体等规则的形状，不仅方便车子的进出，还有利于车库的空气流通。

（3）高品质车库的特征

风水学理论认为，在宅邸内没有车库是最好的，如果有，最好是单独处在住宅的外部，且不能破坏大门的气口。改造其不好的地方，使其成为能为住家带来吉祥之气的高品质车库。

车库前方道路宜宽广，没有角度很急的转弯，也没有高低不平的斜坡，有利于车辆的进出，这才是好的道路。

车库的高度应恰当，人不必弯下身子就能出入，可以让人感到神清气爽，利于各个区域间气流的转换。

○ 车库的高度够高，会让人感到神清气爽，利于各个区域间气的转换。

○ 车库的照明足够，光线良好时，就不会让车库内容易藏污纳垢。

美化家居招来滚滚财运
改善环境花木催旺人生

○ 车库在格局上，最好是长方体等规则的形状，不仅方便车子的进出，还有利于车库的气场流通。

车库出入口的视线要良好，有助于车子驶入驶出。

车库内和车库门前没有过多杂物，能够顺利出入，保证车库内空气的流通。

车库应与整体住宅在外观上协调一致，这样才不会让车库的特征过于明显，破坏整个庭院和房屋所营造的吉祥氛围。

车库的照明要足够，光线良好时，就不会让车库内藏污纳垢，这也是风水学上十分重要的一点。车体肮脏或方向盘肮脏时，则会失去安全驾驶的运气，所以要保持车库地面和车身、方向盘的清洁。

车库的通气、换气完善，可以让车的机油、尾气味道尽快消散，有利于住宅和居住者。

车库中搭配协调的色彩及装饰也可以为车库带来好运。

31. 庭院的仓库

在风水学中，对屋宅的装修和改建最好一起进行，最忌只修一半，因

○ 庭院仓库的颜色一般以淡绿色或米黄色为好，收拾整洁后也会减少住家积累秽气的机会。

○ 住家的房屋形状有凹陷处出现时，在这个部分设置仓库可以弥补其所缺失的在风水学上力量。

为另一半在对比下会显得更破败，不利于居住者的好心情。所以要设置仓库时，最好在进行家中的其他建筑工程时设置，或是在建完后的短期内设置。

如果房屋形状有凹陷处，在这个部分设置仓库可以弥补其所缺失的风水力量。仓库也可以作为房屋的一部分，与房屋共同营造好的风水之气。同时，仓库也可以作为住宅的消防和紧急通道使用。

但是，一定要记住的是，仓库可以召唤好运的基本条件是保持干净。如果将其当成垃圾场或破旧家电的收容所，则会为住家带来破旧、衰败的感觉。在仓库收纳不常使用的东西，要先将其打理干净，收拾整齐之后再分门别类将东西收藏好。

和其他的区域一样，庭院仓库的方位也有宜忌之分，仓库的设置最好避开不适宜的方位。

仓库的颜色一般以淡绿色或米黄色为吉。不同方位的仓库，可以依靠颜色的力量，使庭院、外部结构及住宅本身相融合。依八方位的不同，仓库的吉相颜色如下：

东方，宜使用红色。

东南、南、西南方，宜使用绿色或白色。

西方，宜使用奶油色、茶色。

西北方，宜使用米黄、绿色、茶色。

北、东北方，宜使用白色、奶油色。

32. 庭院的壁挂

人们在追求生活美的同时，更向往一种自然美的意境，壁挂艺术正是此种意境的具体表现。

所谓"壁挂"，就是在垂直的物体表面进行悬挂，其表现形式多样。壁挂花卉可以调节室内外的微小气候，美化立体空间，展现花卉立体之美。人们在疲劳时，仰视壁挂花卉，可以消除疲劳，振奋精神。

在悬挂壁挂时，位置选择要适当，尽量利用墙面空间，走廊过道、廊柱上、楼梯旁、玄关处、大门口等垂直面均可利用，不拘泥于常规。壁挂布置宜高雅简洁，不宜奢华繁琐。壁挂装饰植物大小要适宜，小空间内不宜挂太大的壁挂，而使整个空间失调。

好的壁挂，能起到画龙点睛的效果。一组以牵牛花为中心的夏季组合壁挂，紫色和白色相配，明快而亮丽；常春藤给人以轻盈飘逸的感觉，能在有限的空间内增添活力和色彩。通过对植物精心选择、色彩上的和谐搭配、位置上的合理布局，就能达到所想要的视觉装饰效果。

壁挂花盆容器的种类和形式多种多样，有陶瓷花盆、木制容器、瓦盆、藤制品、竹条容器、塑料容器、铁丝网容器，以及泥塑动物容器等。除此以外，生活中的某些废弃物，稍加利用亦可做容器，如椰子皮、蚌壳等，其自然肌理与植物姿态相映成趣，别具一格，极适于点缀寻常人家。适宜作为壁挂的植物有营造春意的文竹、天冬草、项链掌，直立型的彩叶草、凤梨、紫罗兰，还有绿萝、吊竹梅、常春藤、合果芋、金鱼藤等。

○ 壁挂花卉可以调节室内外的微小气候，美化立体空间，展现花卉立体之美。

美化家居招来滚滚财运

改善环境花木催旺人生

33. 庭院中的健身器材

住宅庭院内可以根据需要适当布置户外健身器材。常见的健身器材主要有跑步机、健腰器、仰卧起坐器、肩背按摩器、天梯等。在布置健身器材时要注意分区，将健身器材布置在庭院的边侧，但是应该保证有良好的日照和通风。休息区也可以布置在运动区周围，以便运动时存放物品。健身器材周围可以种植遮阳乔木，并设置少量座椅或饮水。健身区地面宜选用平整、防滑且适于运动的铺装材料，同时满足易清洗、耐磨、耐腐蚀的要求。

○ 健身器材应安置在照明与通风俱佳的位置，日光房就是不错的选择。

室外健身器材还要考虑老年人的使用，采取防跌倒措施。

一般家庭在庭院内只需摆设1~2件健身器材，不要浪费很大的绿化空间来摆放健身器材。钢结构的健身器材体积较大，均有厂商负责上门安装，订购后一定要认真阅读说明书，听从厂商的指导建议使用，遇到雨雪天气应覆盖遮雨罩，避免生锈，每三个月给健身器材的轴承添加润滑油。

34. 庭院宜设置的吉祥物

现代的家庭除了在庭院种植植物外，还有不少人喜欢在庭院放置各类饰物，以美化庭院。以下几种温和的庭院饰物对居家有益，但切记不可滥用。

（1）石狮

石狮自有阳刚之气，可用以镇宅。摆放石狮必须狮口向外。若是庭院面对气势大过本宅的建筑物，例如大型银行、办公大楼等，可在庭院大门的两旁摆放一对石狮。

若庭院正对庙宇、道观、医院、殡仪馆、坟场等，或是大片阴森丛林、形状丑恶的山岗，可以在庭院大门口摆放一对石狮。

大师全解植物开运密码 活用植物增旺住宅运势

（2）古鹰

如果周围高楼林立，而本宅如"鸡立鹤群"，从庭院外望似是被重重包围而不见出路。遇到这种情况，可在庭院的栏杆上摆放一只昂首向天、振翅高飞的石鹰，鹰头向外。

（3）石龙

根据不同动物的特性，向海或向水的庭院，应该摆放一对石龙且头部必须向着前面的海或水，取"双龙出海"之义。

35.庭院的其他装饰

小饰品往往会使庭院充满情趣，或提升文化品位，所以花点小心思，它会让庭院更加可爱。

（1）指示牌

在庭院中，指示牌主要用于向家庭成员或外来人员提示必要的信息，如停车指示牌、节约用水指示牌等。庭院中信息指示牌可分为名称指示、环

○指示牌的位置应该醒目，充分考虑其所在地区建筑、景观环境以及自身功能的需要。

境指示、警示指示等。信息指示牌的位置应该醒目，且不对路人的交通及庭院的外部环境造成妨碍。指示牌的色彩、造型设计应充分考虑其所在地区建筑、景观环境以及自身功能的需要。指示牌的用材应经久耐用、不易破损、方便维修。各种指示牌应确定统一的格调和背景色调，也可以根据所在小区物业管理的要求来制作。

（2）邮箱

独门独户的庭院，需要与外界进行沟通时，邮箱便不只是装饰那么简单。不论是阅读每日的晨报，还是收发信件，邮箱都是住家与社会沟通的重要手段，因此，邮箱也是关系到人际关系的一个小亮点。拥有独特设计的小邮箱，也可以给庭院增添一抹亮色。在设置邮箱时，一定要摆放在醒目的位置，必要时可以加上指

○ 邮箱关系到人际关系，拥有独特设计的小邮箱可以给庭院增加人缘。

示牌予以明确。由于暴露在露天，邮箱的材质应该具有良好的防腐蚀性能；邮箱本身的结构也应防风防雨，保证里面的文件或纸张不被雨淋湿，被风吹走。有些住户自己制作的透明邮箱，可以将邮箱中的物件一览无余，省却了开锁查看的步骤，也是不错的做法。

（3）日晷

日晷现在仍是欧式庭院内的装饰物，即使你的庭院十分富有现代气息，日晷还是在按照传统的模式进行复制，只不过在体积上略小一点。日晷的基本元素包括支撑基座、刻度盘、三角盘式指示针等。日晷是用来知晓时间的，现在已不具有原来的使用价值了，但作为庭院的点缀物，它仍然起着其他润饰物无法替代的作用。

○ 烧烤架是一家人在庭院中享受烹调与自然融合的最佳场所。

（4）烧烤架

烧烤架是庭院中为数不多的电器之一，具有很强的实用性，是一家人享受烹调与自然融合的最好用具。烧烤架属火，在庭院中应摆放在空旷的地方，尽量避免在周围堆放杂物，保持清洁。

（5）榭

榭在中式庭院中是一种显示美的灵感和实用技巧的小品，和亭台楼阁一起成为庭院中不可缺少的景观建筑。榭依山傍水，一面临水，一面在岸，是人们抚琴、作画、对弈、品茗的最佳场所。

在私家庭院中，水池面积一般较小，榭的尺寸相对也较小。水榭要尽可能地贴近水面，宜低不宜高。在造型上，榭与水面、池岸的结合，要求比例协调，还要求在风格上、装饰上、体积上与庭院空间的整体环境统一、和谐，在自然环境对比中增加平台外挑的轻快感觉。

第三章
庭院植物详解

植物作为庭院中的必备要素，具有十分重要的寓意。在庭院中，植物既是住宅的守护者，也是招财纳福的旺宅吉祥物，本章中详尽的庭院植物知识，让您了解它们，更好的利用它们。

◯ 规划、布置庭院时要很好地运用植物的灵性。

有关庭院植物的知识

　　自古以来，人同植物的关系就非常密切。人们常常用各种各样的植物来装饰屋宅庭院，不仅美化了环境，还从植物所蕴含的吉祥寓意透露出主人希望家宅平安、生活和睦的美好愿望。本节概述了庭院栽种植物时应注意的一些知识点。

1.庭院植物的风水学作用

　　风水学认为，植物特别有灵性，对人的事业、健康等都会有巨大的影响。一些植物能够起到保护住宅、呵护主人健康的作用，可以视其为住宅的保护神。因此，我们在规划、布置庭院时，要注意运用植物的灵性，合理布置，这样才能旺宅纳福。

○ 因庭院的不易改变性，在栽培庭院植物时要选择与当地气候、土质条件适宜的植物，以便庭院保持常绿。

2.选取适合当地风土的庭院植物

庭院内的树木最宜四季常青且绿意盎然，最好不要时枯时萎，让庭院呈现衰败之景。因此，在栽种庭院植物时，最好要结合当地的气候条件，选择适合当地风土成长的植物。

至于花卉，因其有季节性，只宜观赏，若用作旺宅改运或其他目的，则需要勤于更换，否则时令一过，百花凋零，反而影响了人们的心情。

3.庭院植物种植的宜与不宜

宜在庭院中种植圆叶植物。

宜在房屋周围种植竹子。竹子成群生长、枝叶繁茂、四季常青，能改善环境、调节气场，因此在风水学中有"风水竹"之称。

不宜在院中过多种植芭蕉、美人蕉等，因为这些植物叶片过大，种植密集了叶片便会层层叠叠，容易使庭院阴湿。

○ 竹子象征着吉祥、健康、长寿、幸福等，非常适宜在庭院中栽种。

　　不宜在院中种槟榔树、椰子树等柱状植物，容易导致受伤。

　　不宜在院中种植过于高大的榕树，容易吸纳阴气，树根又易破坏地基，形成"上无阳气，下无地气"的不利环境。

4.庭院植物应定期修剪

　　有庭院的住宅，绿意盎然固然很好，但若任由院内植物疯长，形成杂草横生的局面，不仅影响了庭院美观度，也犯了风水学上的大忌。

　　在风水学中，最忌庭院中杂草丛生，尤其是有高高的芒草丛生，这种情况给人以败运之相，难有发展的感觉，使人心情不畅。因此，庭院植物应注意定期修剪。

5.庭院植物的布置方法

　　庭院植物的布置方法主要有孤植、对植、列植、丛植和群值等几种。

　　孤植主要显示树木的个体美，常作为园林空间的主景。对孤植树木的要

○ 丛植在庭院设计中运用较多，其富于变化的组合特点使庭院显得多彩多姿。

求是：姿态优美，色彩鲜明，体形略大，寿命长而有特色。在孤植的树木周围配置其他树木，应保持合适的观赏距离。在珍贵的古树名木周围，不可栽植其他乔木和灌木，以保持它的独特风姿。用于庇荫和孤植的树木，要求树冠宽大，枝叶浓密，叶片大，病虫害少，以圆球形、伞形树冠为好。

对植即对称地种植大致相等数量的树木，多应用于院门、建筑物入口、广场或桥头的两旁。对植时应保持形态的均衡。

列植也称带植，是成行成带栽植树木，多应用于街道、公路的两旁，或规则式广场的周围。如用作园林景物的背景或隔离措施，一般宜密植，形成树屏。

丛植是三株以上不同树种的组合，是园林中普遍运用的方式，可用作主景或配景，也可用作背景或隔离措施。配置宜自然，符合艺术构图规律，务求既能表现植物的群体美，也能看出树木的个体美。

群植是指相同树种的群体组合，树木的数量较多，以表现群体美为主，具有"成林"之趣。

寓意旺宅的吉祥植物

人们将平安、吉祥、幸福等多种美好愿望寄语于各种植物上，并希望通过栽培这些富有灵气的生命体而使运势变强，因此庭院中最常的就是旺宅吉祥植物。

1.百日草

别名：百日菊、步步高、火球花、对叶菊、秋罗、步登高

寓意：百日草植株由于初花时较低矮，以后花越开，植株生长越高，故又取名步步高、步步登高，因此百日草寓意有步步高升、加官进禄之意。百日草还是阿拉伯联合酋长国的国花之一。

○ 百日草

形态特征：百日草为菊科、百日草属一年生草本植物。百日草是著名的观赏植物，花大色艳，开花早，花期长，株型美观，是常见的花坛、花境材料，矮生种可盆栽。株高40~90厘米，分枝性强，茎上被有短茸毛。叶片对生，叶基包茎，长6~10厘米，全缘。6~10月开花，头状花序，单花顶生，不断开放，一朵比一朵高。花色丰富，有红、粉红、黄、紫、浅绿等。

日常养护：百日草原产墨西哥，耐干旱，喜光照又较耐阴，易管理。生长适宜温度15~25℃，也可在阳台盆栽，以南向阳台最佳。忌酷暑，夏季高温炎热生长缓慢，开花减少，秋季又生长开花。在夏季阴雨、排水不良的情况下生长不良。

2.白花三叶草

别名：白三叶、白车轴草、白三草、车轴草、荷兰翅摇、辛运草

寓意：传说中，白花三叶草的第一片叶子代表希望；第二片叶子代表信心；第三片叶子代表爱情。其变种可能有四叶，也有五叶以上，至多是十八

叶。多出来的第四片叶子则代表幸运的象征，又称四叶草或幸运草。

形态特征：白花三叶草为豆科多年生草本植物。主根短，侧根发达，多根瘤。茎实心，匍匐无毛，长30～60厘米，基部多分枝，茎节处着地生根，并长出新的匍匐茎向四周蔓延，侵占性强。三出复叶，叶柄细长，小叶倒卵形或近倒心脏形，深绿色，先端圆或凹陷，基部楔形，边缘具细锯齿。托叶为椭圆形抱茎。花多数，密集成头状花序，生于叶腋，有较长的总花梗，高出叶面，小花白色或粉红色。荚果细小而长，每荚有种子3～4粒。种子小，心脏形，黄色或棕黄色，千粒重为0.5～0.7g。

○ 白花三叶草

日常养护：白三叶是一种匍匐生长型的多年生牧草，喜欢温凉、湿润的气候，最适生长温度为16～25℃，适应性比其他三叶草广，耐热耐寒性比红三叶及绛三叶强，适应亚热带的夏季高温，在东北、新疆有雪覆盖时，均能安全越冬。较耐荫，在部分遮荫条件下生长良好。对土壤要求不高，耐贫瘠、耐酸，最适排水良好、富含钙质及腐殖质的黏质土壤，不耐盐碱、不耐旱。

3.报春花

别名：年景花、樱草、四季报春

寓意：报春花如同春天来临的信号一般，被用于新年伊始的祈愿——合家欢乐、兴旺幸运，同时也是公司开业、个人升学升迁的贺喜之花。报春花在西方还有爱情的寓意，如初恋、新婚燕尔、不渝的爱等。

形态特征：报春花为多年生宿根草本植物，但多数作一、二年生花卉栽培。其种类很多，常见的有欧洲报春花，叶椭圆形，绿色，有深凹的叶脉。伞状花序，花梗较短，花色有紫、蓝、红、粉、白、黄等多种颜色，花心一般为黄色，在花蕾上排成伞形花序，总状花序，蒴果球状。花期12月至次年4月。此外，还有四季报春，叶片长圆形至卵圆形，长约10厘米，叶柄较长，叶片及叶柄均有白色腺毛。

日常养护：报春花性喜温暖湿润而通风良好的环境，忌炎热，较耐阴、耐寒、耐肥，宜在土质疏松、富含腐殖质的沙质壤土中生长。夏季怕高温，受热后容易整株死亡。因此夏季必须放在有遮荫的凉爽通风的环境下。冬季放在室内向阳处，其他季节均需遮去直射光，特别是苗期和花期更忌强烈日晒和高温。

○ 报春花

4.彩叶草

别名：五彩苏、老来少、五色草、锦紫苏

寓意：相传彩叶草有七片叶子，每片叶子的彩色都各不相同，黑暗中会发出七色的光茫，犹如多彩的夜明珠。据说彩叶草是有灵性的，心灵纯洁的人拥有它，它会发出光亮并带给你幸福；反之，它就会日渐枯萎光彩不再。

形态特征：彩叶草为多年生草本植物，因叶子的绚丽多彩而闻名，是盆栽、庭院、公园布置花坛、列植、丛植等大面积美化环境的首选观叶植物。家庭盆栽多作1~2年生栽培，因老株株形难看。常用于花坛、会场、剧院布置图案，也可作为花篮、花束的配叶。株高50~80厘米，栽培苗多控制在30厘米以下。全株有毛，茎为四棱，基部木质化。单叶对生，卵圆形，先端长渐尖，缘具钝齿牙，叶可长15厘米，叶叶在绿色衬底上有紫、粉红、红、淡黄、橙等彩色斑纹，有时也有杂色的品种。8~9月开花，花小型，顶生总状花序、花小、浅蓝色或浅紫色，自枝顶抽出，主要用于观叶。

○ 彩叶草

日常养护：彩叶草喜富含腐殖质、排水良好的砂质壤土。盆栽之时，施以骨粉或复合肥作基肥，生长期隔10～15天施一次有机液肥，经20~30天养护，株高达15厘米即可摆放观赏，室内放置应选南窗口漫射光线较强处，保持盆土干湿适度，空气清新，环境清洁。室外养护，入夏应放疏荫环境。全年可追施稀薄液肥3次。如果主茎生长过高应及时摘心，以促发侧枝，使之株形饱满。彩叶草生长适温为20℃左右，10月初，入中、高温室越冬，冬季室温不宜低于10℃，此时浇水应做到见干见湿，保持盆土湿润即可，否则易烂根。

此期可重剪来更新老株，同时，结合翻盆进行换土。

5.翠雀

别名：鸽子花、百部草、鸡爪连、飞燕草、干鸟草、萝小花

寓意：翠雀花的花语和象征意义是"清静、轻盈、正义、自由"。

形态特征：翠雀花为多年生草本植物，株高50～100厘米，茎直立多分枝，全株被柔毛。叶互生，掌状深裂；叶片圆肾形，三全裂，长2.2～6厘米，宽4～8厘米，裂片细裂，小裂片条形，宽0.6～2.5毫米。总状花序腋生，轴和花梗具反曲的微柔毛；萼片瓣状，上萼片与之上花瓣有距，蓝紫色；下花瓣无距，白色。花期8～9月，果期9～10月。

日常养护：翠雀花喜凉爽、通风、日照充足的干燥环境和排水通畅的砂质壤土。分株春、秋季均可进行。春季新芽长至15～18厘米时扦插，生根后移栽，也可于花后取基部的新枝扦插。播种多在3～4月或9月份进行，发芽适温15℃左右。栽前施足基肥，追肥以氮肥为主。老龄植株生长势衰弱，2～3年需移栽一次。植株高大，易倒伏或弯曲，需支撑固定。常见病害有黑斑病、根颈软腐病等。植株高大，易倒伏或弯曲，需支撑固定。

○ 翠雀

6.紫露草

○ 紫露草

别名： 紫鸭趾草、紫叶草

寓意： 紫露草的花语和象征意义是"尊崇"，多用于花坛、道路两侧丛植，也可盆栽供室内摆设，或作垂吊式栽培，有旺宅的功效。

形态特征： 紫露草为多年生草本植物，茎多分枝，带肉质，紫红色，下部匍匐状，节上常生须根，上部近于直立，叶互生，披针形，全缘，基部抱茎而生叶鞘，下面紫红色，花密生在2叉状的花序柄上，下具线状披针形苞片；萼片3，绿色，卵圆形，宿存，花瓣3，蓝紫色，广卵形；雄蕊6，能育2，退化3，另有1花丝短而纤细，无花药；雌蕊1，子房卵形，3室，花柱丝状而长，柱头头状；蒴果椭圆形，有3条隆起棱线；种子呈三棱状半圆形。

日常养护： 紫露草喜温暖、湿润及半阴环境，对土壤要求不严，但栽植在疏松、肥沃的沙质壤土中长势更旺。不耐寒，最适生长温度为18～30℃，忌寒冷霜冻，越冬温度需要保持在10℃以上，在冬季气温降到4℃以下进入休眠状态，如果环境温度接近0℃时，会因冻伤而死亡。喜欢湿润的气候环境，要求生长环境的空气相对湿度在60%～75%。怕强光直射，需要放在半荫处养护，或者给它遮荫70%。放在室内的养护的，尽量放在光线明亮的地方，并每隔一两个月移到室外半荫处或遮荫养护一个月，以让其积累养分，恢复长势。

7.矢车菊

别名： 蓝芙蓉、翠兰、荔枝菊

寓意： 矢车菊的花语的是"温柔可爱"，代表幸福。

形态特征： 矢车菊为一年生或二年生草本植物，有高生种及矮生种，株高30～90厘米，或更高，直立，自中部分枝，极少不分枝。全部茎叶两面异色或近异色，上面绿色或灰绿色，被稀疏蛛丝毛或脱毛，下面灰白色，被薄

绒毛；基生叶，基部常有齿或羽裂；叶长椭圆状倒披针形或披针形，不分裂，全缘；头状花序顶生，边缘舌状花为漏斗状，花瓣边缘带齿状；全部苞片顶端有浅褐色或白色的附属物，中外层的附属物较大，内层的附属物较大，全部附属物沿苞片短下延，边缘流苏状锯齿。边花增大，超长于中央盘花，蓝色、白色、红色或紫色，檐部5～8裂，盘花浅蓝色或红色。花期4、5月。

○ 矢车菊

日常养护：矢车菊适应性较强，喜欢阳光充足，不耐阴湿，须栽在阳光充足、排水良好的地方，否则常因阴湿而导致死亡。较耐寒，喜冷凉，忌炎热。喜肥沃、疏松和排水良好的沙质土壤。浇水原则上每日一次即已足够，但夏日较干旱时，可早晚各浇一次，以保持盆土湿润并降低盆栽的温度，但忌积水。矢车菊喜多肥，生育期间应每个月施用三要素稀释液一次。若是叶片太繁茂时，则应减少氮肥的比例，至开花前宜多施磷钾肥，才能得到较硕大而花色美丽的花朵。矢车菊乃长日性植物，冬季时日照时间较短，夜间若使用植物灯补充照明，可以使开花提早。

8.含笑

别名：含笑梅、含笑美、笑梅、山节子、白兰花、唐黄心树、香蕉花

寓意：因为含笑花的花开而不放，似笑而不语这个特性，所以寓意含蓄、矜持、暗示。

形态特征：含笑为常绿灌木或小乔木，高2～3米。树皮灰褐色，分枝繁密；花芽、幼小枝丫、叶柄、花梗均密被黄褐色绒毛；革质光滑、全缘

○ 含笑

互生状的叶片为椭圆形或卵形；花直立，生于叶腋，淡黄色而边缘有时红色或紫色，具甜浓的芳香；花瓣通常为六片，肉质，较肥厚，长椭圆形，花瓣常微张半开，又常稍往下垂，呈现犹如美人含笑似的欲开还闭之状。花期3~5月，果期7~8月。

日常养护：含笑性喜温暖，湿润的气候，不宜暴晒，不耐严寒。栽培含笑需选在通气良好的花荫处。栽培含笑所用的泥土，必须疏松通气，排水良好，否则会造成植株生长不良，根部腐烂，甚至发病而亡。浇水叶应采用"见干才浇，不干不浇，干透浇透"的原则，不宜过多，以免引起烂根死亡。栽植时应适当施基肥。移栽可在早春发芽前或初冬进行，但不论植株大小，皆需带土球。含笑生长迅速，如若盆栽，每年需在春季开花后，新叶长出前换盆一次，以适应植株生长发育的需要。含笑能自然生长成圆头形树冠。为使树冠内部通风透气，可于每年3月修剪一次，去掉过密枝、纤弱枝、枯枝。花后一般不让结子，要及时将春幼果枝剪去，放在朝南向阳避风处。

9.花毛茛

别名：芹菜花、波斯毛茛、陆莲花

寓意：花毛茛的花语就是"受欢迎"，可吸引人气，具有旺宅功效。

形态特征：花毛茛为多年宿根草本花卉。株高20~40厘米，块根纺锤形，常数个聚生于根颈部；茎单生，或少数分枝，有毛；基生叶阔卵形，具长柄，茎生叶无柄，为2回3出羽状复叶；单花或数朵顶生，自叶腋间抽生出很长的花梗，花冠丰圆，花瓣平展，每轮8枚，错落叠层；春季抽生地上茎，单生或少数分枝。茎生叶无叶柄，基生叶有长柄，形似芹菜。每一花莛有花1~4朵，花毛茛有盆栽种和切花种之分。分布于亚洲和欧洲。现世界各国均有栽培。栽培品种很多，有重瓣、半重瓣，花色丰富，有白、黄、红、水红、大红、橙、紫和褐色等多种颜色。花期4~5月。

〇 花毛茛

日常养护：毛茛喜湿润，畏积水，怕干旱。宜在排水良好、肥沃疏松的砂质土壤中种植。花种植期间不可缺水，但也不要过湿，同时要避免将水浇在叶面上，否则会导致病害。花毛茛喜阳光充足的环境和冷凉的气候，忌强光直射。盆栽应放疏荫清爽环境，防避干旱和水涝及烟尘污染，经常保持盆土及周围环境湿润。如盆土有机质含量高，仅在现蕾前后追施一两次，以磷钾肥为主的稀薄液肥。花后随时剪去残花，再施一两次液肥养根，适当控水使其安全进入夏眠。

10.探春花

别名：迎夏、鸡蛋黄、牛虱子

寓意：探春花象征着暗蓄喜事、高兴事。

形态特征：探春为直立或攀援半常绿灌木。枝条褐色或黄绿色，当年生枝草绿色，扭曲，四棱，光滑无毛；叶互生，复叶，奇数羽状，小枝基部常有单叶；小叶3或5枚，稀7枚；叶柄长2～10毫米；叶片和小叶片上面光亮，干时常具横皱纹，两面无毛，稀沿中脉被微柔毛；小叶片卵形、卵状椭圆形至椭圆形，稀倒卵形或近圆形，先端急尖，具小尖头，稀钝或圆形，基部楔形或圆形，中脉在上面凹入，下面凸起，侧脉不明显；顶生小叶片常稍大，具小叶柄，侧生小叶片近无柄；单叶通常为宽卵形、椭圆形或近圆形；聚伞花序或伞状聚伞花序顶生，有花3～25朵，苞片锥形；花冠黄色，近漏斗状，裂片卵形或长圆形，先端锐尖，稀圆钝，边缘具纤毛；果长圆形或球形，成熟时呈黑色。花期5～9月，果期9～10月。

日常养护：探春花为温带树种，适应性强，喜温暖、湿润、向阳的环境和肥沃的土壤。枝条茂密，接触土壤较易生出不定根，极易繁殖，生长迅速。耐寒力有一定限度，北方只能盆栽观赏。冬季移入冷室越冬，来年夏末花谢后立即短截花枝，立秋前后翻盆换土，对根系也要重剪，同时施

○ 探春花

美化家居　招来滚滚财运
改善环境　花木催旺人生

入少量有机肥料，让它们在入冬前长出完好的新根，为来年早春孕蕾打下基础，入夏才能大量开花。

11.天目琼花

别名：佛头花、春花子、鸡树条

寓意：天目琼花的花语和象征意义是"洁白与红艳"。

形态特征：天目琼花为落叶灌木。老枝和茎暗灰色，有浅条裂，小枝具明显皮孔。叶浓绿色，对生；叶质厚，广卵形至卵圆形，通常3裂并具掌状3出脉，裂片边缘有不规则锯齿；枝梢叶片椭圆形至披针形，不开裂，叶柄基部有两托叶。聚伞花序复散形顶生，白色，大型不孕边花、能孕花在中央，花冠乳白色，呈辐射状5裂。浆果状核果近球形，鲜红光亮，经久不落。

日常养护：天目琼花喜光又耐阴，耐寒，耐干旱，对土壤要求不严，微酸性及中性土都能生长。根系发达，移植容易成活。每年秋季进行1次适当疏剪，剪除徒长枝及弱枝，短截长枝，早春剪除残留果穗及枯枝。喜欢盆土干

○ 天目琼花

○ 天目浆果

爽或微湿状态，但其根系怕水渍，如果花盆内积水，或者给它浇水施肥过分频繁，就容易引起烂根。给它浇水的原则是"间干间湿，干要干透，不干不浇，浇就浇透"。

12.琼花

别名：木绣球、聚八仙花、蝴蝶花、牛耳抱珠

寓意：琼花的花语和象征意义是"美丽，浪漫，完美的爱情"。

形态特征：琼花是忍冬科落叶或半常绿灌木。枝广展，树冠呈球形；叶对生，卵形或椭圆形，边缘有细齿，背面疏生星状毛；核果椭圆形，先红后果；聚伞花序生于枝

○ 琼花

端，花大如盘，洁白如玉，晶莹剔透；花序周边八朵为萼片发育成的不孕花，中间为双性小花；核果椭圆形，先红后黑，树种诱鸟；花期4、5月；果期10~11月。

日常养护：琼花为暖温带半阴性树种，喜光，略耐阴，喜温暖湿润气候，较耐寒。能适应一般土壤，好生于肥沃、湿润、排水良好的的地方。长势旺盛，萌芽力、萌蘖力均强，种子有隔年发芽习性。琼花移栽容易成活，应在早春萌动前进行，以半阴环境为佳，成话后注意肥水管理。主枝易萌发徒长枝，扰乱树形，花后可适当修枝，夏季剪去徒长枝先端，以整株形，花后应施肥一次，以利生长。

13.射干

别名：乌扇、乌蒲、黄远、乌萐、夜干、乌翣、乌吹、草姜、鬼扇、凤翼、扁竹根、仙人掌、紫金牛、野萱花、扁竹

寓意：射干的花语和象征意义是"诚实、相信者的幸福"。

形态特征：射干为多年生宿根草本植物。根状茎为不规则的块状，茎直立，实心，根茎鲜黄色，须根多数；叶2列，扁平，嵌叠状广剑形，扇状互生，绿色，稍披白粉，先端渐

○ 射干

尖，基部抱茎，叶脉平行；花柱圆柱形，柱头3浅裂，子房下位，3室，中轴胎座，胚珠多数；花梗基部具膜质苞片，苞片卵形至卵状披针形；蒴果倒卵形，黄绿色，具3棱，成熟时3瓣裂；种子球形，黑紫色，有光泽，着生在果实的中轴上。花期7~9月。果期8~10月。

日常养护：射干喜温暖和阳光，耐干旱和寒冷，对土壤要求不严，山坡旱地均能栽培，以肥沃疏松、地势较高、排水良好的沙质壤土为好。喜水、湿润，注意排水，以防积水引起烂根死苗。在花谢后要加强肥水管理，以使射干叶子、株形更有观赏价值。

14.一串红

别名：撒尔维亚、墙下红、草象牙红

寓意：一串红代表恋爱的心，迎新送旧。

形态特征：一串红为多年生草本植物。茎节光滑，四棱，紫红色；叶对生，有长柄，卵形或卵圆形，顶端渐尖，基部圆形，两面无毛；轮生密集，密集成顶生假总状花序，被红色柔毛；苞片卵圆形，深红色早落；花萼钟形，绯红色，上唇全缘，下唇2裂，齿卵形，顶端急尖；花冠红色，冠筒伸出萼外，外面有红色柔毛，筒内无毛环；雄蕊和花柱伸出花冠外；小坚果卵形，有3棱，平滑；花期7~10月；果熟期8~10月。

○ 一串红

日常养护：一串红喜阳光充足，长日照有利于一串红营养生长，短日照有利于生殖生长。最适生长温度为20~25℃，在15℃以下生长缓慢叶黄至脱落，30℃以上则花叶变小。一串红秧苗需水较多，忌干旱，缺水时叶片容易萎蔫，严重时叶片易脱落。但又怕涝水，积水一天就能涝死，喜疏松肥沃床土。盆栽一串红，盆内要施足基肥，当苗生有4片叶子时，开始摘心，促进植株多分枝，一般可摘心3~4次。一串红放置地点要注意空气流通，肥水管理要适当，否则植株会发生腐烂病。

15.紫苏

别名：白苏、赤苏、红苏、香苏、黑苏、白紫苏、青苏、野苏、苏麻、苏草、唐紫苏、桂荏、皱叶苏

寓意：紫苏的花语和象征意义是"美好的希望"。

形态特征：紫苏为一年生草本植物，具有特殊芳香。茎直立，多分枝，紫色、绿紫色或绿色，钝四棱形，被长柔毛；叶片阔卵形、卵状圆形或卵状三角形，先端短尖或突尖，边缘有粗锯齿，两面紫色或上面青色下面紫色，

上下两面均疏生柔毛，沿叶脉处较密，叶下面有细油腺点；轮伞花序，2花组成偏向一侧成假顶生和腋生，花序密被长柔毛；每花有一苞片，苞片宽卵圆形或近圆形，全缘，具缘毛，外面有腺点，边缘膜质；花萼钟状，下部被长柔毛，有黄色腺点，结果时增大，基部呈囊状；花冠唇形，白色、粉红或紫红，花冠筒内有毛环，外面被柔毛，上唇微缺，下唇3裂，裂

○ 紫苏

片近圆形，中裂片较大。小坚果近球形，灰褐色，具网纹。花期6～8月，果期7～9月。

日常养护：紫苏适应性很强，对土壤要求不严，在疏松肥沃的中性或微碱性土壤上生长良好。在生产上采用种子繁殖，分育苗和直播两种，为节省种子和提高土地的复种指数，多采用育苗移栽法生产。需要充足的阳光，阳光不足，叶色渐绿或半紫半绿，影响观赏。幼苗和花期需要水较多，干旱时应及时浇水。紫苏定植20天后，对已长成5茎节的植株，应将茎部4茎节以下的叶片和枝杈全部摘除，促进植株健壮生长。

16.朱槿

别名：赤槿、日及、扶桑、佛桑、红扶桑、红木槿、桑槿、火红花、照殿红、赤槿、宋槿、照殿红、二红花、花上花

寓意：朱槿的花语和象征意义是"纤细美、体贴之美、永保清新之美"。

形态特征：朱槿是一种属于锦葵科木槿属的常绿灌木，落叶灌木；叶宽卵形或狭卵形，基部近圆形，边缘有不整齐粗齿或缺刻，两面无毛，或在背面沿侧脉疏生星状毛；花单生于上部叶腋间，下垂，近顶端有节，花色有红、橙、黄、桃红、橙黄、朱红、粉红、白等；小苞片6～7，线形或线状披针形，基部合生，疏生星状毛；花萼钟形，裂片卵状披针形，有星状毛；花冠漏斗形，淡红色或玫瑰红色；雄蕊柱和花校长，伸出花冠外。蒴果卵状球

○ 黄色朱槿

○ 红色朱槿

形，顶端有短晓；花期6～7月。

日常养护：朱槿为喜阳花卉，喜温暖气候及湿润土壤，朱槿是阳性树种，5月初要移到室外放在阳光充足处，如光照不足会使花蕾脱落，花朵缩小，花色暗淡。朱槿不耐霜冻，在霜降后至立冬前必须移入室内保暖。越冬温度要求不低于5℃，以免遭受冻害；不高于15℃，以免影响休眠。休眠不好翌年生长开花不旺。朱槿浇水要充足。通常每天浇水一次，以浇透为度。伏天每天早、晚各浇水一次，并需对地面喷水多次，以降温和增加空气的湿度，防止花叶早落。冬季则应减少浇水、停止施肥，使之安全过冬。

17.金苞花

别名：艳苞花、花叶爵木、黄虾花、珊瑚爵床、金包银、金苞虾衣花

寓意：金苞花的花语和象征意义是"吉祥，欢畅"。

形态特征：金苞花为常绿亚灌木。茎多分枝，直立，基部逐渐木质化；叶对生，卵形或长卵形，先端锐形，革质，中肋与羽状侧脉黄白色；叶脉纹理鲜明，叶面皱褶有光泽，叶缘波浪形；穗状花序，顶生茎顶，花

○ 金苞花

苞金黄色，苞片层层叠叠，呈四棱形，并伸出白色小花，形似虾体，金黄色苞片可保持2~3个月；夏、秋季花开。

日常养护：金苞花喜高温高湿和阳光充足的环境，比较耐阴。适宜生长于温度为18~25℃的环境，冬季要保持5℃以上才能安全越冬。温度低易引起叶片脱落，时间久了会导致根系腐烂，严重时植株枯萎死亡。比较喜欢阳光，春秋季节放室外养护，但夏季中午前后需适当遮光。冬季放室内光线充足处则叶色鲜绿富有光泽，株形紧凑，花序大，色泽艳丽。若遭到烈日暴晒，易导致叶片萎黄，叶缘枯焦。金苞花枝叶茂盛，花序大，花朵多，需要较多的水分，因此应经常保持盆土湿润，但忌盆内积水。花芽分化期，要注意适当控制浇水，减弱植株营养生长，以利养分积累，促进花芽分化。

18.蜀葵

别名：一丈红、熟季花、戎葵、吴葵、卫足葵、胡葵

寓意：蜀葵的花语和象征意义是"温和"。

形态特征：蜀葵是二年生草本植物，全株被星状毛。茎木质化，直立，不分枝，通常绿色或绿褐色；叶互生，圆钝形或卵状圆形，有时呈5~7浅裂，先端钝圆，基部心形，边缘具圆齿，掌状脉5~7条；花大，有红、紫、白、苏及黑紫各色，单瓣或重瓣，单生于叶腋，直径6~9厘米；小苞片6~7，基部全生，先急尖，里面被长柔毛；萼钟状，5裂，裂片卵形；花瓣花丝连合成筒状，子房多室，每室1胚珠；花期5~9月。

日常养护：蜀葵喜凉爽气候，忌炎热与霜冻，喜光，略耐阴。不择土壤，但以土层深厚、肥沃、排水良好的土壤为佳。蜀葵栽植后适时浇水，开花前，结合中耕除草施追肥1~2次。早春老根发芽时，应浇适水。蜀葵幼苗长出2~3片真叶时，应移植一次，加大株行距。同时经常松土、除

○ 蜀葵

草，以利于植株生长健壮。为延长花期，应保持充足的水分。花后及时将地上部分剪掉，还可萌发新芽。

19.宿根福禄考

别名：天蓝绣球、锥花福禄考

寓意：宿根福禄考的花语和象征意义是"欢迎、大方、温和、一致同意"。

形态特征：宿根福禄考属于多年生宿根草本花卉。茎直立多分枝，被短柔毛；基部叶对生，上部叶有时互生，叶宽卵形、长圆形至披针形，先端尖，基部渐狭，稍抱茎；聚伞花序顶生，花具较细花筒，花冠高脚碟状，浅五裂，平展，圆形；花色有白色、黄色、粉色、红紫色及复色，多以粉色及粉红为常见；蒴果椭圆形或近圆形，棕色，成熟时3裂；种子倒卵形或椭圆形，背面隆起，腹面较平；花期6～9月。

日常养护：宿根福禄考性喜温暖，稍耐寒，忌酷暑。宜排水良好、疏

○ 宿根福禄考

松的壤土，不耐旱，忌涝。可用播种、扦插、压条、分株繁殖。播种宜在早春。因很少结实，多用扦插繁殖，通常采取根插、茎插和芽插。在疏阴下生长最强壮，尤其是庇荫或西侧背景，或与比它稍高的花卉如松果菊等混合栽种，更有利于其开花。

20.大叶补血草

别名：拜赫曼、补血草、矾松、克迷克、克米克、曲库尔

寓意：大叶补血草的花语和象征意义是"依偎、永远相随"。

形态特征：大叶补血草为多年生草本植物。根粗状，叶基生，莲座状，多数，绿色或灰绿色，长圆状倒卵形或宽椭圆形，先端微圆，向下渐收缩成宽的叶柄；茎生叶退化为鳞片

◎ 大叶补血草

状，棕褐色，边缘呈白色膜质；花轴1个或几个，上面分枝，有少数不育细枝或无；花蓝紫色，聚集成短而密的小穗，由小穗组成聚伞花序，长圆盾状或塔形，集生于花轴分枝顶端；花萼，倒圆锥形，密被长绒毛，萼裂片5个，细小，圆状三角形，先端微钝或微尖，有脉；萼裂片之间有细小的中间齿或无，无脉，萼瓣白色或淡紫色。种子长卵圆形，深紫棕色；花期7~9月，果期8~9月。

日常养护：大叶补血草为性喜干燥凉爽气候，最忌炎热与多湿环境。喜光，生育期光照不足，气温较低，幼苗生长慢，植株发育不良。较耐寒，可经受0℃低温。喜略含石灰质的微碱性土壤。在花序抽生及生长发育期，水肥要充足，否则花枝短小，花朵不繁茂。要保持适宜的生长温度，以白天18~20℃，夜间10~15℃为宜。应注意通风，以防病害发生。第一茬花切取后，清除老枝枯叶，以利促进新芽萌发。

21.草海桐

别名：海桐草、羊角树、水草仔、细叶水草

寓意：草海桐半圆形的花冠向下开放，五片花瓣排列如扇子，看上去像是被切了一半的半朵花，因此草海桐又被称为"半朵花"。相传这半朵花是一位海岸部落的公主在与情郎分开时，作为两方见证爱情的信物，情郎出海一去不复返，公主日夜企盼，最后化身为半朵花，草海桐便被视为公主的象征。

形态特征：草海桐为多年生常绿亚灌木植物。茎粗大，光滑无毛；叶螺旋状排列，大部分集中于分枝顶端，肉质，倒卵形至匙形，上有不明显锯齿；在茎干上由于叶脱落，使得肉质的茎上，有环环的脱叶痕；花白色，腋生聚伞花序；花冠筒一边裂至基部，花柱由裂处伸出，花冠裂片缘有不规则浅裂的薄瓣；核果球形，白色，含种子；花果期4~12月。

◯ 大叶补血草

日常养护：草海桐性喜高温、潮湿和阳光充足的环境，耐盐性佳、抗强风、耐旱、耐寒，耐阴性稍差。日照需充足，一年施肥2~3次，即能生长旺盛。生长适温22~32℃。全年可移植，较易成活。抗污染及病虫危害能力强，生长速度快。枝条容易扦插及萌芽，也可种子繁殖。栽培土质以排水良好的砂质壤土最佳。

22.六出花

别名：智利百合、秘鲁百合、水仙百合

寓意：盛开的六出花典雅而富丽，象征着友谊，其花茎弯曲着向上生长则寓意着友谊的不断增进。

形态特征：六出花为多年生草本植物。根肥厚、肉质，呈块状茎，簇生，平卧；茎直立，不分枝；叶多数，互生，叶片披针形，呈螺旋状排列，

美化家居招来滚滚财运

改善环境花木催旺人生

有短柄或无柄；伞形花序，花小而多，喇叭形；花色橙黄色、水红色等，内轮有紫色或红色条纹及斑点；花期6~8月。

○ 六出花

日常养护：六出花喜温暖湿润和阳光充足环境。夏季需凉爽，怕炎热，耐半阴。生长适温为15~25℃，最佳花芽分化温度为20~22℃，如果长期处于20℃温度下，将不断形成花芽，可周年开花。如气温超过25℃以上，则营养生长旺盛，而不行花芽分化。耐寒品种，冬季可耐零下10℃低温，在9℃或更低温度下也能开花。在旺盛的生长季节应有充足的水分供应和较高的空气湿度，相对湿度控制在80%~85%较为适宜。炎热夏季处于半休眠状态。冬季温度较低时应注意控制水分。六出花属长日照植物。生长期日照在60%~70%最佳，忌烈日直晒，可适当遮阴。如秋季因日照时间短，影响开花时，采用加光措施，每天日照时间在13~14小时，可提高开花率。

23.落新妇

别名：红升麻、虎麻、金猫儿、升麻、金毛、三七

寓意：落新妇的花语和象征意义是"欣喜"。

形态特征：落新妇为多年生直立草本植物。茎直立，根状茎肥厚呈块状，具有棕黄色长绒毛及褐色鳞片，须根暗褐色；基部叶为2~3回三出复叶，小叶卵形至长卵形，具长柄，托叶较狭，缘呈重锯齿状，两面均被刚毛，脉上尤密；茎生叶2~3，较小，与基生叶相似，仅叶柄较短，基部钻形；花轴直立，高下端具鳞状毛，上端密被棕色卷曲长柔毛；圆锥花序顶

○ 落新妇

大师全解植物开运密码

活用植物增旺住宅运势

生，密生褐色卷曲柔毛，小花密集，花瓣狭条形；片卵形，较花萼长萼筒浅杯状，5深裂；花瓣5，窄线状，淡紫色或紫红色；雄蕊10，花丝青紫色，花药青色，成熟后呈紫色；心皮2，基部连合，子房半上位；蒴果，成熟时橘黄色；种子多数；花期8～9月。

日常养护：落新妇喜半阴，喜欢较高的空气湿度，空气湿度过低，会加快单花凋谢；但怕雨淋，晚上需要保持叶片干燥；最适空气相对湿度为65%～75%。喜欢温暖气候，忌酷热，在夏季温度高于34℃时明显生长不良；不耐霜寒，在冬季温度低于4℃以下时进入休眠或死亡。最适宜的生长温度为15～25℃。春夏秋三季需要在遮阴条件下养护，如气温较高时被放在直射阳光下养护，叶片会明显变小，枝条节间缩短，脚叶黄化、脱落，生长十分缓慢或进入半休眠的状态。对肥水要求较多，但要求遵循"淡肥勤施、量少次多、营养齐全"的施肥（水）原则，并且在施肥过后，晚上要保持叶片和花朵干燥；每两个月剪掉一次带有老叶和黄叶的枝条，只要温度适宜，能四季开花。

24.美人蕉

别名：大花美人蕉、红艳蕉、兰蕉、昙华

寓意：美人蕉的花语和象征意义是是"美好的未来"。

形态特征：美人蕉为多年生直立草本，具有粗壮的肉质根茎。地上茎肉质，不分枝；茎叶具白粉，叶互生、宽大，长椭圆状披针形，有明显的羽状平行脉，具叶鞘；花两性，大而美丽，不对称，排成顶生的穗状花序、总状花序或狭圆锥花序，有苞片；花色有乳白、鲜黄、橙黄、橘红、粉红、大红、紫红、复色斑点等；花瓣萼片状，艳丽的花瓣实际上是瓣化的雄蕊，花瓣根据品种不同有黄、红色及带斑点等；果为一蒴果，3瓣裂，多少具3棱，有小瘤体或柔刺；种子较大，球形，黑褐色，种皮坚硬；花

○ 美人蕉

美化家居招来滚滚财运
改善环境花木催旺人生

期北方6～10月，南方全年。

日常养护：美人蕉性喜温暖、湿润和充足阳光，不耐寒，怕强风和霜冻。对土壤要求不高，能耐瘠薄，在肥沃、湿润、排水良好的土壤中生长良好。生长期要求光照充足，保证每天要接受至少5个小时的直射阳光。环境太阴暗，光照不足，会使开花期向后延迟，适宜长温度16～30℃。开花时，为延长花期，可放在温度低、无阳光照射的地方，环境温度不宜低于10℃。栽植后根茎尚未长出新根前，要少浇水。盆土以潮润为宜，土壤过湿易烂根。花葶长出后应经常浇水，保持盆土湿润，若缺水，开花后易出现"叶里夹花"现象。冬季应减少浇水，以"见干见湿"为原则。深秋植株枯萎后，要剪去地上部分，将根茎挖出，晾晒2～3天，埋于温室通风良好的砂土中，不要浇水、保持5度以上，即可安全越冬。长江以南地区，冬季也可不挖出根茎，只要加土封好，第二年春仍可萌发出芽。

25.黄花苜蓿

别名：苜蓿草、野苜蓿、黄苜蓿、花苜蓿

寓意：黄花苜蓿的花语和象征意义是"希望，幸运"。

形态特征：黄花苜蓿是多年生草本植物。主根粗壮，木质，须根发达；茎平卧或上升，圆柱形，多分枝，从部分埋于土壤表层的根颈处生出；羽状三出复叶，托叶披针形至线状披针形，先端长渐尖，基部戟形，全缘或稍具锯齿，脉纹明显；叶柄细，比小叶短；小叶倒卵形至线状倒披针形，先端近圆形，具刺尖，基部楔形，边缘上部四分之一具锐锯齿，上面无毛，下面被贴伏毛；总状花序密集成头状，腋生，花黄色，蝶形；荚果稍扁，镰刀形，斜向，被贴伏毛；种子卵状椭圆形，黄褐色，胚根处凸起；花期6～8月，果期7～9月。

○ 黄花苜蓿

日常养护：黄花苜蓿富含蛋白

质，是一种优良的饲用植物。它适应性强，对土壤要求不严，耐寒、耐风沙与干旱，其耐寒性比紫花苜蓿为强，在一般紫花苜蓿不能越冬的地方，本种皆可越冬生长。但它性喜阳光，最适于在湿润肥沃的沙壤地上生长。

26.啤酒花

别名：忽布、蛇麻花、酵母花、酒花

寓意：啤酒花的花语和象征意义是"天真无邪"。

形态特征：啤酒花为多年生缠绕草本植物。茎枝绿色，茎、枝和叶柄密被细毛和倒钩刺，下面疏生毛和黄色小油点；单叶对生，叶卵形或宽卵形，纸质，主茎上叶常5深裂，侧支上叶多3裂，花枝上叶常不裂，叶缘具有粗锯齿，叶面密生小刺毛；雌雄

○ 啤酒花

异株，雄花排列为圆锥形花序，花被片与雄蕊均为5；雌花每两朵生于一苞片腋部，苞片复瓦状排列成近圆形的穗状花序；花期7~9月。果穗呈球果，宿存苞片增大，有黄色腺体，气芳香；瘦果扁圆形，褐色，每苞腋1～2个，内藏；花期7～8月，果期9～10月。

日常养护：啤酒花喜冷凉，耐寒畏热，生长适温14～25℃，要求无霜期120天左右。长日照植物，喜光，全年日照时数需1700～2600小时。不择土壤，但以土层深厚、疏松、肥沃、通气性良好的壤土为宜，中性或微碱性土壤均可。喜湿，生长期间及越冬前如果缺水，则对生长和产量均有影响，特别是开花期必须保证足够的水分。但不要大水漫灌，特别是地下水位高、排水不良的低洼地更应注意灌水量，不能使土壤过湿。啤酒花的庭院栽培采取粗放管理即可，清明前后把萌发有新芽的根茎切下一段，盆栽成活待枝蔓长到尺余长即可脱盆。

改善环境花木催旺人生 美化家居招来滚滚财运

27.蒲公英

别名：蒲公草、食用蒲公英、尿床草、西洋蒲公英

寓意：蒲公英有着充满朝气的黄色花朵，花语和象征意义是"无法停留的爱"。

形态特征：蒲公英属菊科多年生草本植物。根圆柱状，多弯曲，粗壮，表面棕褐色，抽皱，根头部有棕褐色或黄白色的茸毛，有的已脱落；叶基生，多皱缩破碎，完整叶片呈倒披针形，绿褐色或暗灰绿色，先端尖或钝，边缘不规则羽状浅裂或羽状分裂，基部渐狭，下延呈柄状，下表面主脉明显，全缘或边缘疏生齿，两面疏生短柔毛或无毛；花葶多数，花期超出叶或与叶近等长，微被疏柔毛，近顶端处密被白色蛛丝状毛；花茎1至数条，每条顶生头状花序，花冠黄褐色或淡黄白色；总苞片多层，内层总苞片线状披针形，长于外层总苞片2～2.5倍，先端钝，无角状突起；舌状花黄色，边缘花舌片背面有紫色条纹。瘦果长椭圆形，麦秆黄色，上部有刺状突起，向下近平滑，顶端略突然缢缩成圆锥至圆柱形喙基，冠毛污白色。花果期4～6月。

日常养护：蒲公英适应性广，抗逆性强，抗寒又耐热。抗旱、抗涝能力较强。可在各种类型的土壤条件下生长，但最适在肥沃、湿润、疏松、有机质含量高的土壤上栽培。成熟的蒲公英种子没有休眠期，早春地温1～2℃时即可萌发，种子发芽最适温度为15～25℃，当气温在15℃以上时即可将种子播在湿润土壤中。在25～30℃以上时蒲公英发芽慢，且叶生长最适温度为20～22℃，故蒲公英的最佳栽培时间是从初春到初夏。播种时要求土壤湿润，如土壤干旱，在播种前两天浇透水。播种后，如果土表没有覆盖，就应经常浇水，保持土壤湿润。出苗后也要始终保持土壤有适当的水分。在生长季节，要追肥1～2次。播种当年一般不采叶，以促进其繁茂生长，使下一年早春植株新芽粗壮，抽生品质好、产量高的嫩叶。

○ 蒲公英

28.竹

别名：竹子

寓意：竹子备受我国人们喜爱，是"梅兰竹菊"四君子之一，"梅松竹"岁寒三友之一。在我国传统文化中，竹子象征着吉祥、健康、长寿、幸福等，常被作为吉祥植物在庭院中栽种。

○ 竹

形态特征：竹子为禾本科多年生木质化植物，其品种有500余种，在我国各地，都有很适宜当地气候条件的品种。其枝杆挺拔修长、亭亭玉立、婀娜多姿，叶四季青翠，凌霜傲雨，是相当好的景观植物，在庭院中适合丛植或列植。

日常养护：一般要求阳光充足，太阴暗处则生长不良。由于分布地广泛，不同品种对温度的要求有所差异。喜湿润，也有比较好的耐旱能力。春季至秋季为其生长旺盛期，每两个月左右可施一次肥。每年冬季至早春培土一次。

29.百合竹

别名：短叶朱蕉

寓意：百合竹寓意百事合意、吉祥如意。

形态特征：常绿灌木，株高可达9米，茎长高后容易弯斜。叶色碧绿，小花白色。有两个斑叶品种，一个是金边百合竹，也叫黄边百合竹；另外一个是金心百合竹，也叫金黄百合竹。百合竹枝叶茂盛，生机勃勃，叶片淡雅清秀，潇洒飘

○ 百合竹

逸，现作为观叶植物广泛栽培，很适合于庭院栽植。单植、对植于疏阴处，或列植于墙边。

日常养护：在全日照或半日照条件下均能生长，耐阴性也强，但在遮阴50%～70%时生长最理想。喜高温，生长适宜温度为20～28℃。耐寒性不强，冬季干冷的空气容易引起叶尖干枯，气温在8℃以下时可能造成叶片寒害。对水分的要求不严，耐旱，也耐湿，在空气湿度高时生长好。适宜生长于排水良好、富含有机质的沙质壤土中。每个月可施一次肥，冬季停止施肥。

30.牡丹

○ 牡丹

别名：木芍药、洛阳花

寓意：牡丹是我国的特产名花，自古以来就把它当作富贵之花，象征幸福、美好、繁荣昌盛。

形态特征：落叶小灌木，高者可达3米。花色有黄、白、红、粉、紫、绿、雪青及复色等。花期一般为4～5月。牡丹在我国栽培历史悠久，以河南洛阳与山东荷泽的牡丹最富盛名。目前，我国从南到北、从东到西都有牡丹的栽植分布区。其花风姿绰约，形大艳美，仪态万千，色香俱全，观赏价值极高，在我国传统古典园林广为栽培。在庭院内，可进行孤植、对植或丛植。

日常养护：喜光，也较耐阴，在长江以南地区栽培时夏季宜半阴。喜温凉，不耐湿热，耐寒力强。喜燥惧湿，平时浇水不要太多。每个月施一次肥，落叶期停止施肥。

31.刺桐

别名：山芙蓉、空桐树、木本象牙红

寓意：刺桐是吉瑞的象征。阿根廷人把刺桐看成是保护神的化身，将其列为国花。

形态特征：刺桐品种约200种，其中常见栽培的有刺桐、鸡冠刺桐、珊瑚刺桐、黄脉刺桐或金脉刺桐等。刺桐为落叶乔木，原产亚洲热带，树身高大挺拔，枝叶茂盛。花很大，花瓣鲜红色，极不相等。鸡冠刺桐的花橙红色，花瓣部分特化成匙状。刺桐类在我国华南、华东一带有栽培，北方地区可盆栽。其枝叶婆娑，花形奇特别致，红艳夺目，观赏价值极高。

○ 刺桐

在庭院适合单植于草地或建筑物旁的向阳处。

日常养护：喜阳光，不耐阴，阴处开花不良。喜温暖湿润气候，耐热，也有比较强的耐寒能力。耐干旱，抗风。春季至秋季为生长旺盛期，每个月施一次肥即可。

32.荷花

别名：水芙蓉、六月花神、藕花

寓意：荷花是吉祥之花，因荷与"和"谐音，因此有和美、和睦之意。荷花凋谢后结莲蓬，莲蓬内的莲子又喻"连生贵子"。莲子较多，又喻"子孙满堂"。

形态特征：为多年生挺水植物，地下具有肥大多节的根状茎，横生于淤泥之中，通常称"莲藕"。花谢后，膨大的花托称为莲蓬，内生椭圆形的小坚果，称为莲子。荷花花大叶丽，花朵美丽纯洁，出淤泥而不染，深为人们所喜爱，是园林中非常重要的水面绿化植物。很适宜在庭院的水池中栽植，也可用大水缸种植。

○ 荷花

日常养护：喜强光，在阴处生

长和开花差。喜温暖至高温，生长适宜温度为20～35℃。冬季低温时叶会枯死，剩下根茎进入休眠。喜湿怕干，一般要生活在水中，水位深度以30～120厘米为宜。在春天种植之前宜施一些有机肥。

33.睡莲

○ 睡莲

别名：子午莲、水芹花、瑞莲、水洋花、小莲花

寓意：睡莲与荷花一样，被视为圣洁、美丽的化身，是吉祥之花。在古埃及，睡莲更被视为是太阳的象征，其身影可见于历代王朝加冕仪式、民间的雕刻艺术与壁画之中。

形态特征：多年生水生花卉，根状茎，粗短。叶丛生，浮于水面，近革质，近圆形或卵状椭圆形，上面浓绿，幼叶有褐色斑纹，下面暗紫色。品种多，花色有红、粉、黄、白、紫等。长江流域花期为5月中旬至9月，果期7～10月。睡莲花形小巧可人，颜色丰富，是现代庭院水景中重要的浮水花卉。适宜丛植，点缀水面，丰富水景。

日常养护：喜强光，阴处生长开花差。有耐寒种和热带种之分，热带种性喜温暖，生长适宜温度为25～30℃。冬季低温叶会枯死，剩下根茎进入休眠。喜湿怕干，需要生活在水中。生长季节池水深度以不超过80厘米为宜。

34.石榴

别名：安石榴、海榴

寓意：多子多福，很有富贵气息

形态特征：落叶小乔木或灌木，树高可达7米。石榴的树姿美观，花的颜色鲜艳漂亮，花期长，以夏季开花最盛，有"六月榴花红似火"之句。果也鲜红漂亮，常在一棵树上花果并存，果实在枝上可观赏的时间颇长，可赏可食，味甘酸，有"天下之奇树，九洲之名果"的美誉。石榴还被列为我国农历五月的"月花"，五月也被称为"榴月"。地植、盆栽皆可，或者做成盆景。在庭园中适合孤植或对植。

日常养护：喜日照充足，在阴的地方则开花结果较差。生性强健，喜温暖气候，耐热也耐寒。在冬天温度较低时即会开始落叶休眠，休眠期间能忍耐零下十几度的低温。石榴能忍耐干旱，怕水涝。除休眠期外，每个月施一次肥。

○ 石榴

35.国槐

别名：槐树、槐蕊、豆槐、白槐、细叶槐

寓意：在风水学上被认为代表"禄"。古代朝廷种三槐九棘，公卿大夫坐于其下，面对三槐者为"三公"，因此槐树在众树之中品位极高。

形态特征：落叶乔木，高15～25米，干皮暗灰色，小枝绿色。羽状复叶，叶轴有毛，基部膨大；小叶卵状长圆形，顶端渐尖而有细突尖，基部阔楔形，下面灰白色，疏生短柔毛。圆锥花序顶生，萼钟状，有5小齿；花冠乳白色，旗瓣阔心形，边缘稍带紫色。果皮肉质，含胶质，不开裂，经冬不凋。花期6～8月，果期9～10月。槐树是庭院常用的特色树种，宜独植。

○ 国槐

日常养护：槐树喜阳光，稍耐阴，不耐阴湿，抗旱，在低洼积水处生长不良。耐寒性较好。深根，对土壤要求不严，较耐瘠薄，石灰及轻度盐碱地上也能正常生长，但在湿润、肥沃、深厚、排水良好的沙质土壤上生长最佳。耐烟尘，能适应城市街道环境。病虫害不多，寿命长。

美化家居招来滚滚财运
改善环境花木催旺人生

36.枇杷

别名：芦橘、金丸、芦枝

寓意：枇杷在我国传统文化中被认为是多子多福、吉祥的象征。在我国一些传统瓷器的图案上、木刻、绘画作品中，都包含有枇杷。

形态特征：枇杷为常绿小乔木，高可达10米。小枝密生锈色或灰棕色绒毛。花白色芳香，梨果近球形或长圆形，黄色或桔黄色，外有锈色柔毛。其叶四季常青，大而美丽，既可观花又可观果。在庭院中宜孤植或对植。

○ 枇杷

日常养护：枇杷要求光照充足，夏季气温高要注意遮光，其他季节正常光照即可。生长期需要的平均温度为15℃左右。保证有充足的水分供应，但以保持土壤湿润为宜。及时施肥，在枇杷结果期间，施好三次肥，肥料以氮磷钾复合肥为主。

37.白兰花

别名：黄桷兰、白缅桂、白兰、把兰、黄果兰

寓意：白兰花在民间被视为"吉祥树"，黄玉兰象征"金玉满堂"。

形态特征：原产喜马拉雅山及马来半岛，常绿乔木，高10～20米。花瓣白色或略带黄色，肥厚，浓香。多不结实。花期长，晚春至夏季开花不断。如温度适宜，会有花持续不断开放，只是香气不如夏季浓郁。另外，还有一种与白玉兰花很相近的品种，称为黄兰或黄玉兰，花朵为金黄色。

○ 白兰花

目前，白兰花在我国广东、海南、广西、台湾、云南、福建及浙江南部地区广为栽培，长江流域及其以北地区只适合盆栽，冬季需要进房养护。在庭院内适合孤植或对植。

日常养护：喜阳光充足，不耐阴。喜温暖湿润气候，生长适宜温度为23～30℃，耐寒性比较差。既不耐旱又怕涝，干旱季节应注意浇水，但不能积水。植株喜肥，每个月施一次肥，冬季停止施肥。

38.龙船花

别名：英丹、仙丹花、百日红、山丹、水绣球

寓意：此花象征吉祥和平安的寓意。缅甸把其作为国花。

形态特征：常绿灌木，株高0.5～2米。花期全年。浆果近圆形，成熟时黑红色。同属常见的还有芬利桑龙船花、爪哇龙船花、黄龙船花、王龙船花、超王龙船花、香龙

○ 龙船花

船花等。龙船花原产我国的广东、广西、福建，以及马来西亚及印尼等地山野中，其株形美观，花常开不败，成簇成群地聚生于枝条之上，且颜色鲜红，似一团团熊熊燃烧的火焰。在南方很适合庭院栽植，丛植或栽于园路两侧均可。

日常养护：喜阳光充足环境，也耐半阴。喜高温多湿，不耐寒，冬季温度不低于0℃。喜湿润，高温干旱季节要特别注意浇水。每个月可施一次肥，冬季停止施肥。

39.蒲桃

别名：水蒲桃、香果、响鼓、风鼓、铃铛果

寓意：蒲桃的香味浓郁，在庭院中种植此植物，富含喜庆吉祥的寓意。

形态特征：桃金娘科蒲桃属。常绿小乔木或乔木，主干短，分枝较多，树皮褐色且光滑，小枝圆形。叶多而长，披针形，革质。聚伞花序顶生，小

改善环境花木催旺人生
美化家居招来滚滚财运

花为完全花，子房下位，柱头针状。盛花期3~4月，夏秋季也有零星的花朵开放。果实于5~7月成熟，核果内有种子1~2颗。

日常养护：性喜暖热气候，属于热带树种，适宜生长温度为23~32℃。喜光，稍耐阴。喜酸性土壤，耐湿，喜生长在河旁、溪边等近水地方。

◎ 花叶垂叶榕

40.花叶垂叶榕

别名：银边垂叶榕

寓意：花叶垂叶榕榕枝浓密，全年常绿，叶色清新，适合盆栽观赏，也适宜家庭客厅和窗台点缀，能给居家生活带来清新与吉祥。

形态特征：桑科榕属。常绿乔木，盆栽丛生，呈灌木状，小枝下垂。叶互生，淡绿色，革质，卵形或椭圆形，长5~12厘米，宽3~5厘米，先端尖细。叶柄细，常下垂。

◎ 花叶垂叶榕

日常养护：喜温暖湿润环境，需充足阳光，较耐寒，也耐阴，但应避免强光直射，越冬温度不宜低于5℃，生长适宜温度为15~30℃。生长旺盛期应经常浇水，保持湿润状态，并经常向叶面和周围空间喷水，以促进植株生长，提高叶片光泽。每两周左右还要施一次液肥，肥料以氮肥为主，适当配合一些钾肥。

41.杜英

别名：山杜英

寓意：杜英的名字有"培育英才"的含义，种植在庭院的栅栏处，寓意为招揽才气，是吉祥的庭院植物。

形态特征：杜英科杜英属。常绿乔木，树皮深褐色，平滑，小枝红褐色。树冠紧凑，近圆锥形，枝叶茂密。其叶革质，披针形，秋冬至早春，部分树叶转为绯红色，红绿相间，鲜艳悦目。单叶互生，叶形为长椭圆状披针形，钝锯齿缘，表面平滑无毛，羽状脉。总状花序为淡绿色、腋生，前端呈撕裂状，雄蕊多数。果

○ 杜英

实为椭圆形，两端锐形，种子很坚硬。花期在6～8月，果期10～11月。

日常养护：喜温暖湿润环境，较耐阴、耐寒，但寒冷季节还是应移入室内。梅雨季节应做好清沟排水工作，干旱季节应作好灌溉工作。苗木生长初期，每隔半月施浓度3%～5%的人粪尿。5月中旬以后可用1%过磷酸钙或0.2%的尿素溶液浇施。

42.女贞

别名：白蜡树、冬青、蜡树、女桢、桢木、将军树

寓意：女贞寓意对家中女儿的期待之情。种植在庭院中还有祈福家业兴旺之意。

形态特征：木樨科女贞属。常绿乔木，树皮灰色、平滑。枝开展、无毛。叶革质，宽卵形至卵状披针形。圆锥花序顶生，花白色，核果长圆形，蓝黑色。花期一般为6～7月。

日常养护：女贞喜光，也耐阴。较抗寒，在温暖的南方可露地越冬。宜在湿润、背风、向阳的地方栽种。每天进行喷水，喷水时间最好选择在每天上午的8～10点或下午的4～6点进

○ 女贞

改善环境 美化家居 招来滚滚财运 花木催旺人生

行。每半个月追施一次叶面肥，选用水溶性花肥，以每5克兑水2千克的比率调配好，时间最好选择在下午4～6点，水量以将叶片完全喷洒一遍为标准。

43.重瓣大花栀子

○ 重瓣大花栀子

别名：黄栀子、山枝子、大红栀

寓意：重瓣大花栀子的浓烈香味能驱除蚊虫，转换庭院的气场，提升住宅的阳气。

形态特征：茜草科栀子属。常绿灌木，高达2米。叶对生或3叶轮生，叶片革质，长椭圆形或倒卵状披针形，长5～14厘米，宽2～7厘米，全缘。托叶2片，通常连合成筒状包围小枝。花单生于枝端或叶腋，白色，芳香，花萼绿色，圆筒状，花冠高脚碟状，裂片5或较多，子房下位。花期5～7月，果期8～11月。

日常养护：重瓣大花栀子性喜温暖湿润气候，好阳光但又不能经受强烈阳光照射，十月寒露前移入室内，置向阳处。苗期要注意浇水，保持盆土湿润，勤施腐熟薄肥。浇水以用雨水或经过发酵的淘米水为好。生长期每隔10～15天浇一次0.2%硫酸亚铁水或矾肥水(两者可相间使用)，可防止土壤转成碱性，同时又可为土壤补充铁元素。

44.红叶石楠

○ 红叶石楠

别名：酸叶石楠、红罗宾、红唇、火焰红、千年红石

寓意：春秋两季，红叶石楠的新梢和嫩叶火红，色彩艳丽持久，极具生机。在夏季高温时节，叶片转为亮绿色，给人清新凉爽之感觉。这种植物象征着生活红红火火，住家气氛和睦欢乐。

形态特征：蔷薇科石楠属。常绿灌木或小乔木，小枝褐灰色，无毛。叶革质，长椭圆形、长倒卵形或倒卵状椭圆形，先端尾尖，基部圆形或宽楔形，边缘有疏生带腺细锯齿，近基部全缘，无毛。复伞房花序顶生，总花梗和花梗无毛。梨果球形，红色或褐紫色。

日常养护：性喜强光照，耐阴，耐低温，应放置在阳光充足的地方。下雨后要及时排水，夏季高温无雨时要及时喷水或浇水，使土壤含水量维持在20%～35%。在生长季节，每隔7～15天施一次薄氮肥，保证植株适时抽生新梢。

45.变叶木

别名：洒金榕、变色月桂

寓意：变叶木奇异的色彩让人惊叹不已，有"变幻莫测""变色龙"之意。在风水学理论中，这种变动的特质有旺运的作用，可以使庭院富有动感，有助于产生吉祥之气。

形态特征：大戟科变叶木属。常绿灌木或小乔木。单叶互生，厚革质，叶片形状有线形、披针形至

○ 变叶木

椭圆形，边缘全缘或者分裂，波浪状或螺旋状扭曲，叶片上常具有白、紫、黄、红色的斑块和纹路。全株有乳状液体。总状花序生于上部叶腋，花白色不显眼。

日常养护：春、秋、冬三季，变叶木均要充分见光，夏季酷日照射下需遮50%的阳光，以免暴晒。光线越充足，叶色越美丽。平时浇水以保持盆土湿润为度，夏季晴天要多浇水，每天还需向叶面喷水2～3次，增加空气湿度，保持叶面清洁鲜艳。长期配合浇水追施复合液肥，每两周一次，尽量少施氮肥。

46.非洲茉莉

别名：华灰莉木、箐黄果

风水寓意：非洲茉莉的洁白花色给人纯洁、正直之感，淡雅的香味能驱除晦气，提升住宅的阳气。

特征：马钱科灰莉属。常绿蔓性藤本，茎长可达4米，叶对生，长15厘米，广卵形、长椭圆形，先端突尖，厚革质，全缘，表面暗绿色。夏季开花，伞房状集伞花序，腋生，萼片5裂，花冠高脚碟状，先端5裂，裂片卵圆状或长椭圆形，花冠筒长6厘米，象牙白，蜡质，浓郁芳香。果椭圆形，大如土芒果，种子顶端具白绢质种毛。

○ 非洲茉莉

日常养护：生长适宜温度为18～32℃，喜阳光，春秋两季可接受全光照，夏季则要求搭棚遮阴，或将其搬放于大树浓荫下。要求水分充足，但根部不能积水。春秋两季浇水以保持盆土湿润为度。在生长季节每月追施一次稀薄的腐熟饼肥水，5月开花前追一次磷钾肥，促进植株开花，秋后再补充追施1～2次磷钾肥，平安过冬。

47.红背桂

别名：红紫木、紫背桂

寓意：红背桂是天然的除尘器，适合周围环境较为杂乱的庭院，在庭院栽种红背桂可以吸收对住家各种不利的气，有旺宅纳福寓意。

形态特征：大戟科土沉香属。为常绿灌木植物，多分枝丛生。茎干粗壮，幼枝纤细，向水平方伸展，老枝干皮呈黑褐色，嫩枝翠绿色，光滑有光泽，节间较长，节茎膨大，柔软而下垂。单叶对生，矩圆形或倒卵状矩

○ 红背桂

圆形。花单性异株，花小，穗状花序腋生，小花淡黄色。蒴果球形，顶部凹陷，基部截平，红色，带肉质。种子卵形，光滑。

日常养护：严格控制苗床基质的温度在26～28℃，空气温度控制在23～25℃，注意气温不能高于地温。凉棚透光度要达到30%左右。每天至少要进行2～3次水喷雾，每隔两三天进行通风换气。保持基质湿润，空气相对湿度控制在90%左右。同时，用0.2%的磷酸二氢钾水溶液进行叶面喷肥，每星期一次，促进苗木生长。

48.芍药

别名：将离、离草、婪尾春、余容、犁食、没骨花、黑牵夷、红药

寓意：芍药寓意将相之才，种象征住家事业昌旺是吉祥喜庆的植物。

形态特征：芍药科芍药属草本植物。上方的叶片是单叶，叶长20～24厘米，小叶有椭圆形、狭卵形、披针形等。下部羽状复叶，叶面呈黄绿色、绿色和深绿色等。花一般独开在茎的顶端或近顶端叶腋处，也有一些稀有品种，会并开出2花或3花。原种花白色，花径8～11厘米，花瓣5～13枚，倒卵形，雄蕊多数，花丝黄色，花盘浅杯状。园艺品种花色丰富。花期5～6月。

○ 芍药

日常养护：芍药是典型的温带植物，喜温耐寒，在中国北方地区可以露地栽培，在-46.5℃的极低温条件下，仍能正常生长开花，露地越冬。夏天适宜凉爽气候，但也颇耐热。芍药是长日照植物，光照充足，才能生长繁茂，轻阴下也可正常生长发育。但若日照时间过短（8～9小时），会导致花蕾发育迟缓，叶片生长加快，开花不良，甚至不能开花。芍药因为是肉质根，特别不耐水涝，又喜土层深厚，适宜疏松而排水良好的砂质壤土。

美化家居招来滚滚财运
改善环境花木催旺人生

49.彩蝶叶

别名：无

寓意：寓意平安好运，适合在喜庆佳节、乔迁之日、开业典礼时赠送，有旺运纳财之意。

形态特征：彩蝶叶是常绿植物，叶色明亮极富光泽，形状多为狭长形和剑形，叶面上脉络分明，全株优雅耐看，且挺拔具有质感。

○ 彩蝶叶

日常养护：可摆在室内靠窗边，或可受到阳光、灯光散射的区域即可。培植温度以15～20℃，凉爽至温暖气候为宜。夏季炎热时，可在叶面上喷洒水，降温散热。每1～2日浇一次水，每月施用一次氮肥，夏季可暂停施肥。

50.锦叶扶桑

别名：彩叶扶桑

寓意：锦叶扶桑艳丽的颜色不仅可用于观赏，还有招财纳福的风水学寓意。

○ 锦叶扶桑

形态特征：锦葵科木槿属。落叶或常绿灌木。叶似桑叶，阔卵形至狭卵形，先端突尖或渐尖，叶缘有粗锯齿或缺刻，基部近全缘，秃净或背脉有少许疏毛。腋生喇叭状花朵，有单瓣和重瓣，最大花径达25厘米。单瓣者漏斗形，重瓣者非漏斗形，呈红、黄、粉、白等色，花期全年，夏秋最盛。

日常养护：喜温暖湿润气候，不耐寒霜，不耐阴，宜在阳光充足、通风的场所生长，冬季温度不低于5℃。每天日照不能少于8小时。生长期浇水要充足，不能缺水，也不能受涝，通常每天浇水一次，伏天可早晚各一次。地面经常洒水，以增湿降温。每月施一次复合肥，冬季停止施肥。

51.花叶假连翘

别名：番仔刺、篱笆树、洋刺、花墙刺

寓意：花叶假连翘可作为绿篱的装饰花朵，有开运趋吉的寓意。

形态特征：马鞭草科假连翘属。常绿灌木，株高0.2～0.6米，枝下垂或平展。叶对生，叶面近三角形，叶缘有黄白色条纹，中部以上有粗齿。花蓝色或淡蓝紫色，总状花序呈圆锥状，花期5～10月。核果橙黄色，有光泽。

日常养护：性喜高温，喜好强光，能耐半阴，冬季应在不低于5℃的温室内过冬。生长适宜温度为22～30℃。生长期水分要充足，每半月左右追施一次液肥。春至夏季每月追肥一次，各种有机肥料或氮、磷、钾均理想。

○ 花叶假连翘

美化家居招来滚滚财运
改善环境花木催旺人生

52.樱花

别名：仙樱花、福岛樱、青肤樱

寓意：樱花花朵极其美丽，盛开时节，如云似霞，寓意吉祥好运。与象征皇室的菊花一起被指定为日本国花。

形态特征：蔷薇科李属。落叶乔木，树皮紫褐色，平滑有光泽，有横纹。花叶互生，椭圆形或倒卵状椭圆形，表面深绿色，有光泽，背面稍淡。托叶披针状线形，边缘细裂呈锯齿状，裂端有腺。花有白色、红色，于3月与叶同放或叶后开花。果球形，初呈红色，后变紫褐色，7月成熟。

○ 樱花

日常养护：性喜阳光，喜欢温暖湿润的气候环境。有一定的耐寒力，怕风，同时也要保持通风。8～10天灌水一次，保持土壤潮湿但无积水即可。每年施肥两次次，以酸性肥料为好。

53.南天竹

别名：红杷子、天竹、兰竹

寓意：南天竹寓意吉祥，是传统的年宵花卉。在庭院中种植，寓意吉祥喜庆、有好兆头。

形态特征：小檗科南天竹属。常绿灌木。因其枝干丛生，挺拔潇洒，风格如竹，故有其名。其树姿秀丽，茎枝挺拔，枝叶纤细，叶色红绿相间，结果时果实累累，圆润光洁，鲜红可爱，观叶、观果兼而有之，实为难得。在庭院中适宜配植在偏阴的假山石旁或墙前屋后，墙角隅处。

○ 南天竹

日常养护：耐阴，也能耐一定的阳光直射，夏季需适当遮阴。喜温暖，生长适宜温度为15~25℃。较耐寒，能耐约-10℃的低温。喜湿润，但怕积水。从春季至秋季，每个月可施一次肥。喜肥沃湿润、排水良好的壤土或沙质壤土。

54.山茶花

别名：曼陀罗树、薮春、山椿、耐冬、洋茶等

寓意：山茶花象征美丽与吉祥，盛开的花朵可以活跃庭院中的气流，有幸运和好运之意。

形态特征：山茶科山茶属。常绿灌木或小乔木，高可达3~4米。树干平滑无毛。叶卵形或椭圆形，边缘有细锯齿，革质，表面亮绿色。花单生

◎ 紫

成对生于叶腋或枝顶，花瓣近于圆形，变种重瓣花瓣可达50~60片，花的颜色有红、白、黄、紫等，花期因品种不同而不同，从10月至翌年4月间都有花开放。蒴果圆形，秋末成熟，但大多数重瓣花不能结果。山茶花适宜丛植或散植于庭院、花境、假山旁，也可栽于草坪及大树边。

日常养护：山茶花属半阴性植物，害怕强烈的阳光暴晒，适合栽种于树冠不浓密的大树下，建筑物的东面、北面等处。性喜温暖，忌高温，最适合生长在18~25℃的环境之中，10~20℃的环境最适宜开花。耐寒性好，有的品种能短时间耐-10℃的低温，一般品种耐-3~-4℃的低温。山茶花适宜水分充足、空气湿润的环境，忌干燥，但在梅雨季节要注意排水。每个月施一次肥，冬季不须施肥。

55.观音莲

别名：黑叶芋、黑叶观音莲、龟甲观音莲

寓意：莲为佛教界的莲台佛座，因此，观音莲寓意吉祥、如意、平安。

形态特征：天南星科海芋属。多年生草本植物，地下部分具肉质块茎，并容易分蘖形成丛生植物。叶为箭形盾状，先端尖锐。叶柄较长，侧脉直达

美化家居招来滚滚财运
改善环境花木催旺人生

缺刻。叶浓绿色，富有金属光泽，叶脉银白色明显，叶背紫褐色。叶柄淡绿色，近茎端呈紫褐色，在茎部形成明显的叶鞘。花为佛焰花序，从茎端抽生，白色。

日常养护：喜温暖湿润、半阴的环境，切忌强光暴晒，生长适宜温度为20～30℃，越冬温度为15℃。宜用疏松、排水、通气良好的富含腐殖质的土壤栽培，可用腐叶土、园土和河

○ 观音莲

沙等混合作为基质，要求土壤湿润及空气湿度较高，要给予充足的水分。每20天左右施一次腐熟的稀薄液肥或低氮高磷钾的复合肥。

56.印度橡皮树

别名：缅树、印度榕、印度橡胶

寓意：印度橡皮树叶大光亮，四季葱绿，作为庭院的观赏树时，有招财旺宅的寓意。

形态特征：桑科榕属。常绿乔木，树干高达30米，在原产地可高达45米。树冠开展，具气生根，有乳汁。叶厚革质，有光泽，长椭圆形或矩圆形，长15～30厘米，宽7～9厘米。托叶单生，淡红色。花序托成对，着生于叶腋，矩圆形，成熟时黄色，雄花、雌花和瘿花生于同一花序托中。

日常养护：性喜暖湿，不耐寒，喜光，亦能耐阴。其生长适宜温度为20～25℃。刚栽后需放在半阴处，幼苗盆栽需用肥沃疏松、富含腐殖质的沙壤土或腐叶土。生长期，盛夏每天需浇水外，还要向叶面喷水数次，秋冬季应减少浇水。施肥在生长旺盛期，每两周施一次腐熟饼肥水。

○ 印度橡皮树

57.天竺桂

别名：普陀樟

寓意：天竺桂对二氧化硫抗性强，对住家的身体有益，寓意着吉祥平安。

形态特征：樟科樟属。常绿乔木，树皮褐色，有香味。枝常对生，近于四棱形，有短柔毛，但毛不久即脱落。叶较大，近对生，硬革质，椭

○ 天竺桂

圆状长椭圆形至卵状长椭圆形。花黄色，圆锥花序大，近顶生，短于或与叶等长。果小，椭圆形或长椭圆形，顶端圆而有细尖；果托浅杯状，包着果的基部。花期4～5月，果期9～10月。

日常养护：喜温暖湿润气候，耐阴，宜放在光亮通风的室外。忌阳光暴晒和直射。夏季高温时，要及时补充水肥，向叶片上洒水，保证正常生长，还要少量多次补充复合肥或氮肥。

58.紫珠

别名：紫荆、紫珠草、止血草

寓意：紫珠株形秀丽，花色绚丽，果实色彩鲜艳，珠圆玉润，犹如紫色的珍珠，象征幸福、幸运，是蕴含着吉祥喜庆之意的植物。

形态特征：马鞭草科紫珠属。落叶灌木，株高1.2～2米。小枝光滑，略带紫红色，有少量的星状毛。单叶对生，叶片倒卵形至椭圆形，长7～15厘米，先端渐尖，边缘疏生细锯齿。聚伞花序腋生，具总梗，花多数，花蕾紫色或粉红色，花朵有白、粉红、淡紫等色，6～7月开放。果实

○ 紫珠

美化家居招来滚滚财运
改善环境花木旺人生

球形，9~10月成熟后呈紫色，有光泽，经冬不落。

日常养护：紫珠喜温暖湿润和阳光充足的环境，不太耐寒，北方地区可选择背风向阳处栽培。紫珠喜湿，栽培介质适宜的话，适当多浇水，保证水分供应。紫珠喜肥，栽培中应注意水肥管理，除春季上盆时底部要施足腐熟的有机肥作基肥外，开花结果期间每周施一次稀释的磷钾液肥。紫珠常用于园林绿化或庭院栽种，也可盆栽观赏。

59.八仙花

别名：绣球、斗球、草绣球、紫绣球、紫阳花

寓意：古代视绣球为吉祥喜庆之品，八仙花因此也被认为是一种带有吉祥喜庆意味的花朵。

形态特征：虎耳草科八仙花属，灌木。茎于基部长出许多放射枝而形成一圆形灌丛。枝圆柱形，粗壮，紫灰色至淡灰色。叶倒卵形或阔椭圆

○ 八仙花

形。花密集，多数不育。蒴果未成熟时呈长陀螺状。花期6~8月。八仙花花期长，花朵大且颜色丰富艳丽，是一种既适宜庭院栽培，又适合盆栽观赏的理想花木。在庭院中适宜群植。

日常养护：喜温暖、湿润和半阴环境。八仙花的生长适宜温度为18~28℃，冬季温度不低于5℃。短日照植物，每天黑暗处理10小时以上。平时栽培要避开烈日照射，遮阴60%~70%的时间最为理想。八仙花盆里的土壤要保持湿润，但浇水不宜过多，雨季要注意排水，防止受涝引起烂根。冬季时室内盆栽土壤以稍干燥为好。肥料要充足，每半月施肥一次。

60.木芙蓉

别名：芙蓉

寓意：木芙蓉象征吉祥，比喻人的纯洁。在庭院种植木芙蓉时，寓意吉祥如意的生活。

形态特征：锦葵科木槿属，落叶灌木或小乔木。枝干密生星状毛，叶互生，阔卵圆形或圆卵形。花朵大，花于枝端叶腋间单生，有白色，初为淡红后变深红，以及大红重瓣、白重瓣、半白半桃红重瓣和红白间者，花期8～10月。蒴果扁球形、10～11月成熟。

○ 木芙蓉

日常养护：喜温暖湿润、阳光充足的环境。耐旱，略耐阴，其栽培在通风良好处为佳。冬季移至温度在0～5℃的室内越冬，保证其充分休眠。天旱时应注意浇水，春季萌芽期需多施肥水，花期前后应追施少量的磷、钾肥。在花蕾透色时应适当减少浇水，以控制其叶片生长，使养分集中在花朵上。

61.栀子花

别名：黄栀子

寓意：栀子花是夏天馈赠亲朋好友的最佳花卉之一，寓意吉祥如意。栀子花散发出的香味，能驱赶蚊虫，因此对人体健康也有一定效果。

形态特征：茜草科栀子属，常绿灌木。植株大多比较低矮，干灰色，小枝绿色。单叶对生或主枝三叶轮生，叶片呈倒卵状长椭圆形，有短柄，顶端渐尖，稍钝头，革质，表面翠绿有光泽。花单生枝顶或叶腋，有短梗，白色，大而芳香，花冠高脚碟状。浆果卵状至长椭圆状。花期较长，从5～6月连续开花至8月。果熟期为10月。

○ 栀子花

日常养护：栀子喜温暖、湿润、光照充足且通风良好的环境，但忌强光暴晒，适宜在稍蔽荫处种植。耐半阴，怕积水，不耐寒，最佳生长温度为16～18℃。栀子花喜空气湿润，生长期要多浇水，花盆土发白即可浇水，一次浇透。夏季燥热，每天需向叶面喷水2～3次。现花蕾后，浇水不宜过多。冬季浇水不宜过多，以土壤偏干为好。栀子花是喜肥的植物，先将硫酸亚铁拌入肥液中发酵，进入生长旺季4月后，可每半月追肥一次。

62.鸢尾

别名：紫蝴蝶、蓝蝴蝶、乌鸢、扁竹花

寓意：鸢尾花因花瓣形如鸢鸟尾巴而得名，花形似翩翩起舞的蝴蝶，故又名蝴蝶花。在传统风俗中，鸢尾寓意爱意与吉祥，种植在住宅周围，有旺宅利运之意。

○ 鸢尾

形态特征：鸢尾科鸢尾属，多年生宿根性直立草本植物。植株高30～50厘米，根状茎匍匐多节，粗而节间短，浅黄色。叶为渐尖状剑形，质薄，淡绿色。春至初夏开花，花期4～6月。花蝶形，花冠蓝紫色或紫白色，外列花被有深紫斑点，中央面有一行鸡冠状白色带紫纹突起，是很好的观花植物。

日常养护：鸢尾喜日光充足，稍耐阴，可露地栽培。适应性强，一般正常管理便能旺盛生长。栽植前可施入基肥，每年秋季施肥一次，生长期可追施化肥。浇水视情况而定，露地栽培生长期每周浇水一次，随着气温的降低，浇水量应逐渐减少。较寒冷的地区，冬季应在株丛上覆盖厩肥或树叶等防寒。

63.佛手

别名：九爪木、五指橘、佛手柑

寓意：佛手寓意平安、吉祥，可以放在室外或者阳台种植。其果实在厅堂摆放时，能散发出沁人的馨香，吉祥的佛手形象还被人们视有招财的寓意。

形态特征：芸香科常绿小乔木或灌木。老枝灰绿色，幼枝略带紫红色，有短而硬的刺。单叶互生，叶片革质，长椭圆形或倒卵状长圆形，边缘有浅波状钝锯齿。花单生，簇生或为总状花序；花萼杯状，内面白色，外面紫色。果卵形或长圆形，前端分裂如拳状，或张开似指尖，其裂数代表心皮数，表面橙黄色，粗糙，果肉淡黄色。花

○ 佛手

期4～5月，果熟期10～12月。佛手叶色泽苍翠，四季常青。佛手果实色泽金黄，香气浓郁，形状奇特似手，让人感到妙趣横生，有较高的观赏价值。在庭院中适宜孤植或对植。

日常养护：佛手为热带、亚热带植物，喜温暖湿润、阳光充足的环境，不耐严寒，怕冰霜及干旱，耐阴，耐瘠，耐涝，在雨量充足、冬季无冰冻的地区栽培为宜。最适宜的生长温度为22～24℃，越冬应在温度5℃以上的环境中。适合在土层深厚、疏松肥沃、富含腐殖质、排水良好的酸性壤土、沙壤土或黏壤土中生长。

64.梅

别名：梅花

寓意：梅花对土壤的适应能力强，自古就代表着坚韧不拔、不屈不挠、自强不息的精神品质，在庭院中种植梅，在冬天时能振奋人心，花开五瓣，清高富贵，有"梅开五福"之意，是不可多得的吉祥植物。

形态特征：蔷薇科杏属。梅为落叶乔木，高可达10米，树干褐紫色或淡灰色，多纵驳纹。小枝绿色，无

○ 梅

毛。叶片宽卵形或卵形，长4～10厘米，宽2～5厘米，顶端长渐尖，基部宽楔形或近圆形，边缘有细密锯齿，背面色较浅。花单生或2朵簇生，先叶开放，白色或淡红色，芳香，直径2～2.5厘米；花柄短或几无；萼筒钟状，常带紫红色，萼片花后常不反折；心皮有短柔毛。核果近球形，两边扁，有纵沟，直径2～3厘米，绿色至黄色，有短柔毛。花期3月，果期5～6月。

日常养护：梅花喜阳，所以一定要种植在阳光充足、空气流通的地方。喜肥沃，每年花谢后施有机肥，在生长期可每隔半个月施薄肥一次，促其生长强壮。在花芽形成前，最好多施磷肥。梅花对土壤要求不严，但在土质过于黏重而排水不良的低湿地易烂根致死，因此栽种用土宜选疏松、肥沃、富含腐殖质的沙质壤土。

65.萱草

别名：忘忧草、金针菜、安神菜、宜男花

寓意：古代传说妇女妊娠期佩萱草花可生男，故萱草在民间又名"宜男花"，在各种婚嫁用品中，萱草的图案常与石榴一起出现，寓意为子孙满堂。在庭院中种植萱草时，不仅有兴旺人丁的寓意，还具有吉祥长寿之意。

形态特征：百合科萱草属，多年生宿根草本植物。一个花茎顶生数朵花，黄色、橘黄至橘红色。单朵花只开一天，早开晚谢。花期5～7月，果期7～9月。其含苞待放的花可食用，被誉为"山珍"之一，北方叫黄花菜，广东叫金针菜。萱草适应性强，广泛分布在全国各地。其叶丛美丽，花色艳丽，是优良的夏季园林花卉。在庭院适合丛植，或植于园路旁、墙边等处。

日常养护：对光的要求不严，在全光下或半阴的树下均能正常生长。抗寒能力相当好，可在海拔2000米以上的山顶、山坡及疏林地上生长，能耐-20℃的低温。喜湿润，但忌低洼积水地。对土壤适应性好，较耐干旱。生长期遇到干旱季节要注意浇水。每个月施一次肥，冬季停止施肥。

○ 萱草

解读庭院与植物

大师全解植物开运密码
活用植物增旺住宅运势

66.鸡冠花

○ 鸡冠花

别名：鸡髻花、老来红、芦花鸡冠

寓意：鸡冠花有独立、勤奋之意。因为鸡冠花经风傲霜，花姿不减，花色不褪，红火的颜色寓意着红火的生活。

形态特征：苋科青葙属，一年草本植物。夏秋季开花，花多为红色，呈鸡冠状，故名。株高40～100厘米，茎直立粗壮，叶互生，叶卵状披针形至披针形，全缘。花序顶生及腋生。花有白、淡黄、金黄、淡红、火红、紫红、棕红、橙红等色。

日常养护：喜温暖干燥气候，怕干旱，喜阳光，不耐涝，但对土壤要求不严，一般庭院都能种植，是比较好养的庭院植物。鸡冠花颜色亮丽，在庭院中适合丛植。

67.苏铁

别名：铁树、凤尾铁、凤尾蕉、凤尾松

寓意：铁树寓意着吉祥，其独特仪态，给人蓬勃生机、积极奋进、向上勃发的美好感觉。

形态特征：苏铁科苏铁属，为常绿木本植物。茎干圆柱形，大型羽状叶丛生茎端。种子卵圆形，微扁，熟时呈红色。苏铁树形古朴、美丽，每年仅长一轮叶丛，新叶柔韧翠绿，具有很高的观赏价值，在庭院中普遍栽种，适合孤植或对植。

日常养护：喜阳，但耐半阴，宜种植在光线明亮或阳光能够照射到的

○ 苏铁

地方，光线太差植株生长不良。性喜温暖，较耐寒冷。喜微潮的土壤环境，由于其生长的速度很慢，因此浇水量不宜过大，否则不利其根系生长。从春季至秋季，每个月施一次肥。

68.向日葵

○ 向日葵

别名：朝阳花、转日莲、向阳花、望日莲

寓意：向日葵代表着光辉，寓意着阳光，在住宅的庭院前种植向日葵，可以给人带来积极向上的能量，使庭院充满吉祥和好运的气氛。

形态特征：菊科向日葵属，1年生草本，株高1～3米。茎直立，粗壮，圆形多棱角，被白色粗硬毛。叶通常互生，心状卵形或卵圆形。夏季开花，花序边缘生黄色的舌状花，不结实。花序中部为两性的管状花，棕色或紫色，结实。瘦果，倒卵形或卵状长圆形，稍扁压，果皮木质化，灰色或黑色。

日常养护：向日葵对温度的适应性较强，是一种喜温又耐寒的植物。不同生长阶段对水分的要求差异很大，从播种到现蕾，比较抗旱，现蕾到开花，是需水高峰期。喜阳光充足，有很强的向光性。对土壤要求不严格，在各类土壤上均能生长。有较强的耐盐碱能力。向日葵花朵明亮大方，花期可达两周以上，适合观赏摆饰。庭院中适宜群植或丛植。

69.千日红

别名：圆仔花、百日红、火球花

寓意：千日红象征着温馨的家庭生活，寓意团圆美满、喜庆红火。

形态特征：苋科千日红属，一年生直立草本，高20～60厘米，全株被白色硬毛。叶对生，纸质，长圆形，顶端钝或近短尖，基部渐狭；叶柄短或上部叶近无柄。花紫红色，顶生，排成圆球形或椭圆状球形，长1.5～3厘米的头状花序。苞片和小苞片紫红色、粉红色、乳白色或白色，小苞片长约7毫

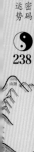

米，背肋上有小齿。萼片5，长约5毫米，花后不变硬。花期7～10月。

日常养护：喜温暖，耐阳光，性强健，适生于疏松肥沃、排水良好的土壤中。对肥水、土壤要求不严，管理简便，一般苗期施1～2次淡液肥，生长期间不宜过多浇水施肥，否则会引起茎叶徒长，开花稀少。千在温热的季节，施肥不宜多，一般8～10天施一次薄肥，与浇水同时进行。此花卉耐热，但不耐寒，经不住霜冻。

◎ 千日红

70.九里香

别名：石辣椒、九秋香、九树香、七里香、千里香、万里香、过山香等

寓意：九里香寓意着吉祥与平安，适合在庭院的正东方和东北方种植。

形态特征：属常绿灌木，有时可长成小乔木样。株姿优美，枝叶秀丽，花香浓郁。嫩枝呈圆柱形，表面灰褐色，具纵皱纹。奇数羽状复叶互生，小叶3～9枚，互生，卵形、匙状倒卵形或近菱形，全缘，浓绿色有光泽。聚伞花序，花白色，径约4厘米，花期7～10月。浆果近球形，肉质红色，果熟期10月至翌年2月。在庭院中宜对植或群植。

日常养护：九里香喜温暖，最适宜生长的温度为20～32℃，不耐寒。九里香是阳性树种，宜种植于阳光充足的地方才能叶茂花繁而香。若是盆栽，开花时可移至窗台上，满室芳香，花谢后仍需置于日照充足处。在半阴处生长不如向阳处健壮，花的香味也淡，过于阴蔽则枝细软、叶色浅、花少或无花。冬季移栽入室亦应置于阳光充足处。

◎ 九里香

71.贴梗海棠

别名：皱皮木瓜

寓意：因贴梗海棠姿态婆娑，给人以清新之感，有和气圆满的含义，寓意增进住宅的平和之气。

形态特征：蔷薇科木瓜属。其枝干丛生，枝上有刺。花梗极短，花朵紧贴在枝干上，故名。落叶灌木，高达2米，小枝无毛，有刺。叶片卵形

○ 贴梗海棠

至椭圆形。花簇生，花期3~4月，果期10月，果实卵圆形或长圆形，多纵剖为两瓣。贴梗海棠的花色多样，花朵娇艳妩媚，而其果实也往往玲珑可观，自古以来就是我国著名的园林观赏花木之一。

日常养护：喜阳光，不耐阴。喜温暖，对严寒的气候也有强的适应性。喜湿润，耐旱力也很强，但不耐水涝。多数种类在干燥的向阳地带生长最适宜。在疏松、排水良好、肥沃的壤土中生长最佳。每个月施一次肥，冬季停止施肥。在庭院中可孤植或丛植于向阳处。

72.马缨丹

别名：五色花、臭花、如意花

寓意：马缨丹别名为"如意花"，代表着吉祥如意，适合庭院种植。

形态特征：马鞭草科马缨丹属。灌木，高1~2米，茎枝方柱形。叶对生，卵形，具圆锯齿。花序密集成头状，先开黄色，后转红色。花期较长。核果圆球形，直径4毫米。

日常养护：热带植物，喜高温高湿，也耐干热，抗寒力差，应保持气

○ 马缨丹

温10℃以上。盆栽用土以疏松肥沃的沙质壤土为宜，其他要求不严格，应经常喷水。生长期每隔10天施一次腐熟液肥，同时结合浇水，每隔10天喷施两次3%的尿素，可使叶片变厚、增绿。

73.使君子

别名：留求子、史君子、五棱子、索子果、冬均子、病柑子

寓意：使君子在庭院中适量种植，寓意提高关注度、吸引财运、有利于提升人际关系，是住家的吉祥之物。但不可种植过多，以免遮住了住宅或花架本来的形态，造成庭院或住宅得不到充足的阳光。

○ 使君子

形态特征：使君子科使君子属，落叶攀援状灌木。叶对生，长椭圆形至椭圆状披针形，两面有黄褐色短柔毛。叶柄被毛，宿存叶柄基部呈刺状。伞房状、穗状花序顶生，萼筒细管状，长圆形或倒卵形，白色后变红色，有香气，花柱丝状。花期5～9月。使君子花形优美，散发幽香，非常适合作为庭院花廊、荫棚的攀缘植物。

日常养护：使君子耐旱性、萌芽力及抗污染性极强。生长适宜温度为20～30℃，全日照或半日照均可。需肥量中等，每年只要在春天时补充少许的长效肥即可，每年11月至次年2月为落叶期，此时可减少浇水次数及停止施肥。

74.王莲

别名：水玉米

寓意：王莲寓意吉祥如意，厚而大的叶片象征着稳定与平安，适合面积较大的庭院种植观赏。

形态特征：睡莲科王莲属。多年生浮叶草本植物。叶片圆形，像圆盘浮于水面。花大型，白色，甚芳香。另有一种亚马逊王莲，叶卷曲，部分外缘呈暗红色，而且叶片更大，直径可达4米。王莲以叶片奇大和美丽芳香的花朵

而著称，是现代园林水景中必不可少的观赏植物，同样适合在庭院水景中配置观赏。

日常养护：喜阳光充足，夏季生长迅速，开花频率也高。喜高温，温度低于20℃左右会停止生长，冬天寒冷时会全株死亡。需要种植在水中，喜欢肥沃的土壤。

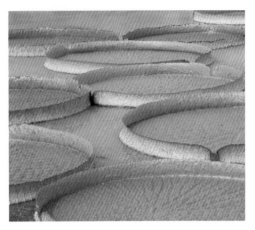

○ 王莲

75.火棘

别名：救兵粮、救命粮、火把果、赤阳子

寓意：火棘果实累累、鲜红夺目，也被称为"状元红"，象征生活红红火火、喜庆吉祥。

形态特征：蔷薇科火棘属。绿灌木或小乔木，侧枝短刺状，叶倒卵形，长1.6～6厘米。复伞房花序，有花10～22朵，花直径1厘米，白色，花瓣数为5，花期3～4月。果近球形，直径8～10毫米，成穗状，橘红色至深红色。适宜以中小盆栽培，或在庭院中草地边缘丛植、孤植，是优良的观果类植物。

日常养护：性喜温暖湿润而通风良好、阳光充足、日照时间长的环境中生长，最适宜的生长温度为20～30℃。另外，火棘还具有较强的耐寒性，在-16℃的低温中仍能正常生长，并安全越冬。每天早晨8点、下午6点各浇一次水，每次浇水都要把所有枝干喷湿。夏季每10天施肥一次，秋季每15天施肥一次，冬季停止施肥。

○ 火棘

76.茶梅

别名：茶梅花

寓意：茶梅的花既有色彩瑰丽的，也有清雅怡人的，都具有积极的风水能量，寓意着吉祥与健康。

形态特征：山茶科山茶属。常绿灌木或小乔木，高可达12米，树冠球形或扁圆形。树皮灰白色。花色除有红、白、粉红等色外，还有很多奇异的变色及红、白镶边等。茶梅花直径3.5～6厘米，芳香，花期长，可自10月下旬开至来年4月。茶梅不仅花色瑰丽，淡雅兼备，且枝条大多横向展开，姿态丰满，树形优美，是独具特色的观花类植物。茶梅果呈球形。

○ 茶梅

日常养护：茶梅性喜阴湿、温暖气候。每年4～9月应在荫棚下养护，冬季移入室内后，室温不可超过7℃，以3～6℃为宜。浇水宜保持盆土湿润而又不使之过湿。施肥力求清淡，并要充分腐熟。一般情况下，2～3月间施一次稀薄氮肥水，促进枝叶生长；4～5月间施一次稀薄饼肥水，以利花芽分化；9～10月施一次0.2%磷酸二氢钾溶液，促使花大色艳。为使盆土保持适当酸度，可结合施肥浇施矾肥水。

77.红枫

别名：紫红鸡爪槭

寓意：红枫的颜色和形态寓意鸿运当头、事业红火。

形态特征：槭树科槭树属。落叶小乔木。树冠张开，小枝细长。树皮光滑，灰褐色。单叶交互对生，常丛生于枝顶。叶掌状深裂，裂片5～9，裂深至叶基，裂片长卵形或披针形，叶缘锐锯齿。春秋季叶红色，夏季叶紫红色。嫩叶红色，老叶终年紫红

○ 红枫

色。伞房花序，顶生，杂性花。花期4～5月。翅果，幼时紫红色，成熟时黄棕色，果核球形。果熟期10月。

日常养护：喜温暖湿润的环境与充足柔和的阳光，怕烈日暴晒，不耐旱。生长季节可放在无直射阳光处养护，特别要避免西晒，夏季高温时更要防止烈日暴晒，可放在凉棚或其他植物的阴影下。经常浇水，以保持盆土湿润，但不能积水，以免造成烂根。空气干燥时要向植株及周围环境洒水，以增加空气湿度，使叶色润泽。生长季节每隔15天施一次腐熟的稀薄液肥或复合肥，夏季高温时或雨天都要停止施肥。肥液应以磷钾肥为主，氮肥为辅，若磷钾肥不足会使叶片不红。

78.云南黄馨

○ 云南黄馨

别名：梅氏茉莉、野迎春、云南迎春、金腰带、南迎春

寓意：云南黄馨在庭院中的绿篱或坡地栽种，盛开出黄色花朵时，也寓意着财运旺盛，吉利平安。

形态特征：木樨科茉莉花属。常绿半蔓性灌木。嫩枝具四棱，枝条垂软柔美，具四叶对生，三出复叶，小叶椭圆状披针形，常绿。春季开金黄色花，腋生，花冠裂片6～9枚，单瓣或复瓣。花果期3～4月，花期过后应修剪整枝，有利再生新枝及开花。

日常养护：性耐阴，全日照或半日照均可，喜温暖。北方地区10月中旬以后需将植株移入室内，保持10℃以上的温度。如需让它提前在春节开花，则入冬后温度应保持在15℃以上。短截后加强肥水的管理，促进花芽的分化和孕蕾。

79.菲白竹

别名：无

寓意：菲白竹品种较为稀有，其端庄秀丽的姿态能给庭院带来吉祥瑞气和欣欣向荣的积极能量。

形态特征：禾本科赤竹属。丛生状，节间无毛，竿每节具2至数分枝，或下部为1分枝。箨片有白色条纹，先端紫色。末级小枝具叶4～7枚，叶鞘无毛，淡绿色鞘口有白色绒毛，叶片狭披针形，绿色底上有黄白色纵条纹，边缘有纤毛，两面近无毛，有明显的小横脉，叶柄极短。笋期4～6月。

日常养护：6～9月要注意避免烈日直射，每天让其接受3小时左右的

○ 菲白竹

光照或放在有明亮散射光处即可。入冬后，气温降至3～5℃时即应连盆移入室内，室温不低于-3℃即可安全越冬。这阶段要有适当光照，更有利于其安全过冬。浇水不要太多，以经常保持湿润又不太湿为度。4～5月出笋前后，水分应充足些，并要施饼肥水1～2次，促进新株健壮发育；夏季气候炎热不宜施肥，秋凉后再施2次肥。

80.桃叶珊瑚

别名：青木、东瀛珊瑚

寓意：桃叶珊瑚盆栽可置于室内的书桌、走廊等处，尤以秋季结实后，绿叶红果相映，更显喜庆可爱。在庭院的门前、路边、墙隅等处种植桃叶珊瑚，象征精致、红火的生活。

形态特征：山茱萸科桃叶珊瑚属。常绿灌木，小枝绿色，被柔毛，老枝具白色皮孔。叶对生，薄革质，长椭圆形至倒卵状披针形，长10～20厘米，叶端具尾尖，叶基切性，全缘

○ 桃叶珊瑚

或中上部有疏齿，叶被硬毛，叶柄长约3厘米。花紫色，排成总状花序。核果浆果状，熟时深红色。

日常养护：喜温暖湿润环境，耐阴性强，不耐寒。春季放置于有光照的落地窗边培养，夏季可放置于室内光线明亮的房间内，秋季增加早晚光照，冬季室温最好保持在10℃左右。保持盆土湿润即可。每月施肥一次，秋季增施磷、钾肥1～2次。

81.珊瑚树

别名：法国冬青、日本珊瑚树、早禾树

寓意：珊瑚树有吉祥富贵的寓意，是平安、幸福的象征。珊瑚树盆景是生日、纪念日、送给长辈和亲人的理想选择，在庭院中摆放和栽种珊瑚树也有祝福之意。

形态特征：忍冬科荚属。常绿灌木或小乔木。枝灰色或灰褐色，有凸起的小瘤状皮孔。花芳香，无梗或有短梗。萼筒钟形，花冠白色，后变黄白色，有时微红。果实先红色后变黑色，卵圆形或卵状椭圆形。花期4～5月（有时不定期开花），果熟期7～9月。

○ 珊瑚树

日常养护：喜温暖湿润和阳光充足环境，较耐寒，稍耐阴，冬季温度不低于5℃。喜湿润肥沃土壤，喜中性土，在酸性和微碱性土中也能适应。每年春秋季需各施1～2次追肥外，不需作特殊养护。

82.棣棠

别名：蜂棠花、黄度梅、金棣棠梅、黄榆梅、金碗、地藏王花、麻叶棣棠、清明花

寓意：因花瓣像梅花，又因叶子形似榆叶，所以棣棠花又被称为黄榆梅，同梅花一样，棣棠对于家居也有纳福的寓意。棣棠随风摇曳的样子，总

让人感到轻快愉悦，给人以平安吉祥的感觉。

形态特征：蔷薇科棣棠属。落叶灌木。小枝绿色，无毛。叶片卵形至卵状披针形，顶端渐尖，基部圆形或微心形，边缘有锐重锯齿。花金黄色，萼片卵状三角形或椭圆形，边缘有极细齿，花柱与雄蕊等长。瘦果黑色，扁球形。花期4～5月，果期7～8月。

日常养护：性喜温暖、半阴之地，比较耐寒。夏日应将其移至阴处，冬季搬入背风向阳处或室内即可。不耐旱，午后应浇水，但不宜多浇，夏天和生长期要多浇水，休眠期微润不干即可。喜肥亦耐贫瘠，花前花后施1～2次磷钾肥即可。

○ 棣棠

83.瑞香

别名：睡香、蓬莱紫、毛瑞香、千里香、山梦花、沈丁花

寓意：瑞香的花虽小，却锦簇成团，花香清馨高雅，让庭院处处透露出吉祥温馨的生活气息，象征着给住家带来和气与圆满。

形态特征：瑞香科瑞香属。常绿小灌木植物，植株高1.5～2米，枝细长，光滑无毛。单叶互生，长椭圆形，深绿、质厚，有光泽。花簇生于枝顶端，白色，或紫或黄，具浓香。有"夺花香"、"花贼"之称，若与其他花放置在一起，其他花有淡然失

○ 瑞香

美化家居招来滚滚财运
改善环境花木催旺人生

香之感。花期在2~3月，长达40天左右。

日常养护：瑞香盆景宜放置于温暖湿润、半阴半阳的场所。夏季应避免阳光暴晒，冬季宜放在有光照、空气流通的南边窗下。瑞香不耐湿，平时盆土宜带干，不可积水。夏季高温时宜早晚浇两次水，春秋时期浇水相应减少。冬季要施足基肥。春季要施2~3次腐熟的饼肥水，肥水不宜浓。夏季伏天停止施肥。春季施以氮钾为主的肥水，秋后施肥以磷为主，瑞香忌用人粪尿肥。瑞香最适合种于林间空地，林缘道旁，山坡台地及假山阴面，作为庭院的点缀。

84.金雀花

别名：锦鸡儿、黄雀花、土黄豆、粘粘袜、酱瓣子、阳雀花、黄棘、生血草、一颗血

寓意：金雀花种植在庭院中，显得整个庭院幽雅整洁，寓意事事顺利、平平安安。

形态特征：豆科锦鸡儿属。金雀花为豆科锦鸡儿属落叶灌木。枝条细长，幼枝淡黄褐色，老枝灰绿色。叶硬纸质，全缘，椭圆状倒卵形。两性花，多单生，花梗细长，花鲜黄色。荚果圆筒形。花期5~6月，果熟7~9月。

日常养护：金雀花喜光耐旱，宜放置于阳光充足、空气流通之处。冬季比较耐寒，黄河以南可在室外越冬，最好连盆埋于土中。掌握"不干不浇，浇必浇透"的浇水原则。在开花期要注意保持盆土的湿润，可延长其花期。冬季休眠期可施一次基肥，春季开花前施一次水肥，可延长花期。开花后，再追施一次肥，促进枝叶生长。平时适量施以稀薄肥水即可。

○ 金雀花

象征富贵长寿的植物

富贵、长寿是人们常常祈求的两个愿望，很多植物名称也都影射了这两个主题，例如发财树、铜钱草、吉庆果等。这些植物通常也具有较好的观赏性，常用于庭院中。

1.发财树

别名：瓜栗、马拉巴栗、中美木棉

寓意：发财树含有发财、财源滚滚之意，在广东，很多私家庭院都有种植。在公司开张、节庆日中，人们也都喜欢用它的盆栽作为礼仪植物来相互赠送。

形态特征：常绿乔木，树高可达10多米，原产美洲热带地区，其树干

○ 发财树

挺拔，树皮青翠，上细下粗，基部肥大，好像是胖子的上腹部，此为"发财树"名称的由来。发财树树姿优雅，枝叶潇洒婆娑，叶色周年翠绿，观赏价值极高，是一种良好的园林观赏树木。在庭院中适合孤植或对植。

日常养护：发财树属于阳性植物，在阳光下栽培才会开花结果，但耐阴能力也好。喜温暖，在华南较温暖的地区可露地越冬。耐旱性良好，但不太耐湿，树根周围更不能积水，否则容易引起根部腐烂，导致植株死亡。每个月施一次肥，冬季停止施肥。

2.棕榈

别名：白榆、家榆、榆钱树、春榆、粘榔树等

寓意：棕榈在古代风水学上有生财、护财的象征意义。

形态特征：常绿乔木，株高10～15米。花淡黄色，有明显的花苞，未开花的花苞可作为蔬菜食用。11月果熟。棕毛可以入药，有收涩止血之功效。棕榈的生命力很强，树干挺拔，叶片周年翠绿，富有热带的浪漫气息。此树

最适宜作为行道树、庭院树、园林景观树等。

日常养护：棕榈对光照要求不严，在全光照的情况下生长良好，也较耐阴，幼树的耐阴能力尤强。比较喜欢温暖湿润的气候，在20~30℃的环境中最宜生长。耐寒性好，成年树可耐-7℃的低温。耐旱能力较好，也具有一定的耐湿能力。每1~2月施一次肥，冬季可停止施肥。

○ 棕榈

3.铜钱草

别名：积雪草、大叶金钱草、缺碗草、马蹄草、蚶壳草等

寓意：铜钱草寓意着金银无缺、财运好，盆栽像一个堆满钱币的聚宝盆。

形态特征：多年生水生草本植物。夏、秋季开小小的黄绿色花。铜钱草适应性好，叶多翠绿，衬托庭院水景，颇具风趣。常植于水池边、小桥流水处或直接栽于各种容器中。

○ 铜钱草

日常养护：耐阴，以半日照或在遮阴处为佳，忌强烈阳光直射。靠近水边生长，有时也生长于陆地上。喜温暖潮湿，最适水温为22~28℃。一般栽于水里，不需浇水。如种于壤土肥沃的水池中，不施肥也可生长良好。种于花盆或容器中，则需施少量以氮为主的复合肥。

4.金银花

别名：忍冬、金银藤、银藤、二色花藤、鹭鸶花、鸳鸯藤

寓意：金银花寓意有金有银、多财多福。

形态特征：多年生半常绿木质藤本植物。花清香，花期在5～9月，果期在7～10月。变种有红金银花、黄脉金银花、紫脉金银花。金银花原产我国，北起辽宁南至云贵各地区均有分布。其花形奇特，幽香馥郁，深受人们的喜爱。

○ 金银花

日常养护：生性强健，喜气候干爽、充足阳光，也很耐阴。耐寒力很强，能耐-26℃的低温。既耐干旱，又耐水湿。从春季至秋季，每个月施一次肥。播种、扦插、压条、分株均可繁殖，是庭院中良好的墙上、棚架绿化、美化、香化的藤本植物。

5.榆树

别名：白榆、家榆、榆钱树、春榆等

寓意：榆树叶子状似古代铜钱，有钱多、招财进宝之意。

形态特征：落叶乔木，树高可达25米。花期夏末至秋季，花呈淡黄绿色。榆树适应性强，生长快。榆树树冠为圆球形，树形优美，姿态潇洒，枝叶细密，嫩叶翠绿可人，具有较高的观赏价值，在庭园孤植、丛植、与亭榭、山石配植均可。也可做盆景，造型的植株观赏价值更高。

日常养护：榆树是阳性植物，只有在阳光充足的地方才能良好生长。如果光照不足，其生长速度就会缓慢，长出来的枝条细，叶色黄绿而且易落。适合种植在温暖至高温的环境中，生长适宜温度为22～30℃。耐寒性也强。耐旱不耐涝。每个月施一次肥即可，冬季可停止施肥。

○ 榆树

6.杜鹃花

别名：映山红、艳山红、艳山花、清明花、金达莱等

寓意：杜鹃花有蕴含生意兴隆、发财之意。

形态特征：杜鹃花是杜鹃花科杜鹃花属植物的通称，其种类繁多，不同的杜鹃花形态特征差异很大，有常绿大乔木、小乔木，常绿灌木、落叶灌木之分。杜鹃花花色有红、紫红、粉红、白、黄等，丰富多彩，夺人眼球。其花繁叶茂，绮丽多姿，被誉为中国十大传统名花之一。在庭院中可单植、散植、成片栽植或当作花篱，尤其适宜栽在路旁、水池畔及岩石旁。

○ 杜鹃花

日常养护：杜鹃花性喜凉爽、湿润、通风的半阴环境，既怕酷热又怕严寒，生长适宜温度为12～25℃，夏季气温超过35℃则新梢、新叶生长缓慢，处于半休眠状态。忌烈日暴晒，光照过强，嫩叶易被灼伤，新叶老叶会焦边，严重时会导致植株死亡。喜湿润，干旱干燥期间要特别注意浇水，但绝对不能积水。每个月施一次肥，冬季不需施肥。

7.紫玉兰

别名：木兰、辛夷

寓意：紫玉兰也叫木兰，喻意长寿。紫玉兰的花语是报恩。

形态特征：落叶乔木，高可达5米。3月花先叶开放，果期9～10月。紫玉兰现在在长江流域各省广为栽培，北方也可栽培于背风向阳处。紫玉兰是著名的早春观赏花木，早春开

○ 紫玉兰

花时，满树紫红色花朵，幽姿淑态，别具风情。适用于古典园林中厅前院后配植，也可孤植或散植于小庭院内。

日常养护：喜阳光充足环境，稍耐阴。喜温暖湿润气候，生长适宜温度为15～25℃，高温高湿时生长较差。又具有良好的耐寒性，能在-10℃左右安全越冬。夏季高温和秋季干旱季节，应注意浇水，但不能积水。植株喜肥，每个月施一次肥，冬季停止施肥。

8.吉庆果

别名：冬珊瑚、珊瑚樱、玉珊瑚

寓意：吉庆果代表着喜庆、吉祥。果实久挂不落，也象征健康长寿。

形态特征：多年生常绿小灌木，株高可达1.2米。果实有毒，不能食用。吉庆果是元旦、春节花卉淡季难得的观果花卉佳品。每一果实从结果到成熟，再到落果，时间可长达3个月以上，是观果花卉中观果期最长的品种之一。所结的果实多，一株可结果数十个甚至上百个，果实分布均匀，暗红浑圆，玲珑可爱，光洁亮丽，极富观赏价值。在庭院适合丛植，或植于园路旁边。

◎ 吉庆果

日常养护：在全日照、半日照下均能适应，但在夏季因为阳光太强烈，宜进行适当的遮阴。喜温暖，耐高温，耐寒力较差，在气温较暖的地区能在室外越冬，北方地区通常作为一年生栽培。喜欢湿润土壤，耐旱性较差，又忌水涝。平时注意浇水，每个月施一次肥，冬季停止施肥。

9.松树

别名：松

寓意：松树在我国被视为长青之树，与竹、梅一起被称作"岁寒三友"，有长寿之寓意。

形态特征：这里说的松树是指松科松属植物的统称，我国有22种松树，分布广泛。常绿乔木，稀灌木，有树脂。常见的种类有马尾松、湿地松、黄山松、五针松、华山松等。松树枝干苍劲，四季青翠，是景观美化的重要针叶树。在庭院中宜进行孤植。

日常养护：为强阳性植物，过阴对植株生长不利。松树在我国分布极广，几乎遍及全国，不同种类耐寒力不同。耐旱能力强，最怕渍水伤根。每两个月施一次肥，冬季停止施肥。

○ 松树

10.幌伞枫

别名：富贵树、大富贵、广伞枫、大蛇药、五加通、凉伞木

寓意：幌伞枫的外形很像皇帝出游时使用的罗伞，因此被附会有富贵、吉祥、辟邪之意，并被称之为富贵树、招财树。

形态特征：常绿乔木，高可达30米。树冠近球形，树皮淡褐色。花小、黄色，花期10～12月。果扁球

○ 幌伞枫

形，翌年2～3月成熟。幌伞枫树形奇特，叶形巨大，观叶、观茎、观姿效果均好。在庭院中适宜孤植与对植。

日常养护：对光线适应能力较强，喜光，也耐半阴。喜高温多湿气候，不大耐寒，当冬季的温度低于8℃时停止生长。不耐干旱，干旱易引起其下部叶片黄化、脱落，上部叶片无光泽。每个月施一次肥，冬季可不施肥。

11.樟树

别名：木樟、乌樟、芳樟树、番樟、香蕊、樟木子、香樟

寓意：樟树形态优美，香味独特，人们常把樟树看成是景观风水树，认

为它寓意长寿、吉祥如意。

形态特征：樟科樟属，常绿性乔木。树龄成百上千年，可称为参天古木，为优秀的园林绿化树木。树皮幼时绿色，平滑，老时渐变为黄褐色或灰褐色，纵裂。冬芽卵圆形。叶薄革质，卵形或椭圆状卵形，顶端短尖或近尾尖，基部圆形，背面微被白粉，脉腋有腺点。花黄绿色，春天开。球形的小果实成熟后为黑紫色。花期4~5月，果期8~11月。

○ 樟树

日常养护：樟树喜暖热气候，能耐烈日酷暑，不耐阴，耐寒性较差。生长缓慢，萌芽力强，耐修剪，在北方只能盆栽，入秋后移入温室，置于光照充足的地方养护，避免冷风吹袭。喜肥沃潮湿的酸性土壤。盆栽土壤应用疏松透水、保水保肥的培养土。

12.鹤望兰

别名：极乐鸟花、天堂鸟

寓意：鹤望兰因为外形如鹤首望月，姿态优美所以得名。非洲视鹤望兰为"自由、吉祥、幸福"，美洲为"胜者之花"，亚洲认为是"长寿之花"。在中国传统文化中，鹤望兰寓意富贵长寿，赠予亲友或在庭院种植都含有祝福之意。

形态特征：芭蕉科鹤望兰属，常绿宿根草本。根粗壮肉质，茎不明显。叶对生，两侧排列，革质，长椭圆形或长椭圆状卵形。叶柄中央有纵槽沟。花梗与叶近等长。花序外有总佛焰苞片，绿色，边缘晕红，着花6~8朵，顺次开放。秋冬开花，花期

○ 鹤望兰

长达3个多月。

日常养护：每天要有不少于4小时的直接光照，最好是整天有亮光，光照强调"冬不阴，夏不晒"的原则。鹤望兰在气温40℃以上时生长受阻，0℃以下时遭受冻害，在18～30℃范围内生长良好。保证充足的、有规律的水分供应。除了9月到次年2月期间，土壤需要保持干燥以外，其他时节应保持土壤湿润。鹤望兰生长需要肥沃的微酸性土壤，需重肥。种植后7～10天追肥一次，进入开花龄后，在产花季节的前两个月应每月补充一次0.02%磷酸二氢钾肥土施，或减半根外追肥。

13.桔梗

别名：包袱花、铃铛花、僧帽花

寓意：桔梗象征着坚强，代表这种植物旺盛的生命力，在庭院中种植时，取其长寿之意。

形态特征：桔梗科桔梗属。多年生草本，高40～90厘米。植物体内有乳汁，全株光滑无毛。根粗大肉质，圆锥形或有分叉，外皮黄褐色。茎直立，有分枝。叶多为互生，少数对

○ 桔梗

生，近无柄，叶片长卵形，边缘有锯齿。花大形，单生于茎顶或数朵成疏生的总状花序。花冠钟形，蓝紫色或蓝白色，裂片5。

日常养护：桔梗喜温和凉爽气候。幼苗怕强光直晒，须遮阴，成株喜阳光，怕积水。抗干旱，耐严寒，怕风害。适宜在土层深厚、排水良好、土质疏松而含腐殖质的砂质壤土上栽培。桔梗花期长达4个月，开花对养分消耗相当大，又易萌发侧枝，因此，摘花是提高桔梗产量的一项重要措施。

14.八角金盘

别名：八金盘、八手、手树、金刚纂

寓意：八角金盘因其名字中有"金盘"二字，被视为富贵的象征，有升迁之意。

形态特征：五加科八角金盘属，常绿灌木或小乔木。茎光滑无刺。叶片大，革质，近圆形，掌状深裂，裂片长椭圆状卵形，先端短渐尖，基部心形，边缘有疏离粗锯齿，上表面暗亮绿色，下面色较浅，有粒状突起，边缘有时呈金黄色。圆锥花序顶生，花序轴被褐色绒毛；花萼近全缘，无毛；花盘凸起半圆形。果近球形，熟时黑色。花期10～11月，果熟期翌年4月。

○ 八角金盘

日常养护：喜温暖湿润环境，耐阴性强，也较耐寒；平时养护要避免烈日直射，放置在半阴、通风良好的环境中比较适合，最适合的生长温度为13～23℃。在新叶生长期，浇水要适当多些，保持土壤湿润。以后浇水要掌握间干间湿。气候干燥时，还应向植株及周围喷水增湿。

15.福建茶

别名：基及树

寓意：福建茶树干嶙峋，虬曲多姿，树姿飘逸，象征着老人。在庭院中摆放福建茶的盆栽，有祝福老年人长寿健康的的美好寓意。

形态特征：紫草科常绿灌木，高可达1～2米，多分枝。叶在长枝上互生，在短枝上簇生，革质，倒卵形或匙状倒卵形，两面均粗糙，上面常有白色小斑点。春、夏开白色小花，花期较长，通常2～6朵排成疏松的聚伞花序，花径约1厘米。果实圆，亦有近三角形者，初绿后红。

日常养护：福建茶喜半阴，也耐阴，喜温暖，畏寒。生长期应注意进

○ 福建茶

美化家居招来滚滚财运

改善环境花木催旺人生

行适当遮阴，忌强烈阳光直射。冬季应移入室内，室温保持在5℃以上即可安全越冬。应保持盆土和周围环境湿润，宜经常浇水和在叶面上喷水。每年4~10月每月浇施一次稀薄腐熟的饼肥水，冬初施一次干的饼肥屑作基肥。

16.竹柏

别名：罗汉柴、大果竹柏

○ 竹柏

寓意：竹柏叶似竹，茎似柏，叶形奇异，终年苍翠；树干修直，树态优美，叶茂荫浓，有富贵、圆满的含义。将小型的竹柏盆栽摆放在庭院，可以吸收二氧化碳释放氧气，有利于净化空气，寓意着健康与吉利。

形态特征：罗汉松科罗汉松属。常绿乔木，高20~30米，直径50~70厘米。树干通直，树皮褐色，平滑，薄片状脱落。小枝灰褐色。叶子交叉对生，质地厚，革质，宽披针形或椭圆状披针形，无中脉，有多数并列细脉，先端渐尖，基部窄成扁平短柄，上面深绿色，有光泽，下面有多条气孔线。雌雄异株，雄球花状。种子核果状，圆球形。竹柏为良好的庭院观赏树木，适合孤植或对植。

日常养护：竹柏属耐阴树种，在阴凉的地方比在直接接受阳光照射的地方生长快5~6倍，若种植在阳光强烈的地方，根茎会发生日灼或枯死的现象。有较强的耐寒能力，能忍耐的最低气温约为-7℃。最适宜生长的温度为18~26℃。性喜湿润，但不能积水，梅雨季节要注意排水。从春至秋，每个月施一次肥。

17.佛肚竹

别名：佛竹、罗汉竹、密节竹，大肚竹等

寓意：佛肚竹寓意吉祥如意，将形如佛肚的佛肚竹种植在庭院中，有祝福老年人富贵长寿的美好意义。

形态特征：禾本科竹属。为常绿灌木型丛生竹，节短，茎节基部膨大如瓶，形似佛肚，因此得名。幼干深绿色，稍被白粉，老时转榄黄色。干二型，正常圆筒形，高8～10米，节间30～35厘米；畸形干通常25～50厘米，节间较正常短。箨叶卵状披针形。箨鞘无毛。箨耳发达，圆形或卵形至镰刀形。箨舌极短。

日常养护：喜阳光，也耐阴。性喜温暖至高温，生长适宜温度为18～30℃。比较耐寒，江南和西南地区都可种植。喜湿润，耐水湿，也有较好的耐旱能力。春季至秋季为生长

○ 佛肚竹

旺盛期，每1～2个月施一次肥。佛肚竹株姿潇洒秀丽，叶四季翠绿，树干奇特，是相当好的景观树种。在庭院中适合丛植或列植。

18.五针松

别名：日本五须松、五钗松、日本五针松

寓意：五针松的常绿特性寓意长寿，适合以盆栽的形式摆放在庭院中。

形态特征：松科松属。五针松为松科常绿针叶乔木。叶针状，长约3～5厘米，细弱而光滑，每5枚针叶簇生为一小束，多数小束簇生在枝顶和侧枝上。树皮灰褐色。花期5月，球花单性同株，雄球花聚生新枝下部，雌球花聚生新枝顶部。球果卵圆形。是上乘的盆景植物。

日常养护：喜阳光、温暖和干燥环境，稍耐阴，但怕低湿，适宜生长在疏松肥沃、微酸性的土壤中。春秋冬三季都应放在阳光充足处养护，

○ 五针松

但在炎热的夏天，中午前后要避免烈日高温，以免造成针叶枯焦。浇水要得当，春秋季一日一次，夏季一日两次，冬季几日一次。春秋生长期间进行两次施肥，春季在发芽前或浓叶后各施一次有机液肥（饼肥水），秋天施肥可适当施浓些，以促进生长。在10月以后停止施肥。

19.雪松

别名：香柏

寓意：雪松有秀丽、刚劲、庄严、肃穆的特点，象征着纯洁和永生，有长寿、好运之意。

形态特征：松科雪松属。常绿乔木，大枝平展，不规则轮生，小枝略下垂。树皮灰褐色，裂成鳞片，老时剥落。雌雄异株，花单生枝顶。球果椭圆至椭圆状卵形，成熟后种鳞与种

○ 雪松

子同时散落，种子具翅。花期为10～11月份，雄球花比雌球花花期早10天左右。球果翌年10月份成熟。

日常养护：喜阳光充足，也稍耐阴，宜放置于阳光充足、通风湿润的场所。夏季高温时可适当遮阴，冬季较耐寒，但长江以北地区则应移至室内越冬。雪松有一定的耐旱力，怕水渍，盆土宜保持湿润。宜用发酵腐熟的人粪肥和饼肥，家庭用肥以饼肥为主。施肥时间在4～5月为宜，肥水不宜过浓，次数不宜过多，每年施2～3次即可。

20.龙柏

别名：柏树、龙柏树、龙松、绕龙柏、螺丝柏

寓意：龙柏的树形优美，枝叶碧绿青翠，象征着长寿健康，在庭院中栽种寓意住宅充满富贵之气。

形态特征：柏科圆柏属。常绿小乔木，高可达4～8米。树皮呈深灰色，树干表面有纵裂纹。树冠圆柱状。叶大部分为鳞状叶，少量为刺形叶，沿枝条紧密排列成十字对生。雌雄异株，春天开花，花细小，淡黄绿色，顶生于

枝条末端。浆质球果。枝条长大时会呈螺旋伸展，向上盘曲。有特殊的芬芳气味，近处可嗅到。

日常养护：喜充足的阳光，冬季能耐寒冷，可在室外越冬，将其放在向阳避风的地方即可。盛夏高温期，除小型盆景外，一般不需遮阴。龙柏耐旱，怕水涝，故浇水不可偏湿，须做到见干则浇，不干不浇。梅雨季节要注意盆内不能积水，夏季要早晚浇水，冬季保持盆土湿润即可。对肥料要求不严，每年春季3～5月间施稀薄腐熟的饼肥水或有机肥2～3次，秋季施1～2次，就可枝叶浓密，生长良好。

○ 龙柏

21.孝顺竹

别名：凤凰竹、蓬莱竹、慈孝竹

寓意：每当严冬腊月时，孝顺竹的新竹枝叶会在外围包裹住老竹，抵御严寒；而夏日炎炎时，老竹的枝叶露在竹丛之外招展纳凉，枝繁叶茂的新竹却闷困于竹丛中央。据此，人们将这种观赏性的竹子，美名为"孝顺竹"。孝顺竹的这种特性，种植在庭院中寓意着家中长者长寿安康，子孙孝顺，是具有长寿意义的吉祥植物。

形态特征：禾本科刺竹属。灌木型丛生竹。竿高4～7米，直径1.5～2.5厘米，尾梢近直或略弯，下部挺直，绿色；节间长30～50厘米，幼时薄被白蜡粉，并于上半部被棕色至暗棕色小刺毛，后者在近节以下部分较为密集，老时则光滑无毛，竿壁

○ 孝顺竹

美化家居招来滚滚财运
改善环境花木催旺人生

稍薄。节处稍隆起，无毛。分枝自竿基部第二或第三节即开始，数枝乃至多枝簇生，主枝较粗长。

日常养护：喜光，稍耐阴。喜温暖、湿润环境，不甚耐寒。浇水可于早晚进行，要浇透浇足，并在母竹周围铺些稻草，保湿降温。应施用氮、磷、钾、硅肥和有机肥，每丛使用复合肥半斤左右。

22.黄杨

别名：山黄杨、千年矮、小黄杨、百日红、万年青、豆板黄杨、瓜子黄杨

寓意：黄杨象征着正直，少量种植于庭院中，也寓意着对老年人健康、福寿的期待。

形态特征：黄杨科黄杨属。常绿乔木，高达8～10米，叶革质，正面呈深绿色，背面为浅绿色，在严寒的冬天叶色碧绿。花浅黄色，直径为0.1～1厘米。蒴果近球形。果嫩时呈浅绿色，种子近圆球形，11月份成熟，成熟时果皮自动开裂，橙红色的种子暴露出来。满树红果绿叶，远看近观，颇有情趣。

◎ 黄杨

日常养护：耐阴喜光，在一般室内外条件下均可保持良好生长。耐热耐寒，可经受夏日暴晒和耐-20℃左右的严寒，但夏季高温潮湿时应多通风透光。黄杨喜湿润，盆栽需经常浇水，保持盆土湿润，但也不可积水。夏季高温期，要早晚浇水，并喷水于叶面。在生长期5～8月，施2～3次腐熟稀薄的饼肥水即可，冬季施一次基肥，用沤熟厩肥或干饼肥屑均可。

23.红叶李

别名：樱桃李、紫叶李

寓意：红叶李象征着老人，在庭院中种植红叶李，有对老人的祝福之意，意味着健康长寿，充满活力和年轻气息。

形态特征：蔷薇科李属。落叶小乔木。干皮紫灰色，小枝淡红褐色，均

光滑无毛。单叶互生，叶卵圆形或长圆状披针形，先端短尖，基部楔形，缘具尖细锯齿，两面无毛或背面脉腋有毛，色暗绿或紫红，叶柄光滑多无腺体。花单生或2朵簇生，白色，熟时黄、红或紫色，光亮或微被白粉，花叶同放，花期3~4月，果常早落。

日常养护：喜欢半阴环境，尽量放在有明亮光线的地方，但要避免阳光直接照射。耐寒，夏季高温期度夏

○ 红叶李

困难。最适宜的生长温度为15~30℃。喜欢盆土干爽或微湿状态，但其根系怕水渍，如果花盆内积水，或者给它浇水施肥过于频繁，就容易引起烂根。给它施肥浇水的原则是"间干间湿，干要干透，不干不浇，浇就浇透"。

24.大花六道木

别名：六道木叶

寓意：大花六道木是较为珍贵的观赏性花灌木，形态美丽，生命力十分旺盛，在庭院中种植此植物，有富贵常在之意，寓意着长寿健康。

形态特征：忍冬科六道木属。常绿矮生灌木，枝条柔顺下垂，树姿婆娑。从初夏至仲秋都是六道木的盛花期，开花时节满树白花，玉雕冰琢，晶莹剔透，在阳光照射下微微泛着荧光，衬以粉红的花萼、墨绿的叶片，分外醒目。更为可贵的是，即使白花凋谢，红色的花萼还可宿存至冬季，极为壮观。

日常养护：喜光，耐热，也能耐-10℃低温。夏季应当拉网遮阳，冬季将盆栽移进室内。在生长初期，要给予充足的水分，最好使用雾化喷头喷洒。复合肥溶于水中，配成千分

○ 大花六道木

之五的浓度，以浇水形式每10天浇一次。还可用进口的缓释性肥料拌在基质里做基肥。

25.遍地黄金

　　别名：长喙花生、蔓花生、巴西花生藤、地豆草

　　寓意：遍地黄金四季常青，对有害气体的抗性较强。植物的黄色鲜艳夺目，有开运招财的美好寓意，是蕴含富贵之意的吉祥之物，可以用于送给长辈栽种摆放于庭院，也有祝福长寿安康、富贵荣华之意。

○ 遍地黄金

　　形态特征：蝶形花科落花生属。多年生宿根草本植物。植株外形似花生，有鲜艳的黄色花朵，花量大，叶绿色，远远看过去，犹如一片洒金绿地，所以被称为"遍地黄金"。叶互生，小叶两对，夜晚会闭合，倒卵形。茎为蔓性，株高10～15厘米，匍匐生长。花为腋生，蝶形，金黄色，花期春季至秋季。

　　日常养护：遍地黄金不怕太阳晒，可抵45℃的高温；也耐寒冷，−40℃叶色不变，茎秆不枯，北方可露地越冬。最佳的生长温度为10～35℃。浇透水，一般不需要施肥，属于粗放型植物，耐性极佳，极易养活。

26.春羽

　　别名：春芋、羽裂喜林芋

　　寓意：春羽能够增加空气中的负离子浓度，促进居住者的身体健康，不管是在古代风水学中，还是实际生活中，有含有健康长寿的寓意。

　　形态特征：天南星科林芋属。多年生草本。株高可达1米，茎粗状直立，茎上有明显叶痕及电线状的

○ 春羽

气根。叶于茎顶向四方伸展，叶身鲜浓有光泽，呈卵状心脏形，全叶羽状深裂，革质。

日常养护：春羽喜高温多湿环境，对光线的要求不严格，耐阴暗，在室内光线不过于微弱之地均可盆养。不耐寒，冬季养护的温度不低于5℃。春羽对水分的要求较高，生长周期中需要保持盆土湿润，尤其在夏季高温期不能缺水。进入了生长旺期，需要补充以氮肥为主的肥料，冬季温度低于20℃时，就应停止施肥。

27.白千层

别名：脱皮树、千层皮、玉树、玉蝴蝶

寓意：白千层有助于肺部的调节，种植在庭院有祝福富贵长寿的含义。

形态特征：桃金娘科白千层属。常绿乔木，树皮灰白色，厚而疏松。单叶互生，长椭圆状披针形。花乳白色，雄蕊合生成5束，每束有花丝，顶生穗状花序。花期1～2月。

O 白千层

日常养护：喜暖热气候，能耐烈日酷暑，不很耐寒，不耐阴。北方地区，入秋后移入温室，置于光照充足的地方养护，避免冷风吹袭。盆栽土壤应用疏松透水、保水保肥的培养土。

28.碧桃

别名：粉红碧桃、千叶桃花

寓意：碧桃盆景寓意"幸福长寿"。

形态特征：蔷薇科李属。落叶小乔木，高可达8米，整形后控制在3～4米，小枝红褐色，无毛。叶椭圆状披针形，长7～15厘米，先端渐尖。花单生或两朵生于叶腋，重瓣，粉红色，其他变种有白色、深红、洒金（杂色）等。

日常养护：碧桃喜光，宜放置于背风处，切忌摆放在风口。7~8月花芽分化期要适当扣水，以促进花芽分化。冬季休眠期要减少浇水。肥水以淡薄为好，切忌过多使用氮肥。每年冬季施基肥一次，开花前可增加磷、钾肥含量。

○ 碧桃

29.红花继木

别名：红继木、红木

寓意：红花继木花色绚丽，生命力旺盛，有富贵长寿的寓意，适合以盆景的形式摆放在庭院中。

形态特征：金缕梅科继木属。叶互生，革质，卵形，全缘，越冬老叶暗红色。嫩枝淡红色，被暗红色星状毛。花4~8朵簇生于总状花梗上，呈顶生头状或短穗状花序，花瓣4枚，淡紫红色，带状线形。蒴果木质，倒卵圆形；种子长卵形，黑色，光亮。花期4~5月，果期9~10月。

日常养护：继木盆景宜放置于通风透光之处，夏季高温时，应给以

○ 红花继木

适当遮阴，冬季较耐寒，除北方严寒地区，一般可在室外越冬。浇水不宜过多，春秋两季每天浇水一次，夏季高温时须早晚各一次，冬季时则7~10天浇一次。生长期内可薄肥勤施，而对已养护多年成型的继木，则不宜多施肥。

30.紫藤

别名：朱藤、招藤、招豆藤、藤萝

寓意：紫藤花色丰富，花形多样绚丽，且耐寒易养，在庭院中作为装饰性的植物，有祝福家中长者富贵长寿的寓意。

形态特征：豆科紫藤属。落叶攀援缠绕性大藤本植物，干皮深灰色，嫩枝暗黄绿色，密被柔毛，冬芽扁卵形，密被柔毛。叶卵状椭圆形。总花梗、小花梗及花萼密被柔毛，花紫色或深紫色，花瓣基部有爪，近爪处有2个胼胝体，雄蕊10枚。荚果扁圆条形，种子扁球形、黑色。花期4～5月，果熟8～9月。

○ 紫藤

日常养护：紫藤的适应能力强，喜阳光，略耐阴，耐热、耐寒，一年四季的温度都能适应。紫藤的主根很深，所以有较强的耐旱能力，但是喜欢湿润的土壤，然而又不能让根泡在水里，否则会烂根。紫藤在一年中施2～3次复合肥就基本可以满足需要。

31.满天星

别名：丝石竹、霞草

寓意：满天星具婉约、雅素之美，象征家中长者平安长寿。

形态特征：石竹科丝石竹属。常绿矮生小灌木，多年生宿根草本花卉，其株高65～70厘米，茎细皮滑，分枝甚多，叶片窄长，无柄，对生，叶色粉绿。花期5～7月，每当初夏，无数的花蕾集结于枝头，花细如豆，每朵5瓣，洁白如云，略有微香，犹如万星闪耀，满挂天边。如果远眺一瞥，又仿佛清晨云雾，傍晚霞烟，故又别名"霞草"。

日常养护：喜温暖湿润和阳光充足的环境，较耐阴，耐寒。忌强烈阳光暴晒，夏季应遮阳50%～70%。冬季在南方可室外越冬，北方应移入室内，保持室温5～12℃为好。满天星盆景在生长季节应经常浇水，保持盆

○ 满天星

土湿润。夏季每天喷1~2次叶面水，雨季应注意检查，忌盆内积水。冬季应适当减少浇水次数。每年盛花前浇施2~3次肥液，在腊冬之际追施1~2次稀薄的有机肥液，其他季节不宜施肥。忌施浓肥。

32.蔷薇

○ 蔷薇

别名：野蔷薇、蔷蘼、刺玫

寓意：蔷薇生长强健，寓意健康长寿，生命力旺盛。

形态特征：蔷薇科蔷薇属。落叶灌木，植株丛生，蔓延或攀援，小枝细长，不直立，多被皮刺，无毛。叶互生，奇数羽状复叶，小叶5~9。多花簇生组成圆锥状聚伞花序，花径2~3厘米，花瓣5枚，先端微凹。野生蔷薇为单瓣，也有重瓣栽培品种。花有红、白、粉、黄、紫、黑等色，红色居多。黄蔷薇为上品，具芳香。每年开花一次，花期5~9月。果近球形，红褐色或紫褐色。

日常养护：蔷薇喜阳光，亦耐半阴，较耐寒，在中国北方大部分地区都能露地越冬，只要保持5℃以上即可。保持土壤湿润，浇水要注意勿使植株根部积水。喜肥，亦耐贫瘠，3月份可施1~2次以氮为主的液肥，促长枝叶，4月、5月施1~3次以磷钾为主的肥料，促其多孕蕾多开花，花后再施一次复壮肥，以后可不再施肥。

33.白玉兰

别名：玉兰、望春花、玉兰花

寓意：白玉兰的洁白芳香寓意金玉满堂，有对长寿富贵的美好寄寓。

形态特征：木兰科木兰属。落叶乔木，其树型魁伟，高者可超过10米，树冠卵形，大型叶为倒卵形。表面有光泽，嫩枝及芽外被短绒毛。冬芽具大形鳞片。花顶生，朵大，直径12~15厘米，花被9片，钟状，花期为3月。

日常养护：性喜光，较耐寒，可露地越冬，是阳性花卉。需要充足的阳光，生长期间要在日照长、光照强的向阳地上养护，特别是开花期间更应如此，但忌高温暴晒。白玉兰是肉质根，既需水又怕积水，初夏到晚秋每天要浇一次水，保持土壤湿润，高温期早晚各浇水一次。较喜肥，但忌大肥，生长期施两次肥即可，一次是在早春时施，再一次是在5～6月份进行。

○ 白玉兰

34.花叶菖蒲

别名：湖北小菖蒲、金钱蒲、金线石菖蒲

寓意：民俗认为花叶菖蒲主贵，其花香能使人延年益寿。

形态特征：天南星科菖蒲属。花叶菖蒲为水菖蒲的变异品种，属于常绿多年生挺水草本，具有横走的地下根茎。花黄绿色，花期3～6月。花叶菖蒲叶片挺拔而又不乏细腻，金黄色彩明亮美丽，景观效果良好。在庭院

○ 花叶菖蒲

中可丛植于池边浅水处或岩石旁，也可载于容器口。

日常养护：既喜光又能耐阴，明亮至半阴处都可以栽种，不宜强烈阳光直射。喜温暖水湿的气候，对环境适应性强，常生于池塘、湖泊岸边浅水处或水岸边缘处。在生长期内追肥2～3次，并结合施肥除草。

35.紫薇

别名：入惊儿树、百日红、满堂红、痒痒树

寓意：紫薇色泽亮丽，有吉祥喜庆之意，寓意着富贵平安。

形态特征：千屈菜科紫薇属。常见的被称为大花或大叶紫薇的属于落叶

乔木。花淡紫红色，夏、秋季开花。其树姿优美，树干光滑洁净，花色艳丽，花期极长，有"盛夏绿遮眼，此花红满堂"的赞语，是观花、观干的良材。在庭院适合进行单植、丛植。

日常养护：属阳性花卉，喜光，稍耐阴。喜温暖气候，有比较强的耐寒性。耐旱，怕涝，喜肥，因此，栽种紫薇应选择土层深厚、土壤肥沃、排水良好的背风向阳处。从3～11月，每个月需施一次肥。

○ 紫薇

36.榕树

别名：细叶榕、成树、榕树须

寓意：榕树含"有容乃大，无欲则刚"之意，种植在庭院中，有提升自我，长寿安康之意。

形态特征：桑科榕属。常绿大乔木，高可达20～25米，树干直径可达2米。板根奇特，露出地表，宽达3～4米，宛如栅栏，有气生根，细弱悬垂及地面，入土生根，形似支柱。

○ 榕树

树皮灰褐色，枝叶稠密，树冠扩大成伞状，叶椭圆形或卵状椭圆形，有时呈倒卵形，全缘或浅波状，单叶互生，叶面深绿色，革质，有光泽，无毛。隐花果腋生，近球形。花期5～6月，果期9～10月。由于树干高大，在住家庭院主要是进行单植，常进行各种造型。

日常养护：榕树适合在阳光充足的地方生长，也耐半阴。喜高温多湿，最适宜生长的温度为23～32℃。耐旱能力强。春季至秋季为生长旺盛期，每个月施一次肥即可。

37.秋枫

○ 秋枫

别名： 茄冬、秋风子、红桐、过冬梨、乌杨等

寓意： 秋枫寓意经风雨而不倒、历艰辛而弥坚的心志，是祝福长寿安康的吉祥之物。

形态特征： 大戟科重阳木属。常绿或半常绿乔木，株高可达40米，树皮褐红色，光滑。三出复叶互生，小叶卵形或长椭圆形。花黄绿色，花期3～4月。秋枫树叶繁茂，树冠圆盖形，树姿壮观，是良好的观赏树和行道树，在庭院中适合孤植或对植。

日常养护： 为阳性植物，喜光，稍耐阴。喜温暖，生长适宜温度为20～30℃。耐寒性较好，在长江以南都适合种植。喜湿润，耐旱，且能耐水湿。从春季至秋季，每个月可施一次肥。

38.朱蕉

别名： 铁树

寓意： 朱蕉寓意平安长寿，含有"富贵常在"的风水含义，是常见的庭院植物。

形态特征： 龙舌兰科朱蕉属。灌木植物，直立，高1～3米。茎粗1～3厘米，有时稍分枝。叶矩圆形至矩圆状披针形，绿色或带紫红色。圆锥花序，侧枝基部有大的苞片，花淡红色、青紫色至黄色，长约1厘米，外轮花被片下半部紧贴内轮而形成花被筒，上半部在盛开时外弯或反折，雄蕊生于筒的喉部，稍短于花被，花柱细长。花期11月至次年3月。

○ 朱蕉

日常养护：喜高温，朱蕉的生长适宜温度为20～25℃。喜光，明亮光照对其生长最为有利。喜湿，生长期盆土必须保持湿润，茎叶生长期应经常喷水，空气湿度保持在50％～60％较为适宜。土壤以肥沃、疏松和排水良好的砂质壤土为宜，不耐盐碱和酸性土。每月施肥一次，冬季停止施肥。

39.红叶乌桕

○ 红叶乌桕

别名：山乌桕，蜡子树、木油树、蜡烛树

寓意：红叶乌桕有祝福家中长者福寿常在的寓意。

形态特征：大戟科乌桕属。落叶乔木，树冠圆球形。树皮暗灰色，浅纵裂，小枝纤细。叶互生，纸质，菱状广卵形。花序穗状，花小，黄绿色。蒴果三棱状球形，熟时黑色，果皮脱落。种子黑色，外被白蜡，固着于中轴上，经冬不落。花期5～7月，果期10～11月成熟。

日常养护：热带喜光树种，喜光、喜高温、不耐阴，有一定的抗风能力。耐暑热，抗寒力低，当气温在15℃以下时生长停滞。对土壤适应范围较广。抗旱耐湿，但梅雨季节要注意排水。生长期可多施氮肥。在庭院绿化中可作庭荫树及行道树，还可种植于水边，与亭廊、花墙、山石等搭配。

40.万寿菊

别名：臭芙蓉、万寿灯、蜂窝菊、臭菊花、蝎子菊

寓意：万寿菊花语是"健康"，它很早就被人们视为敬老之花，逢年过节，特别是老年人寿辰，人们往往都以万寿菊作礼品馈赠，以示健康长寿。

形态特征：万寿菊属菊科一年生草本植物，株高50～150厘米。茎直立粗壮多分枝，茎具纵细条棱，分枝向上平展。叶对生或互生，羽状分裂，裂片长椭圆形或披针形，边缘具锐锯齿，上部叶裂片的齿端有长细芒，叶缘背面具油腺点，有强臭味；头状花序单生，花序梗顶端棍棒状膨大；舌状花有

长爪，边缘皱曲，花色黄色或暗橙色；舌片倒卵形，基部收缩成长爪，顶端微弯缺；花期6～10月。

日常养护：万寿菊栽培土质不拘，但以排水良好之砂质壤土为佳，为喜光性植物，阳光充足时植株矮壮、花色艳丽，阳光不足则茎叶柔软细长、开花少而小。性喜温暖，生长适温为15～20℃。冬季温度不低于50℃。夏季高温30℃以上，植株徒长，茎叶松散，开花少。10℃以下，能生长但速度减慢，生长周期拉长。矮性品种更适合于盆栽，开花株可装饰阳台及窗台。开谢后的花朵及时剪除，促使枝叶更茂盛，以让后来开花更旺。

○ 万寿菊

41.海桐

别名：海桐花、山矾、七里香、宝珠香、山瑞香

寓意：海桐象征富贵和爱情。

形态特征：海桐为常绿灌木或小乔木，株高可达5米。嫩枝被褐色毛。单叶互生，有时在枝顶呈轮生状，厚革质，倒卵形或狭倒卵形，全缘，边缘常外卷，先端圆或钝，基部楔形，有柄。夏季开花，聚伞花序生于枝顶，有短柔毛。花白色或带黄绿色，芳香，花瓣5，萼片5，雄蕊5，初开时白色，后变黄。子房密被短柔毛。蒴果近球形，有棱角，果皮木质，成熟时3瓣裂，露出鲜红色种子；种子鲜红色，有黏液；果瓣木质花期3～5月，果熟期9～10月。

日常养护：海桐为亚热带树种，故喜温暖湿润的海洋性气候，生长适温15～30℃。喜光，在半阴处也生

○ 海桐

长良好。喜肥沃润湿土壤，耐轻微盐碱，能抗风防潮。海桐能忍受结冰的温度，但为使其良好生长，最低夜温应保持在13℃以上。海桐较抗旱。夏季消耗人量水分，应经常浇水；冬季如所处温度较低，则浇水量应相应减少。空气湿度应在50％左右。要求肥沃上壤。生长季节每月施1～2次肥，平时则不需施肥。

42.锦带花

别名：五色海棠、山脂麻、海仙花

寓意：锦带花的花语和象征意义是"灿烂好似锦，含蓄之美，留住美丽"。

形态特征：锦带花为落叶灌木。枝条开展，树型较圆筒状，有些树枝会弯曲到地面，小枝细弱，幼枝有柔毛；叶对生，具短柄，叶片椭圆形或

○ 锦带花

卵状椭圆形，边缘有锯齿；花冠漏斗状钟形，聚伞花序，玫瑰红色，裂片5，里面较淡，生于小枝顶端或叶腋；蒴果柱状，种子细小；花期4～6月，果期10月。

日常养护：栽植锦带花宜选择阳光充足、排水良好的地方，栽植时间一般在秋季落叶后及春季萌芽前。锦带花适应性强，日常管理较简单，平时浇水不宜太多，春夏秋干旱时节，可适量浇1~2次透水，以满足生长需求。由于锦带花的生长期较长，入冬前顶端的小枝往往生长不充实，越冬时很容易干枯。因此，每年的春季萌动前应及时剪去残花枝，以免消耗过多的养分，影响生长。

43.银芽柳

别名：银柳、棉花柳

寓意：银芽柳象征意义是"团聚，财源兴旺"。

形态特征：银芽柳为杨柳科、柳属落叶灌木。基部抽枝，枝丛生，枝

○ 银芽柳

条绿褐色，具红晕，新枝有绒毛，老枝光滑；叶互生，披针形，边缘有细锯齿，叶背面密被白毛，半革质；雌雄异株，花芽肥大，每个芽有一个紫红色的苞片，先花后叶；雄花序椭圆柱形，长3～6厘米，早春叶前开放，盛开时花序密被银白色绢毛，颇为美观；苞片脱落后，即露出银白色的花芽，形似毛笔；花期12月至翌年2月。

日常养护：银芽柳是一种喜光花木，也耐阴、耐湿、耐寒、好肥，适应性强，在土层深厚、湿润、肥沃的环境中生长良好，一般宜于地栽。在水边生长良好。管理粗放，每年早春花谢后，应从地面5厘米处平茬，以促使萌发更多的新枝。管理上还要注意施肥，特别在冬季花芽开始肥大和剪取花枝后要施肥，夏季要及时灌溉，这样才能使银芽柳生长良好，观赏价值更高。

44.风铃草

别名：钟花、瓦筒花

寓意：风铃草的花语和象征意义是"感谢，健康，温柔的爱"。

形态特征：风铃草为二年生草本植物。株形粗壮，全体被短毛；叶片卵形或卵状披针形，基部圆形或楔形，先端尖或渐尖，两面被刺状柔毛，背面沿脉毛较密，边缘具不规则浅锯齿，齿端常钝头莲；花梗长，梗上密被刺状软毛，花下垂；总状花序，小花1朵或2朵茎生；花萼密被刺状柔毛，裂片直立，披针状狭三角形，顶端尖，有睫毛，裂片之间具向外伸出的附属物；花冠钟状，有5浅裂，具紫色斑点，基部略膨大；花色有白、蓝、紫及淡桃红等。蒴果扁倒圆锥形，成熟时自侧面基部3瓣裂；种子灰褐色，扁长圆形；花期4～6月。

日常养护：风铃草喜夏季凉爽、冬季温和的气候。喜轻松、肥沃而排水良好的土壤。风铃草喜长日照，出现15片真叶时进行光处理，每天14小时光照可以自然开花。如果光照开始时，植株太小，只对初生长处理，次生长将处于生长力旺盛状态。在生长

◎ 风铃草

早期，风铃草外观零乱，但在后期生长中植株会自然整齐紧凑，在浇水间可让土壤稍干燥一点，但不要使植株因缺水而萎蔫。

45.美人梅

别名：无

寓意：梅花有五瓣，分别象征"快乐、幸运、长寿、顺利、太平"。

形态特征：美人梅为落叶小乔木或灌木，由重瓣粉型梅花与红叶李杂交而成。

其又称木兰纲法国引进。枝直上或斜伸，生长势旺盛，小枝细长紫红色，叶似杏叶互生，广卵形至卵形，先端渐尖，基部广楔形，叶缘有细锯齿，被生有短柔毛；花色浅紫，重瓣花，先叶开放，萼筒宽钟状，萼片5枚，近圆形至扁圆，花瓣15～17枚，小瓣5～6枚，雄蕊多数。花期3～4月。

日常养护：美人梅喜温暖湿润和阳光充足的环境，耐寒，怕积水，对土壤要求不严，在轻黏土、壤土、沙壤土中都能生长，其中在壤土中生长最好，对轻盐碱也有一定的耐性。适宜种植在光照充足的高燥处，不宜种植在树阴下或其他光照不足处，也不宜种植在池塘边或其他低洼积水处。其耐寒性较强，冬季能耐零下30℃的低温。植株每年初春浇一次返青水，生长季节如果不是过于干旱可不浇水，但夏季高温干旱时则要适当浇水，以免因缺水造成植株新叶难以生长，老叶发黄干枯。雨天注意排水，连阴雨或大雨后更要如此，否则因土壤积水导致烂根，初冬可再浇一次封冻水，以增加植株冬季的抗寒性。美人梅耐修剪，树形多为自然开心形，每年的冬季进行修剪整形，剪去无用的大枝、交叉枝、徒长枝，将过长的枝条短截，以保持树形的优美；春季花后再进行一次修剪，将衰老的枝条短截，仅留基部的3~4个芽，以促使萌发新的枝条，当新枝长到40厘米左右时应摘心，以控制枝条生长，促进腋芽饱满。

○ 美人梅

解读庭院与植物

改善环境招来滚滚财运

美化家居花木催旺人生

46.南洋杉

别名：鳞叶南洋杉、尖叶南洋杉、花旗杉、细叶南洋杉、肯氏南洋杉、英杉、澳杉、诺和克杉

寓意：南洋杉四季常青、寿命长，寓意健康长寿、青春永驻。

形态特征：南洋杉为常绿乔木。树皮灰褐色或暗灰色，粗糙，横裂；大枝平展或斜伸，幼树冠尖塔形，老则成平顶状，侧生小枝密生，下垂，近羽状排列；幼树树冠尖塔形，老树则为平顶；叶二型：幼树和侧枝的叶排列疏松，开展，钻状、针状、镰状或三角状，微弯，微具四棱，上面有多数气孔线，下面气孔线不整齐或近于无气孔线，上部渐窄，先端具渐尖或微急尖的尖头；大树及花果枝上之叶排列紧密而叠盖，斜上伸展，微向上弯，卵形，三角状卵形或三角状，无明显的背脊或下面有纵脊，宽约4毫米，基部宽，上部渐窄或微圆，先端尖或钝，中脉明显或不明显，上面灰绿色，有白粉，有多数气孔线，下面绿色，仅中下部有不整齐的疏生气孔线；雄球花单生枝顶，圆柱形；球果卵圆形或椭圆形；种子椭圆形，两侧具结合而生的薄翅。

日常养护：南洋杉喜气候温暖，空气清新湿润，光照柔和充足，不耐寒，忌干旱，冬季需充足阳光，夏季避免强光暴晒，怕北方春季干燥的狂风和盛夏的烈日，在气温25～30℃、相对湿度50%～70%的环境条件下生长最佳。盆栽要求疏松肥沃、腐殖质含量较高、排水透气性强的培养土。平时浇水要适度，经常保持盆土及周围环境湿润，严防干旱和渍涝。过干或过湿都易引起下层叶垂软。高温风干时节，应常向叶面及周围环境喷水或喷雾，增加空气湿度，空气干燥会使植株下层叶子垂软。春夏秋三季应给植株定期追施少量有机液肥，生长旺盛期需随时补充养分。放在室内养护时，尽量放在有明亮光线的地方，如采光良好的客厅、卧室、书房等场所。

○ 南洋杉

寓意护宅的植物

　　除了寓意旺宅祈福之外，庭院植物还担当了化解不利因素的重要作用。因此，在此时种植一些具有挡灾寓意的植物对人的身心健康也是有一定的寓意。

1.桃树

　　别名：桃子树、福寿树

　　寓意：中国是桃的故乡，每逢老辈寿庆，晚辈常常奉送寿桃。在中国人的传统习俗中，每逢过年，人们总以桃符悬于门上，祈求平安。

　　形态特征：落叶小乔木，高可达8米，分果桃和花桃两大类。属于观赏桃花类的品种统称为碧桃，都是果桃的变种。其树态优美，枝干扶疏，花朵丰腴，色彩艳丽，为早春重要观花树种。在庭院中可进行孤植、对植、群植。

○ 桃树

　　日常养护：喜阳光充足的环境。喜温暖，也很耐寒。我国除黑龙江省外，其他各地均有桃树栽培。耐旱性好。从春季至秋季，每个月施一次肥。

2.柳树

　　别名：杨柳、垂杨柳、垂柳

　　寓意：在一些民间风俗中，人们常以柳条插于门户上，以此寄寓挡灾的愿望。在古代的青瓷上，曾经有云、鹤、莲花池和垂柳在一起的图案，有富贵、祥和之象征。

　　形态特征：落叶乔木，高可达18米，树冠广倒卵形。种子外披白色柳絮，成熟后随风飞散。一般先开花，

○ 柳树

后出叶，也有时花叶齐发。垂柳枝条纤细，修长下垂，姿态优美，是理想的园林绿化树种。在庭院中特别适合植于池塘边点缀园景，柳条拂水，倒映叠叠，别具情趣。

日常养护：喜光，不耐阴。喜温暖，比较耐寒。在我国长江流域及以南地区都有种植。耐水湿，根系发达，固土能力强。喜肥，除冬季落叶休眠期外，每个月需施一次肥。

3.桂树

别名：月桂、木樨

寓意：桂枝可入药，中医学中认为其是祛风辟邪的药物。"桂"与"贵"发音相同，还带有荣华富贵的吉祥之意。

○ 桂树

形态特征：常绿阔叶乔木，株高可达15米。桂树有30多个栽培品种，我国习惯将其分成四个品种类型：金桂、银桂、丹桂和四季桂。桂树风姿飘逸，终年常绿，花朵繁密，花香怡人。花期正值仲秋，有"独占三秋压群芳"的美誉。庭院中常孤植、对植，也可成丛成片栽植。也是盆栽观赏的好材料。

日常养护：喜阳光，也有一定的耐阴能力。幼树时需要有一定的蔽荫，成年后要求有相对充足的光照，但又忌强烈阳光暴晒。喜温暖，比较耐寒。喜湿润，畏淹涝积水。若遇涝渍危害，则根系发黑腐烂，先是叶尖焦枯，随后全叶枯黄脱落，进而导致全株死亡。每个月需要施一次肥，冬季停止施肥。

4.银杏

别名：公孙树、鸭脚树、蒲扇

寓意：银杏的树龄可长达千余年，为树中的老寿星。又因其在夜间开花，人轻易不得见，所以古人认为此树具有神秘力量。也因此，古代镇宅的符印也由银杏树木刻制。

　　形态特征：银杏为落叶乔木，幼树树皮近平滑，浅灰色，大树树皮为灰褐色，不规则纵裂，有长枝与生长缓慢的短枝。叶互生，在长枝上呈辐射状散生，在短枝上3～5枚成簇生状，有细长的叶柄，叶片呈扇形，两面淡绿色。5月开花，10月结果，果实为橙黄色的种实核果。银杏树树体高大，树干笔直，姿态优美，春夏翠绿，深秋金黄，是理想的园林绿化、行道树种。

○ 银杏

　　日常养护：银杏属喜光树种，应选择坡度不大的阳坡栽种。对土壤条件要求不严，但以上层厚、土壤湿润肥沃、排水良好的中性或微酸性土为好。定植当年只追肥一次，第二年至结果前每年施三次肥，结果后每年施四次肥。

5.茱萸

　　别名：越椒、艾子

　　寓意：茱萸是寓意吉祥的植物，其香味浓烈，可入药。按中国古代习俗，阴历九月九日佩戴茱萸有挡灾的美好愿望。《西京杂记》卷三记载："九月九日，佩茱萸，食蓬饵，饮菊华酒，令人长寿。"

　　形态特征：茱萸是山茱萸和吴茱萸的统称，为灌木或小乔木，高2.5～8米。幼枝、叶轴、叶柄及花序均被黄褐色长柔毛。羽状复叶对生，长椭圆形或卵状椭圆形，上面疏生毛，下面密被白色长柔毛。初夏开绿白色的小花，花单性异株，密集成顶生的圆锥花序。结实似椒子，秋后成

○ 茱萸

熟，每果含种子一粒。果实嫩时呈黄色，成熟后变成紫红色，为庭院带来一抹亮色。在庭院中可进行孤植、对植。

日常养护：适宜生长在温暖地带的山地、路旁或疏林下。喜气候温暖湿润，雨量充沛，但梅雨季节应注意排水。喜欢疏松、肥沃的细土壤。开花前后各施一次肥。

6.仙人掌

别名：仙巴掌、霸王树、火焰、火掌

寓意：仙人掌全身长刺，而且名称中的"仙人"寓意吉祥、平安，在广东私家庭院中经常可见。其原产沙漠地带，生命力顽强，也是坚强不屈、勇敢无畏的象征，墨西哥人特把它作为国花。

形态特征：这里的仙人掌是指仙人掌科仙人掌属中肉质变态茎都呈扁

◎ 仙人掌

平状的种类。仙人掌花冠绿色、黄色或红色，果可食，适应性比较强，栽培管理容易，株型可观。在庭院中适合孤植或对植。

日常养护：喜阳光充足，半日照下也能生长。喜温暖至高温气候，耐寒能力差，只适宜冬季温暖的华南地区栽培。耐旱性强，土壤不要长期过湿、积水。从春季至秋季，每两个月左右施一次肥。

7.罗汉松

别名：罗汉杉、长青罗汉杉、土杉

寓意：罗汉松在广东、港澳一带被视为风水树，在庭院中广泛种植，备受推崇，寓意长寿、守财、富贵、挡灾镇宅。

形态特征：常绿乔木，我国长江以南各省区均有栽培。另有一个变种被称为短叶罗汉松，为常绿小乔木。罗汉松姿态优美，苍翠馥郁，造型株更具观赏价值。在庭院可进行孤植或对植。

日常养护：属于中性树种，喜不强的阳光，在烈日直射下生长较差。较耐阴蔽。喜温暖气候，生长适宜温度为15～28℃，也具有比较好的耐低温能力。喜湿润，比较耐干旱。从春季至秋季，每两个月施一次肥。

○ 罗汉松

8.棕竹

别名：观音竹、筋头竹、棕榈竹、矮棕竹等

寓意：棕竹被认为有保住宅平安的寓意。

形态特征：因树干似棕榈，而叶如竹而得棕竹之名。常绿灌木，成株高2～3米。茎纤细如手指，不分枝，有叶节，被有褐色网状纤维的叶鞘。叶集生茎顶，掌状，深裂达基部，有裂片3～12枚。棕竹是我国传统的阴

○ 棕竹

生观叶植物，株丛挺拔，叶青干直，相聚成丛，扶疏有致，四季常绿，富有热带风韵。在庭院中适合丛植或对植于疏阴处，或者点缀于园林小景、假山石旁。

日常养护：喜明亮的光线，忌强烈的阳光直射，耐阴性良好。喜温暖，生长适宜温度为20～30℃，可耐0℃左右的低温。喜湿润，平时注意浇水。从春季至秋季，每个月施一次肥。

9.葫芦

别名：无

寓意：葫芦果实的曲线外形呈"S"形，似太极阴阳分界线，因此被认

美化家居招来滚滚财运
改善环境花木催旺人生

为有能够化解不利因素的寓意，有些地方在端午节就有在门上插桃枝挂葫芦的习俗。

○ 葫芦

形态特征：为一年生蔓生草本植物。另外有一个更小的品种，称为小葫芦。葫芦在庭院中适宜搭棚架栽培，既可观花、观果，又是很好的遮阴材料。小葫芦果熟后也特别适合悬挂于室内装饰观赏，别具风趣，长期不会变质。在庭院中适宜搭棚架栽植。

日常养护：喜欢阳光充足的环境。喜温暖至高温，生长适宜温度 20～32℃。不耐寒，一般春天播种，秋季植株会慢慢死亡。不耐涝，也不耐旱，在多雨地区要注意排水，干旱时要及时灌溉。对肥料要求较高，要施足基肥，最好每个月施一次肥。

10.木槿

别名：无穷花、沙漠玫瑰

寓意：木槿花"永远绽放、永不凋落"的品质象征人的朝气，在庭院中种植时，能散发出积极的能量，可用于护宅。

○ 木槿

形态特征：锦葵科木槿属，落叶灌木。小枝密被黄色星状绒毛。叶菱形至三角状卵形，边缘具不整齐齿缺，下面沿叶脉微被毛或近无毛。花单生于枝端叶腋间，花萼钟形，淡紫色，花瓣倒卵形。蒴果卵圆形，种子肾形，背部被黄白色长柔毛。花期7～10月。嫩叶可食用。在庭院中宜群植。

日常养护：喜阳光，也能耐半

阴。耐寒,使之通风透光就行。生长期保持土壤湿润。春季萌芽前施肥一次,6～10月开花期施磷肥两次。

11.月季

别名:月月红、长春花

寓意:月季象征红红火火的生活,特别是红色的月季,在盛开时鲜艳夺目,能给人增加运气的美好感觉,花朵上的刺寓意驱除不利。

形态特征:蔷薇科蔷薇属,为常绿或落叶灌木,小枝绿色,散生皮刺,也有几乎无刺的。叶互生,单数羽状复叶,小叶一般3～5片,椭圆或

○ 月季

卵圆形,长2～6厘米,叶缘有锯齿,两面无毛,光滑,托叶与叶柄合生。花生于枝顶,花朵常簇生,稀单生,花色甚多。品种万千,多为重瓣,也有单瓣者,花有微香,花期4～10月,春季开花最多。有连续开花的特性。在庭院中适宜群植。

日常养护:适应性强,耐寒耐旱,喜欢阳光,但是过多的强光直射又对花蕾发育不利,花瓣容易焦枯。适宜种植在日照充足、空气流通、排水良好而避风的环境中,盛夏需适当遮阴。22～25℃为花生长的适宜温度,夏季高温对开花不利。一般品种可耐-15℃低温。对土壤要求不严格,但以富含有机质、排水良好、微带酸性的沙壤土最好。

12.丁香花

别名:百结、情客、紫丁香、子丁香

寓意:丁香花象征着勤奋、谦逊,有护宅的象征。其不仅广泛用于园林,还在庭院中担任角色,其香气淡雅,可以很好的营造阅读气氛。

形态特征:木樨科丁香属。观赏用丁香花与药用丁香不同。观赏用丁香花为落叶灌木或小乔木,因花筒细长如钉且香而得名。丁香花植株高2～8米,叶对生,全缘或有时俱裂,罕为羽状复叶。花两性,呈顶生或侧生的圆

锥花序。花色紫、淡紫或蓝紫，也有白色紫红及蓝紫色，以白色和紫色居多。蒴果长椭圆形，室间开裂。丁香花花序硕大，开花繁茂，花色淡雅、芳香，习性强健，栽培简易，因而在园林中广泛栽培。

日常养护：喜充足阳光，也耐半阴。适应性较强，耐寒、耐旱、耐瘠薄，病虫害较少。以排水良好、疏松的中性土壤栽培为宜，忌酸性土。忌积涝、湿热。丁香不喜欢大肥，不要施肥过多，否则影响开花。

○ 丁香花

13.金丝桃

别名：土连翘

寓意：金丝桃是寓意吉祥之花，有驱害消灾、迎喜接福之意。热爱和平的苏格兰人特别喜爱配戴它。在庭院中种植金丝桃作为篱笆的灌木丛，有很好的效果。

形态特征：金丝桃科。金丝桃为半灌木，地上部分每生长季末枯萎，地下为多年生。小枝纤细且多分枝。叶纸质，无柄，对生，长椭圆形。花期6～7月，常见3～7朵集合成聚伞花序着生在枝顶。此花不但花色金黄，而且呈束状纤细的雄蕊花丝也灿若金丝，惹人喜爱，是人们很乐于栽培的花木之一。

日常养护：喜温暖湿润气候，喜光，略耐阴，耐寒。对土壤要求不严，除黏重土质外，在一般的土壤中均能较好地生长。金丝桃的繁殖常用分株、扦插和播种法。分株在冬春季进行，较易成活；扦插用硬枝，宜在早春萌芽前进行，也可在6～7月取带

○ 金丝桃

种的嫩枝扦插。金丝桃不论地栽或盆栽，管理都并不费事，可用一般园土加一把豆饼或复合肥作基肥。

14.仙人柱

别名：量天尺

寓意：仙人柱同发财树一样，可以吸收有害气体，同时还具有有刺植物的寓意特点，那就是仙人柱的刺对各种不利于住家的因素有天然的抵御作用，在保护住家健康的同时还有护宅的功效。

○ 仙人柱

形态特征：仙人掌科仙人掌属。这里的仙人柱是指仙人掌科中肉质变态茎都呈柱状的种类的统称。仙人柱体上都长有刺座，刺座上长出刺的数量、形状、硬度、颜色等不一。仙人柱花的观赏价值较高，花色有红、粉、黄、白、紫以及双色等，但花期都很短。

日常养护：喜阳光充足，半日照下也适宜。喜温暖，耐寒能力差，露地只适宜华南地区栽培。耐旱性强，土壤不要长期过湿，忌积水。从春季至秋季，每2～3个月施一次肥。仙人柱适应性比较强，栽培管理容易，株型可观，花朵鲜艳，在庭院中适合孤植或对植。

15.紫竹

别名：黑竹

寓意：紫是红与蓝合成的颜色，寓意调和有序；竹代表韧而有节，寓意高洁、坚强、虚怀有节的君子品格。紫竹的名字本身就蕴含着保佑平安的特殊寓意。

形态特征：禾本科刚竹属。竿高4～8米，有的可高达10米，直径5

○ 紫竹

厘米，幼竿绿色，密被细柔毛及白粉，箨环有毛，一年以后的竿逐渐出现紫斑，最后全部变为紫黑色，无毛。中部节间长25～30厘米，壁厚约3毫米；竿环与箨环均隆起，且竿环高于箨环或两环等高。是传统观杆竹类。

日常养护：阳性，喜温暖湿润气候，稍耐寒。喜湿怕积水，保持盆土湿润，不可浇水过多，还要经常向叶片喷水。夏天平均1～2天浇水一次，冬天少浇水。盆栽竹肥料主要以装盆时拌入盆土中的有机肥为主，竹子成活后适当追肥，"薄肥勤施"，在春夏水施0.5％尿素或1.0％的复合肥。

16.番茉莉

别名：变色茉莉、五彩茉莉、紫夜茉莉、香素馨、鸳鸯茉莉

寓意：番茉莉是指其为外来引入且花香如茉莉一般。因其花初开时为紫色，且花香于夜间最浓，故又名"紫夜茉莉"。番茉莉花朵开放的过程中会变颜色，由初开时的深紫色，渐变为浅紫色，或粉红色，再转变为白色。这种不断变化的形态和香味给人以常住常新，充满温馨和安定的感觉。

○ 番茉莉

形态特征：茄科番茉莉属。植株可达2米以上，多分枝。叶较大，单叶互生，长披针形，全缘，纸质，叶缘略波皱。花大，单生或2～3朵簇生于枝顶，高脚碟状花，初开时蓝色，后转为白色，直径可达5厘米，芳香。果绿色，卵球形。花期几乎全年，10～12月为盛开期。果期春季。

日常养护：喜光喜暖不耐寒，生长期宜置于向阳庭院、屋顶花园或南向、西向阳台上，让其多见阳光，但盛夏的中午前后要稍遮阴。喜温怕涝，多施肥，生长季节要常浇水，并向叶面喷水，保持盆土稍偏湿润而不涝为好。成长期间于春、秋两季各施一次腐熟之天然肥料，或含三要素的化学肥料就可以了。

17.万年麻

别名：万年兰

寓意：万年麻的剑形叶被视为护卫的象征，有吉祥之意，给人护宅以挡灾的的感觉。

形态特征：龙舌兰科万年兰属。大型观叶类植物。株高可达1米，茎不明显。叶呈放射状生长，剑形，叶缘有刺，波状弯曲，深绿色。色泽洁净优雅，调和美丽，常绿灌木状，成株半圆球形。

日常养护：阳性植物，在强光下生长旺盛。耐热，耐旱，喜高温，生长适宜温度为22～28℃。冬季要温暖避风越冬。栽培以疏松肥沃的砂质壤土最佳。排水力求良好，排水不良根部易腐烂。用有机肥料，如豆饼、油粕、腐熟堆肥等作基肥。生长期间每1～2个月追肥一次，有机肥料或化学肥料氮、磷、钾肥效果均佳。

○ 万年麻

18.大叶黄杨

别名：冬青、正木、扶芳树、四季青、七里香、日本卫矛

寓意：大叶黄杨极耐修剪，是良好的绿篱材料，种植在庭院中，可以隔离庭院外部的杂乱，有护宅挡灾的含义。

形态特征：卫矛科卫矛属。常绿灌木或小乔木，小枝近四棱形。叶片革质，表面有光泽，倒卵形或狭椭圆形，顶端尖或钝，基部楔形，边缘有细锯齿。绿白色的花排列成密集的聚伞花序，腋生。蒴果近球形。种子棕

○ 大叶黄杨

色，假种皮橘红色。花期6~7月，果熟期9~10月。

日常养护：大叶黄杨喜温暖湿润和阳光充足的环境，稍耐阴、耐寒，平时可放在室外通风向阳处养护。黄杨喜湿润，盆景需经常浇水，保持盆土湿润，但不可积水。夏季高温期，要早晚浇水，并喷水于叶面。在生长期5~8月，施2~3次腐熟稀薄的饼肥水即可，冬季施一次基肥，用沤熟厩肥或干饼肥屑均可。

19.软叶刺葵

别名：美丽针葵、罗比亲王椰子、罗比亲王海枣

寓意：软叶刺葵的刺具有护宅的寓意。家中有小孩的住家种植此植物时，最好去除刺尖。

形态特征：棕榈科刺葵属。常绿木本植物，叶羽状全裂，常下垂，裂片长条形，柔软。花序轴扁平，上部舟状，下部管状，与花序等长，雌雄

○ 软叶刺葵

异株。果矩圆形，具尖头，枣红色，果肉薄，有枣味。

日常养护：喜阳，能耐烈日，亦颇耐阴蔽，生长适宜温度为25℃左右。放置室外或阳台向阳处，夏季露地摆放的盆株应适当遮阴，秋末再搬入室内向阳处越冬。只需保持5℃以上的温度就可安全越冬。土壤要间干间湿，生长旺盛期要保持土壤湿润，气候干燥时，每日要向植株喷水1~2次，以增加空气湿度。软叶刺葵虽耐瘠薄，但若肥料充足，则生长旺盛，枝叶青翠喜人。在5~9月期间，每月施两次粪肥或以氮为主的复合肥。

20.旅人蕉

别名：旅人木、散尾葵、扁芭槿、扇芭蕉、水木

寓意：旅人蕉因叶柄吸含雨水，切下可以解渴而得名。同时，因为旅人蕉的大无畏精神和顽强的生命力，也具有很强的驱邪气的护宅效果。

形态特征：旅人蕉科旅人蕉属。常绿乔木，树干直立丛生，圆柱形，像

棕榈，干面粗糙而干纹明显，外形像一把大折扇。叶长圆形，外形像蕉叶。花为穗状花序，腋生，两性，排列成蝎尾状聚伞花序。果为蒴果，形似香蕉，果皮坚硬富含纤维质。种子肾形，披碧蓝色撕裂状假种皮。

○ 旅人蕉

日常养护：喜光，喜高温多湿气候，夜间温度不能低于8℃。寒地冬季应移入阳光充足的室内越冬，室温保持在13～18℃。生长季要保证水分供应，使盆土经常保持湿润，夏季还应常向叶面喷水以增湿降温。4～6月生长期可多施氮肥，6月以后以磷、钾肥为主。

21.美丽异木棉

别名：美人树

寓意：木棉花艳丽的颜色有趋吉避害的含义。

形态特征：木棉科异木棉属。落叶大乔木，树干下部膨大，幼树树皮浓绿色，密生圆锥状皮刺，侧枝呈放射状水平伸展或斜向伸展。掌状复叶有小叶，小叶椭圆形。花单生，花冠淡紫红色，中心白色，花瓣5，反卷，与花丝合生成雄蕊管，包围花柱。

○ 美丽异木棉

冬季为开花期，种子次年春季成熟。蒴果椭圆形。

日常养护：美丽异木棉发芽适宜温度为18～24℃，播种后一星期左右开始发芽。太阳猛烈的白天要用50%的遮光网降温。在生长旺季，水分补给要充足。如果土壤本身比较肥沃，可以每隔20～40天施用一次有机肥和复合肥。

22.桃花心木

别名：无

寓意：桃花心木能抗虫蚀，形态挺拔，具有护宅挡灾的寓意。

形态特征：楝科桃花心木属。大乔木，树干挺拔，树高可达50米。羽状复叶，初春落叶后迅即换新叶，叶片翠绿盎然。花生于叶腋，呈聚伞状圆锥花序，蒴果卵形，拳头大，具翅，树干为优良之家具用材。

○ 桃花心木

日常养护：喜高温、耐旱，日照需充足。以土层深厚，富含有机质的砂质壤土最佳。排水需良好。幼株需水分充足，应避免干旱。春夏季为生长旺盛期，每1～2个月施肥一次。

23.菩提树

别名：神圣的无花果

寓意：菩提树经冬不凋，巨大的树冠形成天然穹顶，夏季可为庭院营造阴凉，起到护宅效果。

形态特征：桑科榕属。常绿大乔木，树冠巨大，树皮黄白色或灰色，平滑或微具纵棱，冠幅广展，树干凹凸不平。树枝有气生根，下垂如须，侧枝多数向四周扩展，树冠圆形或倒卵形。单叶互生，隐头花序成对腋生，雌雄同株，冬季成熟，紫黑色。花期3～4月，果期5～6月。

日常养护：喜温暖多湿、阳光充足和通风良好的环境，较耐寒。盆栽幼苗放半阴处，冬季室内栽培要求阳光充足和通风。盛夏除正常浇水外，需多喷水，秋冬季逐渐减少浇水。生长期每两周施肥一次。

○ 菩提树

24.广玉兰

○ 广玉兰

别名：大花玉兰、荷花玉兰、洋玉兰

寓意：广玉兰树姿雄伟壮丽，叶大绿荫，浓花似荷花芳香馥郁，能耐烟抗风，对二氧化硫等有毒气体有较强抗性，可用于净化空气、保护居家生活环境。

形态特征：木兰科木兰属。常绿大乔木，树皮淡褐色或灰色，呈薄鳞片状开裂。枝与芽有铁锈色细毛。叶长椭圆形，叶片椭圆形或倒卵状长圆形。花芳香，白色，呈杯状，开时形如荷花。花梗精壮具茸毛。聚合果圆柱状，长圆形或卵形。种子椭圆形或卵形。

日常养护：性喜温暖湿润气候，耐寒耐阴，放置于阳光充足之处生长旺盛。广玉兰为肉质根，极易失水，因此在挖运、栽植时要求迅速、及时，以免失水过多而影响成活。浇水要浇足、浇透。5~7月间，施追肥3次，可用充分腐熟的稀薄粪水。

25.糖胶树

别名：象皮树、灯架树、黑板树、乳木、魔神树

寓意：糖胶树生活力强，抗风，抗大气污染，在水边、庭院中都可良好生长，具备极佳的护宅寓意。

形态特征：夹竹桃科鸡骨常山属。常绿乔木，株高可达15米以上。树冠呈伞盖状，近椭圆形，分枝逐级轮生并呈水平状向外伸展。全株具有乳汁。糖胶树树形美观，枝叶常绿，是点缀庭园的好树种，也是良好的行道树，在庭院中适合孤植或对植。

○ 糖胶树

美化家居招来滚滚财运
改善环境花木催旺人生

日常养护：喜欢阳光充足，也稍耐阴。性喜高温，生长适宜温度为22～30℃。较耐寒，成年树可耐-7℃的低温。喜生长在空气湿度大、潮湿的环境，在水边、沟边生长良好。幼株每个月施一次肥，冬季不须施肥。

26.水鬼蕉

别名：美洲水鬼蕉、蜘蛛兰、蜘蛛百合

寓意：水鬼蕉布置在庭院、水景花园或丛植池畔、多年生混合花境中，可使景色更佳清雅幽静，有护宅的寓意。

形态特征：石蒜科蟹蟹花属。多年生草本，有鳞茎。花茎扁平，实心，基部极阔，白色，无柄，3～8朵生于花茎之顶，呈伞状，有芳香，花期夏末秋初。叶剑形，端锐尖，多直立，鲜绿色。副冠钟形或阔漏斗形，具齿牙缘。

○ 水鬼蕉

日常养护：喜光照强、温暖湿润的环境，不耐寒。夏季强光时，需放半阴处。越冬温度不低于15℃。生长期要求有较高的空气湿度，夏季可充分浇水，并给予良好的通风。生长期保持土壤湿润，每月追肥一次。

27.小蚌兰

别名：紫万年青叶、蚌花叶、红蚌兰叶

寓意：小蚌兰叶色美观，清新淡雅，丛植在庭院中，有护宅的风水寓意。

形态特征：鸭跖草科紫万年青属。多年生草本，茎较粗壮，肉质。节密生，不分枝。叶基生，密集覆瓦状，无柄。叶片披针形或舌状披针

○ 小蚌兰

形，先端渐尖，基部扩大成鞘状抱茎，上面暗绿色，下面紫色。聚伞花序生于叶的基部，大部藏于叶内包围花序，花多而小，白色。蒴果2~3室，室背开裂。花期5~7月。

日常养护：属中性植物，日照要充足，全日照、半日照均理想。性喜温暖至高温，冬季应温暖避风，生长适宜温度为20~30℃，10℃以下需防寒害。以肥沃的腐殖质壤土培育最佳，排水需良好。每月施肥一次，冬季停止施肥。

28.荷叶椒草

别名：无

寓意：有平安之意，摆放在住宅中，有招财开运的美好象征。

形态特征：株高15~20厘米。无主茎。叶簇生，近肉质较肥厚，倒卵形，灰绿色杂以深绿色脉纹。穗状花序，灰白色。栽培种有斑叶型，其叶肉质有红晕；花叶型，其叶中部绿色，边缘为一阔金黄色镶边；亮叶型，叶心形，有金属光泽。皱叶型，叶脉深深凹陷，形成多皱的叶面，极为有趣。

○ 荷叶椒草

日常养护：性喜高温多湿，耐阴，可作盆栽作室内观叶植物。培育室温20~28℃，10℃以下需防寒害。栽培土质以肥沃之腐植土为佳。排水需良好，日照50%~70%，忌强烈日光直射。施肥每月一次，氮肥偏多，叶色较为美观。植株老化应作修剪。

29.黄栌

别名：黄道栌、黄栌材

寓意：秋天黄栌片片红叶，历经风霜，真情不变，寓意真心。

形态特征：黄栌为落叶灌木或乔木，高达8米。单叶互生，倒卵形，长3~8厘米，宽2.5~6厘米，先端圆或微凹，基部圆或阔楔形，全缘，无毛或仅下面脉上有短柔毛，侧脉6~11对，先端常分叉；叶柄细，长1.5厘米。

大型圆锥花序顶生；花杂性，径约3毫米；萼片5，披针形；花瓣5，长圆形，长倍于萼片；雄蕊5，短于花瓣；子房上位，具2～3短而侧生的花柱。果穗长5～20厘米，有多数不孕花的细长花梗宿存，成紫绿色羽毛状。核果肾形，直径3～4毫米，熟时红色。花期4月，果期6月。

○ 黄栌

日常养护：黄栌性喜阳光，能耐半阴，耐旱，耐寒，耐盐碱，耐瘠薄，但不耐水湿。生长迅速，萌蘗力强。栽培技术用种子、分株和扦插繁殖。盆栽黄栌，在生长季节，应置于向阳通风处。在炎热的夏季，应置于半阴处。冬季应移入低温室内。给盆栽黄栌浇水时，要做到见干见湿，盆内不要积水，只要土壤湿润就可不浇。在天气炎热时，应经常向地面洒水，以保持黄栌盆景周围的小气候有一定湿度。黄栌不宜用大肥，肥多会使枝条陡长，叶片变大，影响美观。除栽种时施些基肥外，春末、初秋各施一次腐熟的有机液肥即可。黄栌生长较快，春季发芽修剪一次，剪除过密枝条和影响造型的枝条，有的枝条要进行适当蟠扎，使枝叶有疏有密，疏密得当，如枝叶过密，就会影响观赏枝干的优美形态。

30.火炬花

别名：红火棒，火把莲

寓意：火炬花花序状若瓶刷，从下至上依次开花，像一把燃烧的火炬，象征着驱魔消灾开运未来。

形态特征：火炬花为百合科火把莲属多年生草本植物。茎直立，可高达一米多；总状花序着生数百朵筒状小花，可陆续开放，呈火炬形，花的颜色为红色、黄色或橘红色；花期6～7月。

○ 火炬花

日常养护：火炬花性喜温暖，阳光充足的环境。生长时期要求阳光充足，故必须种植在向阳的地方，否则会影响开花。对土质虽要求不严，但在粘性土质中生长更优。为了使火炬花生长良好，花繁色艳，在栽种前应施足经充分腐熟的有机肥料与一定的过磷酸钙或骨粉。为了保持火炬花的优良特性，以分株繁殖较好。分株繁殖宜在秋季进行，将其宿根挖出后，从老根的根团中找出短缩根茎，然后带须根切开，即可种植。

31.假龙头

别名：随意草，芝麻花、囊萼花、棉铃花、虎尾花、一品香

寓意：假龙头的花语和象征意义是"成就感"。因假龙头又名随意草，故寓意"随心顺意"。

形态特征：假龙头为多年生草本植物。宿根草本，株高60～120厘米，茎四方形；叶对生，披针形，叶缘有细锯齿；夏至秋季开花，顶生，穗状花序，唇形花冠，花序自下端往上逐渐绽开，花期持久；花色有淡红、紫红或斑叶变种。花期7～9月。

日常养护：假龙头性喜阳光，耐半阴，耐热，耐寒，喜肥。生长期间，要给予充足的阳光，但盛夏最好能稍加遮荫。长期光照不足，会导致徒长，节间过长。水分宜充足一些，不能太干。气候干燥时，每天还应喷水1～2

○ 假龙头

次，否则会因干旱、干燥而导致老叶焦边脱落。为了使株形矮而丰满，花序长，色鲜艳，当幼苗长至15厘米左右要将顶梢摘去，仅保留2节，以促使萌发新枝，之后再摘心1次。

32.金光菊

○ 金光菊

别名：黑眼菊、黄菊、黄菊花、假向日葵、金花菊、九江西番莲、太阳花、太阳菊

寓意：金光菊的花语和象征意义是"生机勃勃、自由活波、公平正义"。

形态特征：金光菊为菊科金光菊属，为多年生草本植物，一般作1～2年生栽培。枝叶粗糙，株高可达2米，多分枝；叶互生，较宽，无毛或被疏短毛；基部叶羽状分裂，5～7裂；茎生叶3～5裂，边缘具稀锯齿。头状花序生于枝顶，总苞半球形，花序托凸起呈柱状，形成一个锥体；舌状花单轮，倒披针形而下垂，金黄色；管状花黄色或黄绿色；果无毛，压扁，稍有4棱；花期7～9月。

日常养护：金光菊性喜通风良好，阳光充足的环境。适应性强，耐寒又耐旱。对土壤要求不严，但忌水湿。在排水良好、疏松的沙质土中生长良好。当植株长到1米以上时，需及时设支架进行绑扎，避免植条被风吹折断。

33.虎耳草

别名：石荷叶、金线吊芙蓉、金丝荷叶、耳朵红、老虎草

寓意：虎耳草的花语和象征意义是"持续"。凡是受到这种花祝福而生的人耐性超强，能够持之以恒慢慢累积成伟大的成就。

形态特征：虎耳草为多年常绿生草本植物，冬不枯萎。根纤细，有匍匐茎，全株被疏毛，紫红色，有时生出叶与不定根；叶基生，从根出成束，通常数片；叶片肉质，圆形或肾形，有时较大，基部心形或平截；叶柄边缘有浅裂片和不规则细锯齿；叶面绿色，叶背和叶柄酱红色；花茎直立或稍倾

斜，有分枝；圆锥状花序，轴与分枝、花梗被腺毛及绒毛；苞片披针形，被柔毛；萼片卵形，先端尖，向外伸展；花多数，花瓣5，白色或粉红色，具紫斑或黄斑；蒴果卵圆形，先端2深裂，呈喙状；花期4～5月，果期7～11月。

日常养护：虎耳草性喜半阴，凉爽，空气湿度高，排水良好。不耐高温干燥，夏季室内也需遮荫，避开强光直射。在夏、秋炎热季节休眠，入秋后恢复生长。每盆栽一苗，可悬挂于窗前檐下，任其匍匐下垂。生长期间盆土宜湿不宜干，需经常喷水提高周围环境湿度。炎热季节要放置在通风凉爽处，控制水分。入秋恢复生长后，需增加浇水，每周施稀薄液肥2次。

○ 虎耳草

34.无花果

别名：天仙果、名目果、映日果

寓意：无花果的花语和象征意义是"丰富"，象征拥有良好的人际关系。

形态特征：无花果为落叶小乔木或灌木。树皮光滑，灰白色或略带褐色，全株具乳管，可分泌白色乳汁；小枝粗壮，托叶包被幼芽，托叶脱落后在枝上留有极为明显的环状托叶痕；单叶、互生、具长柄，叶片大，厚膜质，宽卵形或近球形，长10～20厘米；上面粗糙，下面有短毛，暗绿色，常有3～7裂；冬季落叶后在枝条上留下三角形的大型叶痕，边缘有波状齿；叶腋内可形成2～3芽，其中小而呈圆锥形的为叶芽，其他大而圆者为花芽；花单性，淡红色，埋藏于隐头花序中。

○ 无花果

日常养护：无花果喜阳光充足、温暖湿润的环境，能耐旱，怕水涝。喜肥沃湿润的砂质土壤。但对其他土壤适应性也较强。浇水以保持盆土湿润为好，要见干见湿。盆栽无花果，植株不宜过高，以30厘米高为宜，超过就要对其作精心修剪。修剪当在春季的3月进行，当年7月进行一次摘心，以防枝条徒长。盆栽无花果，每年早春萌芽前须换盆一次。

35.十大功劳

○ 十大功劳

别名：黄天竹、土黄柏、刺黄芩、猫儿刺、土黄连、八角刺、刺黄柏

寓意：十大功劳的根、茎、叶均可入药，且药效卓著。依照中国人凡事讲求好意头的习惯，便赋予它"十"这个象征完满的数字，寓意它的医疗功能强大的意思。

形态特征：十大功劳为常绿灌木。根粗大，茎粗壮，直立，黄色；单数羽状复叶，阔叶十大功劳有叶柄，狭叶十大功劳无柄，厚革质，大小不一；基部楔形或近圆形，每边有刺状锐齿，边缘反卷，上面蓝绿色，下面黄绿色；总状花序顶生而直立，褐黄色或黄色，芳香；萼片9，排为3轮，外轮较小，内轮3片较大；花瓣6；雄蕊6；子房上位，1室。阔叶十大功劳浆果卵形，暗蓝色，有白粉；狭叶十大功劳浆果圆形或矩圆形，蓝黑色，有白粉。花期7~8月，11月下旬果实成熟。

日常养护：十大功劳喜暖温气候，较耐寒，也耐阴。对土壤要求不严，以沙质壤土生长较好，但不宜碱土地栽培。盆栽时在培养土中应大量掺沙，以防盆内积水，可2年翻盆换土一次，随着根蘖条的抽生和株丛不断扩大，逐渐换入大盆。生长期可追肥3~5次，春、夏两季适当蔽阴。冬季应移入冷室越冬，让其休眠，如果室温超过15℃，对来年生长极为不利。

36.刺柏松

别名：山刺柏、刺柏树、短柏木、桧柏

寓意：刺柏松象征刚直威猛。

形态特征：刺柏松为常绿小乔木。树皮褐色，纵裂，呈长条薄片脱落；树冠塔形，大枝斜展或直伸，小枝下垂，三棱形；叶全部刺形，坚硬且尖锐；3叶轮生，先端尖锐，基部不下延；表面平凹，中脉绿色而隆起，两侧各有1条白色气孔带，较绿色的边带宽；背面深绿色而光亮，有纵脊；雌雄同株或异株，球果近圆球形，肉质，顶端有3条皱纹和三角状钝尖突起，淡红色或淡红褐色，成熟后顶稍开裂；种子半月形，有3棱；花期4月，果需要2年成熟。

○ 刺柏松

日常养护：刺柏松喜光，耐寒，耐旱，主侧根均甚发达，在干旱沙地、肥沃通透性土壤生长最好。刺柏松对肥、水要求不高，一般情况下不施肥、不浇水也能生长良好，雨季注意排水。刺柏松一年中有两次生长高峰，一次在夏至以前，一次在寒露至霜降，掌握在两次生长高峰之前巧施追肥，就能有效促进根系生长。

37.珍珠梅

别名：喷雪花，珍珠排

寓意：珍珠梅凌霜傲雪，寓意坚强勇敢，努力。

形态特征：珍珠梅为丛生落叶灌木。枝梢向外开展，小枝弯曲，无毛或微被短柔毛，幼时嫩绿色，老时暗黄褐色或暗红褐色；冬芽卵形，称端圆钝，无毛或被疏柔毛，紫褐色，具数枚鳞片；奇数羽状复叶，互生，叶轴微被短柔毛，卵状披针形至三角状披针形，边缘有不规则锯齿或全缘，

○ 珍珠梅

改善环境花木催旺人生 美化家居招来滚滚财运

两面无毛或近无毛；顶生圆锥花序，总花梗和花梗均被星状毛或短柔毛，果期逐渐脱落；萼筒钟状，外面微被短柔毛，萼裂片三角状卵形，先端急尖；花瓣长圆形或倒卵形，白色；雄蕊比花瓣长1.5～2倍，生于花盘边缘；子房被短柔毛或无毛。蓇葖果长圆形，具顶生弯曲的花柱。花期7～9月，果期9～10月。

日常养护：珍珠梅耐寒，耐半荫，耐修剪。在排水良好的砂质壤土中生长较好。春季干旱时要及时浇水，夏秋干旱时，浇水要透，以保持土壤不干旱；入冬前还需浇1次防冻水。花后要及时修剪掉残留花枝、病虫枝和老弱枝，以保持株型整齐，避免养分消耗，促使其生长健壮，花繁叶茂。

38.绣线菊

别名：柳叶绣线菊、蚂蝗梢

寓意：绣线菊的花语和象征意义是"祈福、努力"。

形态特征：绣线菊为落叶直立灌木。枝条密集，小枝有棱及短毛；单叶互生，叶片长圆状披针形，缘具细密锐锯齿，两面无毛；叶柄短，无毛，长圆形圆锥着生于当年生具叶长枝枝顶；圆锥花序，花密集，长圆形或金字塔形，两性花，花具短，花瓣粉红色，雄蕊伸出花瓣外，花有花盘、苞片、花萼和萼片，均被毛，蓇葖果直立，沿腹缝线有毛并具反折萼片；种子数粒、细小；胚乳少或无；花期6～9月，果熟8～10月。

日常养护：绣线菊喜光也稍耐荫，抗寒，抗旱，喜温暖湿润的气候和深厚肥沃的土壤。在光照充足及20～25℃温度条件下生长发育良好。冬季低于零下25℃温度时会发生冻害，甚至导致死亡。绣线菊喜肥，生长盛期每月施3～4次腐熟的饼肥水，冬季停止施肥，减少浇少量。冬季枯叶期时，可以适当进行修剪，控制植株形态，促发新枝，更新老枝，延长花期，多着花序。修剪后要追施1～2次粪肥，这样就可以保证养分供应。

○ 绣线菊

39.美国薄荷

别名：洋薄荷、马薄荷、红花薄荷

寓意：美国薄荷的花语和象征意义是"美德"。

形态特征：美国薄荷为多年生宿根花卉及香料植物。茎锐四棱形，具条纹，近无毛，仅在节上或上部沿棱上被长柔毛，毛易脱落；叶片卵状披针形，先端渐尖或长渐尖，基部圆形，边缘具不等大的锯齿，纸质，上面绿色，下面较淡，上面疏被长柔毛，毛渐脱落，下面仅沿脉上被长柔毛，余部散布凹陷腺点；轮伞花序多花，在茎顶密集成径达6厘米的头状花序，花冠鲜艳，有红、紫、白、粉、蓝紫等色；苞片叶状，染红色，短于花序，具短柄，全缘，疏被柔毛，下面具凹陷腺点；小苞片线状钻形，先端长尾尖，具肋，被微柔毛，染红色；花梗短，被微柔毛；果实内含小坚果4枚；花期6～9月。

○ 美国薄荷

日常养护：美国薄荷喜凉爽、湿润、向阳的环境，亦耐半阴。在湿润、半阴的灌丛及林地中生长最为旺盛。在半日照或无直射阳光的环境下，会使得开花数减少。适应性强，不择土壤。耐寒，忌过于干燥。生长季应充分浇水、施肥，注意多施些磷、钾肥，有助于开花繁茂不断，减少病虫害发生。一般春季适当修剪，于5～6月进行一次摘心，调整植株高度，有利于形成丰满的株形和花繁叶茂。注意保持通风良好，及时疏剪去除病虫枝叶。

40.佛甲草

别名：佛指甲、铁指甲、狗牙菜、万年草

寓意：佛甲草的花语和象征意义是"韵律感，规律"。

形态特征：佛甲草是多年生肉质多浆草本植物，含水量极高。茎纤细倾卧，着地部分节节生根，光滑；叶3～4片轮生，近无柄，线形至倒披针形，

○ 佛甲草

先端近短尖，基部有短矩，翠绿有光泽；聚伞花序顶生，花黄色，细小；萼5片，无距或有时具假距，线状披针形，钝头；花瓣5，矩圆形，先端短尖，基部渐狭；雄蕊10，心皮5个，成熟时分离，花柱短；蓇葖果。花期春末夏初。

日常养护：佛家草生长适应性强，耐寒、耐旱、耐盐碱、耐瘠，而且能抗高温。夏天屋顶温度高达60℃，它也能承受，基本不用浇水。而在冬季寒冷的北方，严寒时基质冻结。佛甲草呈休眠状态。开春后气温回升，很快又能萌发，恢复生机。佛甲草长成后无需修剪，很少有病虫害，自然成型，四季常绿，是极高的屋顶绿化植物。

41.金钱蒲

别名：钱蒲、石菖蒲，九节菖蒲，建菖蒲、石菖蒲、小石菖蒲、小随手香

寓意：金钱蒲的花语和象征意义是"驱邪避害、长寿康宁"。

形态特征：金钱蒲为多年生草本植物。根茎较短，横走或斜伸，芳香，外皮淡黄色，根肉质，多数，须根密集；根茎上部多分枝，呈丛生状，分枝基部常具宿存叶基；叶柄对

○ 金钱蒲

折，两侧棕色，上延至叶片中部以下，渐狭，脱落；叶片较厚，线形，干时灰绿或褐色，先端长渐尖，无中肋，平行脉多数。叶状佛焰，苞短，为肉穗花序长的1~2倍，有时更短于肉穗花序，狭窄；肉穗花序黄绿色，圆柱形；果序增粗，果黄绿色；花期5~6月，果期7~8月。

日常养护：金钱蒲喜阴湿环境，冷凉湿润气候，耐寒，忌干旱，以沼泽、湿地或灌水方便的砂质壤土、富含腐殖质壤土栽培为宜。常在9~10月进行分株种植，即除去枯黄老叶后，将植株分为5~10个分蘖的小株，然后种植浇水。喜阴，荫蔽度为60%~70%。喜欢通风好的环境，通风不好的情况下会腐烂，所以盆栽金钱蒲需隔日清除腐叶。

42.车前草

别名：车轮菜、猪肚菜、灰盆草、虾蟆衣、牛舌、牛遗、当道

寓意：车前草生命力极强，多生长于路边，或房前房后，因此它寓意留下足迹。

形态特征：车前草属多年生草本植物。无茎，具多数细长之须根；叶根生，薄纸质，卵形至广卵形，全缘或呈不规则波状浅齿，具5条主叶脉，叶基向下延伸到叶柄；叶柄长，几乎与叶片等长或长于叶片，基部扩大；花茎数个，具棱角，有疏毛；周年开花，穗状花序自叶丛中抽出，小花白色，花冠4裂，雄蕊4枚；蒴果卵状圆锥形，内藏种子4~8枚或9枚，近椭圆形，黑褐色；种子花期6~9月，果期7~10月。

○ 车前草

美化家居招来滚滚财运
改善环境花木催旺人生

43.流星花

别名：彩星花、腋花同瓣草、五星花

寓意：流星花的花语和象征意义是"坚强、用心、朴实"。

形态特征：流星花为多年生草本植物。植物体内有乳汁，全株光滑无毛；叶对生或轮生，叶片狭长，绿色，羽裂状戟形，有不规则深裂或浅裂；分枝旺盛，茎基部分枝多，中上部的每张叶片都会生长出花枝或叶枝，其中以花枝为主；花单生于茎顶，顶生或腋生；花瓣基部为筒状，伸展出来后分为5片狭长的花瓣，花色蓝紫色、白色或粉红色；花期春至夏。

○ 流星花

日常养护：流星花喜光、喜温和湿润凉爽气候。栽培时，宜选择全日照或半日照以及通风良好之处，土壤选择排水良好的有机质壤土，浇水适中即可，勿过分潮湿。流星花的繁殖方式有播种及扦插两种，秋天至早春是最好的季节，发芽温度为20℃前后，播种后10～14天发芽，生长时的温度在20～25℃。采用扦插法时，剪取健康无病虫害的插穗，插于砂床，注意保持湿度，每5~10天施水施肥一次促进发根。花期过后，剪除残花或更换大盆，并再补充肥水，可促使萌发新枝，再生花苞。

44.玉叶金花

别名：雪萼花、白纸扇、蝴蝶藤、山甘茶、仙甘藤

寓意：玉叶金花是一味极好的中草药，有排废解毒、健脏益腑的功效，因此被视为护卫健康之剑。

形态特征：白纸扇为半落叶性常绿灌木。小枝蔓延，初时被柔毛，成长后脱落；叶对生，具柄，椭圆形披

○ 玉叶金花

针状，基部钝形或渐尖形、先端尖或渐尖形、全缘，上面无毛或被疏毛，下面被柔毛；托叶2深裂，裂片条形，被柔毛；聚伞花序顶生，花冠长漏斗状、金黄色；花萼裂片5，其中1~2枚明显增大为叶状苞片，白色或淡黄白色，有些品种的五片萼片都会变形成为叶片状；浆果椭圆形，聚集一团，熟时黑紫色；花期5~10月，果期9~12月。

　　日常养护：白纸扇性喜温暖和半阴环境，怕涝，忌寒，耐旱，宜栽培在肥沃、疏松、排水良好的微酸性土壤上。生长适温为23~32℃，冬季需温暖避风越冬。生长期要给一予充足光照，荫蔽处生育开花不良。土壤要经常保持湿润，炎夏要向叶面洒水以降低气温。随着苗木的生长，为了促使植株矮化、丰满，需要进行反复的摘心处理。

　　日常养护：车前草喜温暖，阳光充足、湿润的环境，比较肥沃的沙质壤土为好。喜湿润环境，但怕涝、怕旱，如遇干旱，可适当灌水抗旱。车前草种子细小，出苗后生长缓慢，易被杂草抑制，因此幼苗期应及时除草，一般1年进行3~4次松土除草。车前草喜肥，施肥后叶片多，穗多穗长，产量高。但进入抽穗期，要控制施用氮肥，防止营养生长过旺。

45.金银莲花

　　别名：白花荇菜、白花莕菜、水荷叶、印度荇菜、印度莕菜

　　寓意：金银莲花常在夏天开白色的小花，朵朵小花星星点点，象征着淡泊、纯洁。

○ 金银莲花

形态特征：金银莲花是睡菜科多年生浮叶水生草本植物。具多数须根，茎丛生，圆柱形，不分枝，形似叶柄；顶生单叶，叶飘浮，近革质，圆形或钝卵形，全缘，具不甚明显的掌状叶脉，背面有粗毛状腺体；花多数，簇生于叶柄基部，花梗细弱；花萼深裂至基部，萼裂片长椭圆形至披针形，先端钝，脉不明显；花冠白色，冠筒短，分裂至近基部，具5束长柔毛，裂片卵状椭圆形，先端钝，腹面密生流苏状长柔毛；花丝短而扁，蒴果椭圆形，具宿存花萼和花柱；种子圆形，略扁，褐色，光亮无毛。花期2~8月，果期8~10月。

日常养护：金银莲花喜向阳温暖的潮湿或沼泽地环境，较耐寒，其根茎能顺利越冬。在水池中种植，水深以40厘米左右较为合适，盆栽水深10厘米左右即可。以普通塘泥作基质，不宜太肥，否则枝叶茂盛，开花反而稀少。平时保持充足阳光，盆中不得缺水，不然也很容易干枯。如叶发黄时，可视盆的大小和植株拥挤情况，每2~3年要分盆一次。冬季盆中要保持有水，放背风向阳处就能越冬。

46.落葵

别名：木耳菜、胭脂菜、胭脂豆、藤菜、蔡葵、紫角叶

寓意：落葵的花语和象征意义是"万物都是平等的"。

形态特征：落葵为落葵科一年生缠绕性草本植物。全株肉质，光滑无毛；分枝明显，绿色或淡紫色；单叶互生，叶片宽卵形、心形至长椭圆形，先端急尖，基部心形或圆形，间或下延，全缘，叶脉在下面微凹，上面稍凸；穗状花序腋生或顶生，单一或有分枝；萼片2，宿存；花无梗，花瓣5，淡紫色或淡红色，下部白色，连合成管；雄蕊5个，生于花冠筒口，和花瓣对生，花丝在蕾中直立；花柱3，基部合生，柱头具多数小颗粒突起；果实卵形或球形，暗紫色，多汁液，为宿存肉质萼片和花瓣所包裹；

○ 落葵

种子近球形；花期5～9月，果期7～10月。

日常养护：落葵喜温暖湿润和半阴环境，不耐寒，怕霜冻，耐高温多湿，宜在胆沃疏松和排水良好的沙壤土中生长。种子发芽适温20℃左右；生长适温25%～30%，在高温多雨季节生长良好，不耐寒，遇霜则死。落葵根系发达，生长势旺，喜湿，生长期要多施有效氮肥，勤浇水。并配合施用叶面肥，以促进植株迅速生长。但忌积水烂根，因此应小水勤浇，每次采摘后结合追肥，浇水一次。

47.麻叶绣球

别名：麻叶绣线菊、粤绣线菊、麻毯、麻叶绣球绣线菊、石棒子

寓意：麻叶绣球的花语和象征意义是"品格"。

形态特征：麻叶绣球为落叶灌木。枝细长，暗红色，光滑无毛；冬芽小，卵形，先端尖，无毛，有数枚外露鳞片；单叶互生，叶菱状披针形至菱状矩圆形，先端尖，基部楔形，缘有缺刻状锯齿，上面深绿色，下面灰蓝色，两面无毛，有羽状叶脉；伞形花序具多数花朵，着生于新枝顶端；花梗无毛；苞片线形，无毛；萼筒钟状，外面无毛，内面被短柔毛；萼片三角形或卵状三角形，先端急尖或短渐尖，内面微被短柔毛；花瓣近圆形或倒卵形，先端微凹或圆钝，白色；花盘由大小不等的近圆形裂片组成，裂片先端有时微凹，排列成圆环形；子房近无毛，花柱短于雄蕊蓇葖果直立开张，无毛，花柱顶生，常倾斜开展，具直立开张萼片花期4～5月，果期7～9月。

日常养护：麻叶绣球性喜阳光，稍耐阴。耐旱，忌水湿。较耐寒，适生于肥沃湿润土壤。当麻叶绣球开始抽芽，应将盆移到阳光充足通风良好的环境，满足其5小时以上的光照。花后轻度修剪，去老枝及过密枝条。植株衰弱时，可在休眠期进行重剪更新。生长期施肥1～2次，为便次年开花繁茂，可在秋季或初冬再施腐熟厩肥1次。

○ 麻叶绣球

改善环境花木催旺人生　美化家居招来滚滚财运

48.马尾松

○ 马尾松

别名：青松、山松、枞松

寓意：的花语和象征意义是"坚贞"。

形态特征：马尾松属常绿乔木。树干较直，树皮红褐色，下部灰褐色，裂成不规则的鳞状块片；树冠在壮年期呈狭圆锥形，老年期内则开张如伞装；枝平展或斜展，树冠宽塔形或伞形，枝条每年生长一轮，但在广东南部则通常生长两轮，淡黄褐色，无白粉，稀有白粉，无毛；冬芽卵状圆柱形或圆柱形，质软，褐色，顶端尖，芽鳞边缘丝状，先端尖或成渐尖的长尖头，微反曲，叶缘有细锯齿；针叶2针一束，稀3针一束，细柔，微扭曲，两面有气孔线，边缘有细锯齿；树脂脂道4～8，在背面边生，或腹面也有2个边生；叶鞘初呈褐色，后渐变成灰黑色，宿存；雄球花淡红褐色，圆柱形，弯垂，聚生于新枝下部苞腋，穗状；雌球花单生或2～4个聚生于新枝近顶端，淡紫红色；一年生小球果圆球形或卵圆形，褐色或紫褐色，上部珠鳞的鳞脐具向上直立的短刺，下部珠鳞的鳞脐平钝无刺。球果卵圆形或圆锥状卵圆形，有短梗，下垂，成熟前绿色，熟时栗褐色，陆续脱落；花期4月；果次年10～12月成熟。

日常养护：马尾松为喜光、深根性树种，不耐庇荫，喜温暖湿润气候，能生于干旱、瘠薄的红壤、石砾土及沙质土壤。在马尾松大田育苗生长期中，用铁制切根铲适时适量切去苗木部分原主根，促进苗木根系生长，增加侧须根数量，提高菌根感染率，降低高径比，控制冠根比，可显著提高马尾松大田裸根苗质量与成活率。另外，在马尾松苗运到造林地后，要及时造林栽植，当天栽不完的松苗，应就近假植。

49.炮仗花

别名：黄金珊瑚

寓意：炮仗花盛开时花朵成簇，累累成串，橙红耀眼，犹如炮竹，因此被认为是喜气、热烈、吉祥的象征。在节日或喜庆日点燃爆竹，认为能驱除山鬼，所以炮仗花也寓意有驱除邪恶、祈祷安康之意。

○ 炮仗花

形态特征：炮仗花为常绿木质大藤本，有线状、3裂的卷须，可攀援高达7～8米。叶对生；小叶2～3枚，卵状至卵状矩圆形，先端渐尖，茎部阔楔形至圆形，叶柄有柔毛；圆锥花序着生于侧枝的顶端，花橙红色；花萼钟状，有腺点；花冠筒状，内面中部有一毛环，基部收缩，橙红色，裂片5，长椭圆形，花蕾时镊合状排列，花开放后反折，边缘被白色短柔毛。雄蕊着生于花冠筒中部，花丝丝状，花药叉开；子房圆柱形，密被细柔毛，花柱细，柱头舌状扁平，花柱与花丝均伸出花冠筒外。果瓣革质，舟状，内有种子多列，种子具翅，薄膜质；花期长，在云南西双版纳热带植物园可长达半年，通常在1～6月。

日常养护：炮仗花性喜向阳环境和肥沃、湿润、酸性的土壤，生长迅速。喜温暖，不耐寒冷，冬季温度不宜低于10℃。在华南地区，能保持枝叶常青，可露地越冬，北方地区入冬后需入室越冬。由于卷须多生于上部枝蔓茎节处，故全株得以固着在他物上生长。用压条或插条繁殖。压条繁殖可在春季或夏季进行，约1月开始发根，3月左右可分离母株移植。插条繁殖亦于春、夏季进行。炮仗花喜欢土壤湿润，因此生长季节经常保持盆土湿润为宜。气候干旱季节和炎夏，还需每天往枝叶上喷水2～3次和向花盆周围地面洒水，以提高空气湿度。秋季进入花芽分化期，浇水宜少些，以保持盆土稍湿润为好。植株依其卷须固着生长，生长期间切忌翻蔓，折断卷须，否则影响其水分与养分的吸收，造成开花不良甚至不开花。

如在阳台上培养可用粗铁丝和较粗竹竿搭成一定形式的框架，然后再将其茎蔓牵引至花架上，并使之均匀分布。开花时成串的鲜艳花朵，挂满架面，深受人们喜爱。

第四章

阳台植物详解

阳台是高层住宅中最接近庭院的功能区间，在阳台上种植植物，也能收到类似庭院植物的效果。

阳台植物知识要点

　　无论从环境学还是风水学上讲，阳台都是及其重要的一个功能区。大多数人都很重视阳台的整体美观性，多会放置几盆漂亮的盆栽植物来装饰阳台。除此之外，植物的特性与阳台的布局关系也是需要注意的。

1.阳台植物的作用

　　在欧洲、日本，阳台景观不仅是室内环境设计的一部分，而且还成为特别的名片，随时向外界展示居住者的个性修养。相对门口来说，阳台的开度更大，是一个家庭采光通风最关键的地方。按照风水学理论的理解，阳台是住宅重要的纳气口，它的布局关系到整个家庭的健康，因此要认真考量阳台的园艺风水。

　　阳台是住宅中最空旷辽阔的地方，与大自然最接近，可以饱吸宅外的阳光、空气及风雨，是家居的纳气之处。若要化解屋外的不利因素，阳台往往是第一道防线，其重要性可想而知。阳台受外界"不利因素"的影响最直

○ 阳台植物摆放组合多种多样，在遵守"布置法则"之余，也可以有多种尝试，以达到最佳视觉效果和感觉效果。

接，因此相对其他空间来说，阳台更要遵循一定的"布置法则"。由于阳台较为空旷，日光照射充足，因此适合种植各种色彩鲜艳的花卉和常绿植物，还可采用悬挂吊盆、摆放开花植物、靠墙放置观赏盆栽的组合形式来装点阳台。在阳台摆放一些花草植物，除了可以美化环境外，还有改善气场的良好效应。

在阳台上种植花草，营造园林小空间，不仅可以为住宅增添景致，还可以让家人亲近自然，为住宅增添"生气"。在阳台上摆放花卉盆景，有利于人体的健康。还可以种些爬藤类植物，夏天会藤攀阳台，看上去生机盎然，令人心旷神怡。盆景既要勤于浇水，又要使其能充分吸收到阳光。

2.阳台植物摆放注意事项

在阳台上放置盆栽，选择阔叶盆栽、桂竹等较理想，但不宜栽种叶片太过茂密而且高大的绿树，屋外有大树会使居家受到影响。小花小草等小盆栽也可用来点缀阳台，如果每株花草都长得很好，代表此处阳气盛；若花草总干枯长不大，则表示此处不宜栽种，或者是要另选其他植物。

○ 阳台上比较适合放置小型圆叶盆栽，叶片过大、过高的盆栽容易影响采光。

阳台门直冲厨房，宜在通道处放置植物，比如在该处放一盆黄金葛就可以收到良好的过渡效果。

如果阳台正对着的一面没有其他原因，就不要种植、摆放有刺的植物。因为这些植物给人以霸道之感，会影响人的情绪。

3.如何利用阳台植物增加旺宅之感

阳台同庭院一样，是居家纳气的重要气口。在开阔的阳台和良好的外部环境下，摆放有生旺寓意的植物，常给人以积极上向的力量，起到事半功倍的效果。因此，想要营造别具一格的阳台氛围，最好先了解如何利用不同植物增加旺宅利运之感。

（1）选择适合的植物

给人感觉旺宅的植物通常以叶面大、色彩丰富、形态优美为最佳。譬如万年青，其叶子四季常青，摆放在阳台有纳气接福之意，对居家有强大的壮旺之感；铁树的叶子狭长，中央有黄斑，寓意坚强，给人以补住宅之气血的感觉，也是寓意家宅兴旺的阳台摆放植物之一；棕竹因树干似棕榈，而叶如

○ 棕竹是最常见的阳台植物，和小型盆栽搭配还能避免单调感。

竹而得名，具有双重植物特征的棕竹生命力也相当旺盛，种在阳台可有保住宅平安之意。同时，可以在阳台种植名字和寓意丰富的植物，例如金钱树的叶片圆厚丰满，有利于家中财运的寓意；摇钱树，叶片颀长，色泽墨绿，形态和名字都极有富贵气息，适合作为象征旺宅的植物摆放在阳台。

（2）依据阳台的方位进行植物搭配

阳台的方位影响到植物的光照，不同居住者也会有不同的愿望，因此我们可以根据阳台的方位设置多种效力的阳台。

如果阳台位于住宅的东侧，适宜种白色、蓝色、红色的花。蓝色的花寓意让人吸收稳定、理智的力量，提升工作方面的好运；红色的花代表旺盛的生命力，有身体健康、生活充满活力之意。

如果阳台位于住宅的西侧，则适宜种植黄色、粉红色、白色的花。这三种颜色的花与绿色的叶子搭配，都能为生活增添特殊的亮色。

如果阳台位于住宅的南侧，要摆观叶植物，或种植白色、红色、橘色的花。这些颜色的花朵适宜南侧的阳台，吸收南方的积极能量。

如果阳台位于住宅的北侧，可以种一些白色、粉红色、橘色的花，不仅有欣赏的作用，而且可以提升住宅内部的力量。

4.如何利用阳台植物化解不利因素

同庭院一样，如果从阳台向外望，四周环境恶劣，附近有尖角，或街道直冲向阳台，给人以不安全感，又或者面对寺庙、医院、坟场等使人心情不好，便需摆放一些可以给人以防卫感觉的植物。一般情况下，寓意保护的植物，其干茎或花叶有刺。这类植物包括仙人掌、玫瑰、杜鹃等。仙人掌茎部粗厚多肉，往往布满坚硬的绒毛和针刺，形态上就给人护卫的感觉；龙骨的干茎挺拔向上生长，形似直立的龙脊骨，充满力量，使人充满安全感；玉麒麟同龙骨相反，其干茎横向伸展，形式似石山，稳重有力，给人以镇宅的感觉；玫瑰艳丽多姿，虽美但有刺，凛然不可侵犯，可装饰阳台的风景，特别适合女性较多的家庭使用。

家中有小孩的家庭，种植这类植物时，应特别注意，不要让儿童被植物刺伤。可以将植物摆放在儿童接触不到的地方，或使用屏风将阳台与其他功能区做明显的分隔。

阳台常见易养植物 --

本小节主要介绍阳台上常见易养的植物，方便读者根据其自身的特点去选择适合自己的阳台植物。

1.菊花

别名：寿客、金英、黄华、秋菊、陶菊

寓意：菊花自古以来就寓意着吉祥、长寿，摆放在阳台上可以让萧飒的秋季增添一丝活力。

形态特征：菊科菊属。多年生草本植物。茎色嫩绿或褐色，除悬崖菊外多为直立分枝，基部半木质化。单叶互生，卵圆至长圆形，边缘有缺刻及锯齿。头状花序顶生或腋生，一朵或数朵簇生。花序大小和形状各有不同，式样繁多，品种复杂，色彩丰富。菊花是中国十大名花之一，是庭院与阳台园艺中的常客。

○ 菊花

日常养护：喜凉爽、较耐寒，生长适宜温度18～21℃，地下根茎耐旱，最忌积涝，喜地势高、土层深厚、富含腐殖质、疏松肥沃、排水良好的土壤。在微酸性至微碱性土壤中皆能生长。为短日照植物，日照下进行营养生长，夜晚适于花芽发育。

2.虞美人

别名：丽春花、舞草、小种罂粟花、赛牡丹、锦被花

寓意：虞美人姿态葱秀，袅袅娉娉，因风飞舞，俨然彩蝶展翅，颇引人遐思。虞美人兼具素雅与浓艳之美，具有招财旺运的寓意。

形态特征：罂粟科罂粟属。1～2年生草本植物。株高40～70厘米，分枝细弱，被短硬毛。叶片呈羽状深裂或全裂，裂片披针形，边缘有不规则的锯齿。花单生，有长梗，未开放时下垂，花萼2片，呈椭圆形，外被粗毛。花冠

4瓣，近圆形，具暗斑。花径5～6厘米，花色丰富。蒴果杯形，成熟时顶孔开裂，种子肾形。花期4～7月，果熟期6～8月。

日常养护：虞美人耐寒，怕暑热，喜阳光充足的环境，喜排水良好、肥沃的沙壤土。只能播种繁殖，不能移栽，能自播。

○ 虞美人

3.三色堇

别名：三色堇菜、蝴蝶花、人面花、猫脸花、阳蝶花

寓意：三色堇意味着快乐，有提升运气、招财的寓意。

形态特征：堇菜科堇菜属。两年生或多年生草本植物，高10～40厘米。地上茎较粗，有棱，单一或多分枝。叶有基生叶与茎生叶之分。叶片多长圆形。花多，每个茎上有3～10朵，通常每花有紫、白、黄三色；花

○ 三色堇

梗稍粗，单生叶腋，上部具2枚对生的小苞片；小苞片极小，卵状三角形；萼片绿色，长圆状披针形。花期4～7月。三色堇是冬、春季节优良的盆栽植物，非常好养。

日常养护：较耐寒，喜凉爽，不耐高温，若温度连续在30℃以上，则花芽消失，或不形成花瓣。日照要充足，日照不良，开花不佳。喜肥沃、排水良好、富含有机质的中性壤土或黏壤土。

4.沙漠玫瑰

别名：天宝花

寓意：沙漠玫瑰的形态优雅、高洁，不但寓意爱情，也是友谊地久天长

美化家居招来滚滚财运
改善环境花木催旺人生

的标志，放置在阳台上有开运，希望提升人际关系的寓意。

形态特征：夹竹桃科天宝花属。多肉植物。单叶互生，倒卵形，顶端急尖，革质，有光泽，腹面深绿色，背面灰绿色，全缘。总状花序，顶生，着花10多朵，喇叭状，花冠5裂，有玫红、粉红、白色及复色等。花期5~12月。沙漠玫瑰花形似小喇叭，外观艳丽，四季开花不断，很受大众欢迎。

○ 沙漠玫瑰

日常养护：耐酷暑，不耐寒，耐干旱，忌水湿。盆栽需排水好，以肥沃、疏松的沙和腐叶土的混合土最好。喜光，生长期应放在室外阳光充足处，也可放在温室内培养，需要充足的光照。每月施1~2次稀薄液肥，冬季停止施肥。

5.水牛角

别名：美丽水牛角

寓意：水牛角的形态寓意"坚忍不拔"，象征着顽强的生命力。在阳台的花圃种植或者摆放盆栽，有旺宅、挡灾之意。

形态特征：萝藦科水牛角属。多肉植物，是一种生命力顽强的热带植物。长条柱状，花茎上长满了硬刺，刺形向上，像叠罗汉一般。顶端开小花，有红、黄、蓝等色。水牛角好养易活，自然大方，观赏性强，放在阳台、室内养植，别具一格。

日常养护：喜光，要放置在阳光充足或能接受阳光、灯光漫射的区域。盆栽以肥沃、疏松的沙土和腐叶

○ 水牛角

土的混合土最好。不耐寒，稍耐阴，过于阴暗容易导致开花不良。夏季高温每天浇水一次，平日2～3天浇水一次。

6.唐菖蒲

别名：菖兰、剑兰、扁竹莲、十样锦、十三太保

寓意：唐菖蒲在民俗中被视为能化解不利因素的吉祥草木，神话中认为其为天星的再生。

形态特征：鸢尾科唐菖蒲属。多年生草本花卉。地下部分具球茎，扁球形，株高0.6～1.5米，茎粗壮直立，无分枝或少有分枝，叶硬质剑形，7～8片叶嵌叠状排列。

○ 唐菖蒲

花茎高出叶上，蝎尾状聚伞花序顶生，排成两列，侧向一边，少数为四面着花。花冠筒呈膨大的漏斗形，稍向上弯，花色丰富，品种多样。花期为夏、秋季。唐菖蒲花形美观、色彩鲜艳，是世界四大切花之一。

日常养护：唐菖蒲为喜光性长日照植物，忌寒冻，在北方需放于室内越冬。喜凉爽气候，不耐高温。性喜肥沃深厚的砂质土壤，要求排水良好，不宜在黏重土壤或易有水涝处栽种。

7.紫罗兰

别称：草桂花、四桃克、草紫罗兰

寓意：紫罗兰的颜色华丽高贵，寓意吉祥富贵。

形态特征：十字花科紫罗兰属。多年生草本植物，全株被灰色星状柔毛覆盖，叶子长圆形或倒披针形，花紫红色，也有淡红、淡黄或白色的，

○ 紫罗兰

改善环境 美化家居 招来滚滚财运 花木催旺人生

有香气，果实细长。花期上年12月至次年4月，果熟期次年6～7月。紫罗兰是春季花坛的主要花卉，又是重要的切花，水养持久，矮生品种，可用于盆栽观赏。

日常养护：紫罗兰喜冷凉，忌燥热。适合生长于通风良好的环境中。对土壤要求不严，但在排水良好、中性偏碱的土壤中生长较好，忌酸性土壤。紫罗兰耐寒性较好，能耐短暂的-5℃的低温。不耐湿，怕渍水。施肥不宜过多，否则对开花不利。

8.凌霄

别称：紫葳、中国霄、大花凌霄、拿不走

寓意：凌霄寓意慈母之爱，经常与冬青、樱草放在一起，结成花束赠送给母亲，可表达对母亲的热爱与祝福。在阳台的架子或花圃里摆放种植凌霄，有对长辈表达祝福的风水寓意。

○凌霄

形态特征：紫葳科紫葳属。落叶木质藤本。羽状复叶对生，卵形至卵门面披针形。花橙红色，由三出聚伞花序集成稀疏顶生圆锥花丛；花萼钟形，质较薄，绿色，有10条突起的纵脉，5裂至中部，萼齿披针形；花冠漏斗状。花期6～8月。凌霄生性强健，枝繁叶茂，入夏后朵朵红花缀于绿叶中次第开放，十分美丽。

日常养护：性喜阳、温暖湿润的环境，稍耐阴。喜欢排水良好的土壤，较耐水湿，并有一定的耐盐碱能力。一般每月施1～2次液肥。

9.薰衣草

别称：香水植物、灵香草、香草、黄香草

寓意：薰衣草是纯洁、清净、保护、感恩与和平的象征，在阳台摆放种植，寓意着安定和平，有利于住家休养生息。

形态特征：属唇形科薰衣草属。多年生草本或小矮灌木，虽称为草，实

际是一种紫蓝色小花。薰衣草丛生，多分枝，常见的为直立生长，叶互生，椭圆形披尖叶，或叶面较大的针形，叶缘反卷。穗状花序顶生。花冠下部筒状，有蓝、深紫、粉红、白等色，常见的为紫蓝色，花期6～8月。可作小型盆栽点缀阳台。

○ 薰衣草

日常养护：喜阳光、耐热、极耐寒，栽培的场所需日照充足，通风良好。适宜生长的温度为15～25℃，在5～30℃均可生长。一次浇透水后，应待土壤干燥时再给水，以表面培养介质干燥，内部湿润为度，浇水要在早上，避开阳光，水不要溅在叶子及花上。施淡肥。

10.非洲菊

别称：扶郎花、灯盏花、秋英、波斯花

寓意：非洲菊寓意满怀毅力、不畏艰难之意，也被称之为幸福菊。别名为"扶郎花"的非洲菊，由妻子送给丈夫时，取扶助郎君之意，也象征着夫妻互敬互爱、家庭生活吉祥如意。

形态特征：菊科大丁草属。多年生宿根常绿草本植物，原产南非，株高15～30厘米。其杂交品种相当多，花形有单瓣、重瓣与半重瓣，花茎有小、中、大轮之分，花色有红、粉红、玫瑰红、橙红、黄、金黄、白色等。开花时间很长，如果环境适合，一年四季都可开花。非洲菊四季常绿，开花不断，花形优美，花色艳丽，是极好的盆栽观赏花卉。

日常养护：喜阳光，家庭种植宜置于南面阳台或天台。光照不足植

○ 非洲菊

株容易长叶，开花不良，但夏季需要避免强烈的阳光直射，力求通风凉爽。喜冬天温暖、夏季凉爽的环境，生长适宜温度为15～25℃，低于10℃停止生长。冬季温度保持在5℃以上。盆土要经常保持湿润，冬季可等盆土约一半深处干了再进行浇水。浇水时不要浇到叶丛中心，以防花芽腐烂。生长期每个月向盆土施1～2次少量复合肥，冬季可不进行施肥。

11.人参榕

别称：块根榕、小叶榕

寓意：人参榕生性强健，寿命长，被视为老当益壮、长寿的象征。

形态特征：桑科人参榕属。人参榕是由一般榕树用播种的实生苗培育而成的，种植时把它的上部肥大的根部露出泥面，因为像人参般的外形而得名。人参榕四季常绿，

○ 人参榕

根部特别肥大，枝叶密集，容易造型，是一种良好的观叶和观根植物。

日常养护：喜阳光充足，也耐半阴。家庭种植可置于阳台或天台。喜高温、多湿，生长适宜温度为23～32℃。耐寒能力也较强，在华南地区一般可露地越冬。喜湿润，也有很好的耐旱能力。空气干燥时要经常给叶面喷水。冬季可等盆土完全干了再浇水。每个月向盆土施一次少量的复合肥，冬季停止施肥。

12.常春藤

别称：土鼓藤、钻天风、三角风、散骨风、枫荷梨藤

寓意：常春藤寓意坚忍不拔、自强不息，在阳台摆放有提升居住者的人际关系，结识贵人的美好寓意。

形态特征：五加科常春藤属。常绿攀援藤本。茎枝有气生根，幼枝被鳞片状柔毛。叶互生，两裂，先端渐尖，基部楔形，全缘或3浅裂；花枝上的叶椭圆状卵形或椭圆状披针表，先端长尖，基部楔形，全缘。伞形花序单生

或2~7个顶生；花小，黄白色或绿白色，花柱合生成柱状。果圆球形，浆果状，黄色或红色。花期5~8月，果期9~11月。

日常养护：性喜温暖、荫蔽的环境，忌阳光直射，但喜光线充足，较耐寒，抗性强，多栽种于荫蔽处。土壤和水分的要求不高，以中性和微酸性为最好。

○ 常春藤

13.牵牛花

别称：喇叭花

寓意：牵牛花寓意"富贵千秋"，黄色的牵牛花有招徕财气的寓意，红色的牵牛花有增强家庭运的的寓意，适宜在阳台种植。

形态特征：旋花科牵牛属。一年生缠绕草本。叶宽卵形或近圆形，基部圆，心形，中裂片长圆形或卵圆形，侧裂片较短，三角形。花腋生，

○ 牵牛花

单一或通常2朵着生于花序梗顶，花冠漏斗状，蓝紫色或紫红色，花冠管色淡。开花期为夏、秋季。牵牛花绕篱萦架，一朵朵喇叭似的花点缀于绿叶丛中，别有一番情趣。

日常养护：牵牛花生性强健，喜气候温和、光照充足、通风适度的环境，对土壤适应性强，较耐干旱盐碱，不怕高温酷暑，但在温度为22~34℃的环境中生长最好。属深根性植物，地栽土壤宜深厚。

14.薄荷

别称：野薄荷、夜息香、南薄荷

寓意：薄荷有舒缓神经、补充体力的功效，也有利于住家的精气神，为

住宅提升活力的寓意。

形态特征：唇形科薄荷属。多年生草本。茎直立，下部数节具纤细的须根及水平匍匐根状茎，锐四棱形，具四槽，上部被倒向微柔毛，下部仅沿棱上被柔毛，多分枝。叶片长圆状披针形，先端锐尖。轮伞花序腋生，轮廓球形，花冠淡紫色。花期7～9月，果期10月。

○ 薄荷

日常养护：喜温暖和阳光充足的环境。根茎在5～6℃就可萌发出苗，其植株生长适宜温度为20～30℃。有较强的耐寒能力。喜潮湿雨量充沛的环境，土壤以疏松肥沃、排水良好的沙质土为好，宜浇足水，使土壤保持湿润。

15.三角梅

别称：九重葛、三叶梅、毛宝巾、　杜鹃、三角花、叶子花等

寓意：象征生意兴隆、富贵发财，是一种吉祥花卉。

形态特征：紫茉莉科叶子花属。为常绿攀援状灌木。枝具刺、拱形下垂。单叶互生，卵形全缘或卵状披针形，被厚绒毛，顶端圆钝。花顶生，很细小，黄绿色，常三朵簇生于三枚较大的苞片内，花梗与苞片中脉合生，苞片卵圆形。苞片有鲜红色、橙黄色、紫红色、乳白色等。花期为10月至翌年6月初。

日常养护：喜温暖湿润气候，不耐寒，在3℃以上才可安全越冬，15℃以上方可开花。喜充足光照。在排水良好、含矿物质丰富的黏重壤土中生长良好。耐贫瘠、耐碱、耐干旱、忌积水，每隔7～10天施液肥一次，以促进植株生长健壮。

○ 三角梅

16.软枝黄蝉

○ 软枝黄蝉

别称：黄莺、小黄蝉、重瓣黄蝉、泻黄蝉、软枝花蝉

寓意：软枝黄蝉花期长，所开出的黄色花朵有招财开运的寓意。

形态特征：夹竹桃科黄蝉属。常绿灌木类木本植物。软枝黄蝉为夹竹桃科常绿半直立灌木，常绿蔓性藤本；叶3～4片轮生，倒卵状披针型或长椭圆型；花腋生，聚伞花序，花冠漏斗型五裂，裂片卵圆形，金黄色；冠筒细长，喉部橙褐色。叶长椭圆形，花期6～10月。

日常养护：全日照；性喜阳光充足、喜高温多湿，生育适宜温度22～30℃。盆栽软枝黄蝉，夏季每天浇水1～2次，冬季减少灌水，只要在盆土干燥时再补充即可。除了基肥之外，需经常补充肥料；在幼苗期以及生长初期多施氮肥之外，开花期要多施磷、钾含量较多的肥料，每隔30～45天施加一次即可。

17.令箭荷花

别称：令箭、名红孔雀、荷花令箭、孔雀仙人掌等

寓意：令箭荷花娇丽轻盈的姿态，艳丽的色彩和优雅的香气让其既有挡灾辟邪的寓意，还具有招徕幸福的美好期冀。

形态特征：仙人掌目仙人掌科。多年生多肉草本植物，因其茎扁平呈披斜形，形似令箭，花似睡莲，所以称为令箭荷花。群生灌木状，高50～100厘米。植株基部主干细圆，分枝扁平呈令箭状，绿色。茎的边

○ 令箭荷花

缘呈钝齿形。花从茎节两侧的刺座中开出，花筒细长，喇叭状的大花，花色有紫红、大红、粉红、洋红、黄、白、蓝紫等，夏季白天开花，花期为5～7月。

日常养护：喜光照和通风良好的环境，在炎热、高温、干燥的条件下要适当遮阴，怕雨水。生长期最适宜温度度20～25℃，要求肥沃、疏松和排水良好的土壤，有一定抗旱能力。

18.迎春花

别称：金腰带、串串金、云南迎春、大叶迎春、迎春柳

寓意：将迎春花送给长者，有祝福长寿平安的含义，放在自家的阳台，也有迎财纳福的寓意。

形态特征：木樨科茉莉花素馨属。落叶灌木，枝条细长，呈拱形下垂生长，长可达2米以上。侧枝健壮，四棱形，绿色。三出复叶对生，

○ 迎春花

小叶卵状椭圆形，表面光滑，全缘。花单生于叶腋间，花冠高脚杯状，鲜黄色，顶端6裂，或成复瓣。花期3～5月，可持续50天之久。

日常养护：喜光，稍耐阴，略耐寒，冬天应移入室内越冬。放置室内向阳处，每日向枝干叶喷清水1～2次，10～20天即可开花。花开后，室温越高，花凋谢越快。喜湿润，夏季，每日浇1～2次水，冬季少浇水。生长期，每月施1～2次腐熟稀薄的液肥。开花前期，施一次腐熟稀薄的有机液肥，可使花色艳丽并延长花期。

19.迷迭香

别称：海洋之露

寓意：迷迭香摆在室内可以净化室内空气；用作香料时，有独特的馨香味道，能提高记忆力。迷迭香有利于家中的学生和脑力工作者的学习和生活，有促进事业和学业的风水寓意。

形态特征：唇形科迷迭香属。灌木，茎及老枝圆柱形，皮层暗灰色，幼枝四棱形，密被白色星状细绒毛。叶常常在枝上丛生，具极短的柄或无柄，叶片线形，先端钝，基部渐狭，全缘，向背面卷曲，革质。花近无梗，花期11月。

○ 迷迭香

日常养护：迷迭香性喜温暖气候，植株要能通风、保持凉爽，日光要充足，避免高温多湿的气候及环境。生长最适宜温度度为9～30℃。耐旱的植物，所以应该选择含砂土壤进行栽培。移植后浇透水。

20.含笑

别称：含笑美、含笑梅、山节子、白兰花、唐黄心树、香蕉花、香蕉灌木

寓意：含笑浓烈的香味和特殊的形态让阳台充满动感，是富含喜庆吉祥的植物。

形态特征：木兰科白兰花属。常绿灌木或小乔木，圆形树冠，树皮和叶上均密被褐色绒毛。单叶互生，叶椭圆形，绿色。花单生叶腋，花形小，呈圆形，花瓣6枚，肉质淡黄色，边缘常带紫晕，花香袭人，浸人心脾，有香蕉的气味，花期3～4个月。果卵圆形，9月果熟。

日常养护：性喜温湿，不甚耐寒，宜放置在半阴而湿润的场所，忌强烈阳光直射，夏季要注意遮阴。平时要保持盆土湿润，但决不宜过湿。生长期和开花前需较多水分，每天浇水一次，空气干燥时需向叶面喷水。喜肥，生长季节每隔15天左右施一次肥，开花期和10月份以后停止施肥。

○ 含笑

美化家居招来滚滚财运

改善环境花木催旺人生

21.葡萄

别称：提子、蒲桃、草龙珠、山葫芦、李桃、美国黑提

寓意：葡萄是非常常见的传统吉祥植物，因为种下一颗葡萄籽，就可以长出成串的葡萄，代表着多子多福、人丁兴旺、一本万利。佛教中菩萨手持葡萄表示五谷不损，所以葡萄也带有五谷丰登的寓意。在阳台或庭院中种植葡萄，寓意喜庆吉祥。

○ 葡萄

形态特征：葡萄科葡萄属。落叶藤本植物，掌叶状，3～5缺裂，复总状花序，通常呈圆锥形，浆果多为圆形或椭圆，色泽随品种而异。葡萄叶翠绿可人，果实圆润透亮，亦可食用，是很经济的阳台植物。

日常养护：喜光作物，充足和合理的光照能使其更好地生长。高温和低温都会使葡萄生长受到影响，尤其不耐寒。在早春萌芽、新梢生长期、幼果膨大期均要求有充足的水分供应，一般隔7～10天灌水一次，使土壤含水量达70%左右为宜。在浆果成熟期前后土壤含水量达60%左右较好。早期以氮肥为主，进入结果期后磷、钾肥相应增加。

22.一叶兰

别称：蜘蛛抱蛋

寓意：一叶兰清新简洁的形态富含吉祥平安的寓意。

形态特征：百合科蜘蛛抱蛋属。多年生常绿草本。根状茎近圆柱形，具节和鳞片。叶单生，矩圆状披针形、披针形至近椭圆形，先端渐尖，基部楔形，边缘多少皱波状，两面绿色，有时稍具黄白色斑点或条纹。花

○ 一叶兰

淡绿色，有时有紫色细点。

日常养护：性喜温暖湿润、半阴环境，较耐寒，极耐阴。生长适宜温度为10～25℃，而能够生长温度范围为7～30℃，越冬温度为0～3℃。生长季要充分浇水，盆土要经常保持湿润，并经常向叶面喷水增湿，以利萌芽抽长新叶；秋末后可适当减少浇水量。春夏季生长旺盛期每月施液肥1～2次。

23.龙吐珠

别名：麒麟吐珠、珍珠宝草、珍珠宝莲、臭牡丹藤

寓意：龙吐珠寓意喜庆吉祥、步步高升、名利双收。

形态特征：马鞭草科　桐属多年生常绿藤本。株高2～5米，茎四棱。叶对生，长圆形，长6～10厘米。聚伞形花序腋生，春夏开花，花很美丽，萼白色较大、花冠上部深红色，花开时红色的花冠从白色的萼片中伸出，宛如龙吐珠，故名龙吐珠。龙吐珠花形奇特，白里透红，宛如游龙含珠，十分优美。

○ 龙吐珠

日常养护：喜欢阳光充足的环境，但也怕夏季烈日直射。属热带植物，性喜高温，耐热性强，生长适宜温度为22～30℃。耐寒力比较差，冬季寒流侵袭会有落叶现象。喜湿润，但不能积水。每个月可施一次肥，冬季停止施肥。

24.龟背竹

别名：蓬莱蕉、电线兰、龟背芋

寓意：龟背竹寓意健康长寿，可以在长辈生日时以此植物送出祝福。

形态特征：天南星科龟背竹属。多年生常绿藤本植物，植株大型。叶大奇特，叶中间长有椭圆形的孔洞，像龟背，故名龟背竹。花期4～6月，果熟期10～11月。其花果可以食用，果实的风味尤佳，味似菠萝。龟背竹叶形新

奇有趣，是一种良好的观叶植物。在北方多为室内盆栽。

日常养护：耐阴性比较强，怕强光直射。喜温暖，不太耐寒，生长适宜温度为20~25℃，气温低于5℃时会停止生长。喜欢湿润度极高的空气湿度，但土壤不能积水。春季至秋季为生长旺盛期，每个月施一次肥。

○ 龟背竹

25.藿香蓟

别称：胜红蓟、一枝香

寓意：藿香蓟淡雅的形态有招吉纳福的寓意。

形态特征：菊科藿香蓟属。一年生草本。头状花序，总苞钟状或半球形。花果期全年。无明显主根。茎粗壮，少有纤细的茎。全部茎枝淡红色，或上部绿色，被白色尘状短柔毛或上部被稠密开展的长绒毛。叶对生，有时上部互生，有时植株全部叶小形。

○ 藿香蓟

日常养护：喜温暖、阳光充足的环境。不耐寒，在酷热下生长不良。该种在26~29℃温度下，发芽期要放在日光下。放在室内养护时，尽量放在有明亮光线的地方。喜欢湿润或半燥的气候环境。生长期要求适量施追肥，可用复合化肥，切记施肥后立刻灌水。

26.屈曲花

别称：珍珠球、蜂室花

寓意：屈曲花能给日常生活带来丰富的色彩，寓意充实丰富的生活。

形态特征：十字花科屈曲花属。疏被柔毛，多分枝。叶对生，倒披针形至匙形，边缘有少数不规则钝齿。花序球形伞房状，不久即生长成总状花序，有芳香。直立，株高25～50厘米。叶互生，基部叶披针形，稀锯齿，上部叶线状披针形。总状花序，伞房状，小花为十字形花冠，多花性，花期春夏。

○ 屈曲花

日常养护：生长习性耐寒，忌炎热，喜向阳，生长季节必须置室外阳光处。春冬两季应保持盆土湿润，夏秋季节每天早晚要浇水一次，干旱高温时每天可适当增加浇水次数。春冬两季应保持盆土湿润，夏秋季节每天早晚要浇水一次，干旱高温时每天可适当增加浇水次数。

27.何氏凤仙

别称：玻璃翠

寓意：凤仙花色艳姿奇，适应能力强，寓意红红火火的喜庆生活。

形态特征：凤仙花科凤仙花属。多年生常绿草本。本种的特点为花瓣平展，不同于其他凤仙花。株高20～40厘米，茎稍多汁，叶翠绿色，花大，直径可达4～5厘米，只要温度适宜可全年开花。花色有白、粉红、洋红、玫瑰红、紫红、朱红及复色。

日常养护：性喜冬季温暖，夏季凉爽通风的环境，不耐寒，越冬温度为5℃左右，喜半阴，适宜生长的温度为13～16℃。浇水不能过勤，要"间干间湿"。但夏季浇水要充足，并向叶面与地上喷水，以增加湿度；冬季浇水次数可少些，每隔7～10天用与室温相似的水喷洒枝叶一次。在生长时期每半个月施一次以磷、钾肥为主的稀薄复合肥料，氮肥不能太多。

○ 何氏凤仙

28.藻百年

○ 藻百年

别称：紫芳草、波斯紫罗兰

寓意：藻百年花色艳丽，花枝极具动感，象征长长久久、吉祥平安。

形态特征：龙胆科藻百年属。一年生植物。茎直立，株高20厘米左右；叶卵圆形，蜡质有光泽，叶长2.5～4.5厘米，有不明显短炳。二歧聚伞花序，花淡蓝紫色或白色，5枚，径1～2厘米，花药金黄色辐射状，有较长的细花柄。

日常养护：性喜光但不耐强光，生长适宜温度为15～25℃，植株处于通风良好的环境即可，白天温度保持在20～24℃，晚上保持在16～18℃。生长期要求生长在较湿润的环境，施低浓度的肥液为主，并适当添些钙肥。

29.勋章菊

别称：勋章花、非洲太阳花

寓意：因勋章菊整个花序如勋章，故名勋章菊，象征荣誉，在阳台种养勋章菊有希望事业蒸蒸日上的含义。

○ 勋章菊

形态特征：菊科勋章菊属。勋章菊的花形奇特、花色丰富，其花心有深色眼斑，形似勋章，具有浓厚的野趣，是园林中常见的盆栽花卉和花坛用花。具根茎，叶由根际丛生，叶片披针形或倒卵状披针形，全缘或有浅羽裂，叶背密被白毛。头状花序，舌状花为白、黄、橙红等色，花瓣有光

泽。花期4～8月。

日常养护：性喜温暖、干燥、光照充足的环境，喜生长于较凉爽的地方，忌高温。白天在阳光下开放，晚上闭合。对温度和光照适应范围较宽，10～30℃均能生长良好。夏季高温时，空气湿度不宜过高，盆土不宜积水，在肥沃、疏松和排水良好的沙质壤土中生长良好。盆栽土壤可用培养土、腐叶土和粗沙的混合土。15天左右施一次薄肥。

30.金鱼草

○ 金鱼草

别称：龙头花、狮子花、龙口花、洋彩雀

寓意：金鱼草花朵又似龙头，也是一种寓意有吉祥、喜庆、红运当头的花卉。

形态特征：玄参科金鱼草属。多年生草本，常作一二年生花卉栽培。株高20～70厘米，叶片长圆状披针形。总状花序，花冠筒状唇形，基部膨大成囊状，上唇直立，2裂，下唇3裂，开展外曲，有白、淡红、深红、肉色、深黄、浅黄、黄橙等色。

日常养护：较耐寒，不耐热，喜阳光，也耐半阴。生长适宜温度，9月至翌年3月为7～10℃，3～9月为13～16℃。开花适宜温度为15～16℃。盆土必须保持湿润，盆栽苗必须充分浇水。但盆土排水性要好，不能积水。土壤宜用肥沃、疏松和排水良好的微酸性沙质壤土。

31.醉蝶花

别称：西洋白花菜、凤蝶草、紫龙须

寓意：醉蝶花寓意着红红火火的生活。

形态特征：白花菜科醉蝶花属。一年生草本，被有黏质腺毛，枝叶具气味。掌状复叶互生，长椭圆状披针形，有叶柄，两枚托叶演变成钩刺。总状花序顶生，边开花边伸长，花多数，花瓣4枚，淡紫色，具长爪，雄蕊6枚，超过花瓣一倍多，蓝紫色，明显伸出花外；雌蕊更长。花期7～10月。蒴果细圆柱形，内含种子多数。

日常养护：适应性强性，喜高温，较耐暑热，忌寒冷，喜阳光充足地，半遮阴地亦能生长良好。遵循"淡肥勤施、量少次多、营养齐全"的施肥（水）原则，并且在施肥过后，晚上要保持叶片和花朵干燥。

○ 醉蝶花

32.番红花

别称：西红花、藏红花

寓意：番红花既可当染料、香料，也是被广泛使用的药材，含有吉祥圣洁的含义。

形态特征：鸢尾科番红花属。多年生草本。球茎扁圆球形，外有黄褐色的膜质包被。叶基生，条形，灰绿色，边缘反卷；叶丛基部包有膜质的鞘状叶。花茎甚短，不伸出地面；花淡蓝色、红紫色或白色，有香味；雄蕊直立，花药黄色，顶端尖，略弯曲；花柱橙红色，分枝弯曲而下垂，柱头略扁，顶端楔形，有浅齿，较雄蕊长，子房狭纺锤形。蒴果椭圆形。花期10～11月。

日常养护：性喜温暖湿润的环境，怕酷热。喜阳光充足，也能耐半阴，生长适宜温度15℃左右，开花适宜温度16～20℃。怕酷热，较耐寒。土壤要播翻耕整细，施足基肥。秋季栽植球茎，生长期及时除草，雨后注意排水，秋旱时要松土浇水，保持土壤湿润以利生根。10月开花，花后追肥一次，有利于球茎发育。

○ 番红花

33.花毛茛

别称：芹菜花、波斯毛茛、陆莲花

寓意：花毛茛意味着处处受人欢迎，寓意良好的人际关系。

形态特征：毛茛科毛茛属。多年生球根草本。块根纺锤形，常数个聚生于根颈部；茎单生，或少数分枝，有毛；基生叶阔卵形，具长柄，茎生叶无柄；花单生或数朵顶生；花期4~5月。茎生叶无叶柄，基生叶有长柄，形似芹菜。栽培品种很多，有重瓣、半重瓣，花色丰富，有白、黄、红、水红、大红、橙、紫和褐色等多种颜色。

○ 花毛茛

日常养护：喜凉爽及半阴环境，忌炎热，适宜的生长温度，白天20℃左右，夜间7~10℃，不耐严寒冷冻，更怕酷暑烈日。既怕湿又怕旱，宜种植于排水良好、肥沃疏松的中性或偏碱性土壤。生长旺盛期应经常浇水，保持土壤湿润，生长旺盛期应经常浇水，保持土壤湿润。

34.银莲花

别称：复活节花、风花

寓意：银莲花代表希望与未来，寓意着各种美好的祝福和期待。

形态特征：毛茛科银莲花属。多年生草本。基生叶4~8片，叶柄长6~30厘米，疏生长柔毛。叶片圆肾形，全裂。花2~5朵，直径3.5~5厘米，白色或带粉红色，花期春季，瘦果上有长绵毛。

日常养护：性喜凉爽、潮润、阳光充足的环境，较耐寒，忌高温。应

○ 银莲花

改善环境花木催旺人生

美化家居招来滚滚财运

放置在向阳处，气温不低于-10℃即可安全越冬。忌多湿。喜湿润、排水良好的肥沃壤土。浇水不要使盆土太潮，以防块根腐烂，可视湿度高低，一般3天左右浇一次，若温度低更要少浇，肥料每半月施一次浓度为10%的饼肥水。

35.小苍兰

○ 小苍兰

别称：香雪兰、小菖兰、洋晚香玉、麦兰

寓意：小苍兰意味着纯洁、清新，寓意着对住家幸福生活的祝福。

形态特征：鸢尾科香雪兰属。球根花卉，花清香似兰，是人们喜爱的冬、春季室内观赏花卉。常用盆栽或剪取花枝插瓶装点室内。它花色丰富，有红、粉、黄、白多品种。香雪兰球茎长卵形，茎柔弱，有分枝。茎生叶二列状，茎生叶短剑形。穗状花序顶生，花序轴斜生，稍有扭曲，花漏斗状，偏生一侧。

日常养护：性喜温暖湿润的环境，要求阳光充足，但不能在强光、高温下生长。适生温度15~25℃。宜于疏松、肥沃、沙壤土生长，通常多用三分之二草炭土加入三分之一细沙配制的人工培养土栽植。生长期要求肥水充足，每两周施用一次有机液肥，亦可适量施用复合化肥。盆土要求"间干间湿"，不可积水或土壤过于干燥。

36.葱兰

别称：葱莲、玉帘、白花菖蒲莲、韭菜莲、肝风草

寓意：葱兰能净化空气，寓意平安与健康。

形态特征：石蒜科葱莲属。多年生常绿草本植物。有皮鳞茎卵形，略似晚香玉或独头蒜的鳞茎，直径较小，有明显的长颈。叶基生，肉质线形，暗绿色。花单生，白色、红色、黄色，长椭圆形至披针形；花梗短，花茎中空，单生，花瓣长椭圆形至披针形。花期7~9月。蒴果近球形。

日常养护：喜阳光充足，耐半阴。喜欢温暖气候，但夏季高温、闷热的

大师全解植物开运密码
活用植物增旺住宅运势

环境不利于它的生长。对冬季温度要求很严，当环境温度在10℃以下时停止生长，在霜冻出现时不能安全越冬。喜低湿，宜肥沃、带有黏性而排水好的土壤。施浓肥和偏施氮、磷、钾肥，要求遵循"淡肥勤施、量少次多、营养齐全"和"间干间湿，干要干透，不干不浇，浇就浇透"的两个施肥（水）原则。

○ 葱兰

37.大丽花

别称：大理花、天竺牡丹、东洋菊

寓意：大丽花寓意大方、富丽，象征着大吉大利、喜庆之事。祝福长辈可选此花，寓意"福如东海，寿比南山"。

形态特征：菊科大丽花属。大丽花的颜色绚丽多彩，有红、黄、橙、紫、白等色，十分诱人。重瓣大丽花有白花瓣里镶带红条纹的千瓣花，如白玉石中嵌着一枚枚红玛瑙，妖娆非凡。植株高约1.5米，叶对生，是羽状复叶。它的头状花序中央有无数黄色的管状小花，边缘是长而卷曲的舌状花，有各种绚丽的色彩，花的娇艳就是通过它显示出来的。

日常养护：喜阳光怕荫蔽，将其栽种在阳光充足处，才能使植株生长健壮，开出鲜艳的花朵。喜凉爽怕炎热，气温在20℃左右，生长最佳。浇水要掌握"干透浇透"的原则。宜选择肥沃、疏松的土壤，除施基肥外，还要追肥。通常从7月中下旬开始直至开花为止，每7～10天施一次稀薄液肥，而施肥的浓度要逐渐加大。

○ 大丽花

38.火星花

别称：雄黄兰

寓意：火星花寓意红红火火的生活。

形态特征：鸢尾科雄黄兰属。多年生草本，有球茎和匍匐茎，球茎扁圆形似荸荠，外有褐色纤维质膜。叶线状剑形，基部有叶鞘抱茎而生。花多数，排列成复圆锥花序，从葱绿

○ 火星花

的叶丛中抽出，高低错落，疏密有致。花漏斗形，橙红色，园艺品种有红、橙、黄三色；花被筒细而略弯曲，裂片开展。蒴果，内有种子数粒。

日常养护：喜充足阳光，耐寒。在长江中下游地区球茎露地能越冬。适宜生长于排水良好、疏松肥沃的沙壤土，生育期要求土壤有充足水分。生长期要注意浇水，保持土壤湿润。孕蕾期和花谢后各施一次追肥。

39.酢浆草

别称：酸浆草、酸酸草、斑鸠酸、三叶酸、酸咪咪、钩钩草

寓意：酢浆草为爱尔兰的国花，也是女童军的徽章，被视为幸运草。在中国古老结饰中，因双耳如蝴蝶状，又称为中国式蝴蝶结，寓意幸运吉祥。

形态特征：酢浆草科酢浆草属。多年生草本。茎匍匐或斜升，多分枝，上被疏长毛，节节生根。叶互生，掌状复叶；托叶与叶柄连生，形小；小叶倒心脏形，花1至数朵成腋生的伞形花序，花序柄与叶柄等长；苞片线形。蒴果近圆柱形，熟时裂开将种子弹出。种子小，扁卵形，褐色。花期5~7月。

日常养护：喜向阳、温暖、湿

○ 酢浆草

润的环境，夏季炎热地区宜半遮阴，不耐寒，在露地全光下和树荫下均能生长，但全光下生长健壮。抗旱能力较强，在肥沃、疏松及排水良好的砂质土壤中生长最快，生长期每月施一次有机肥，并及时浇水。

40.秋水仙

别称：草原藏红花

寓意：象征思念，表示对团圆的希望和渴望，有祝福生活美满幸福之意。

形态特征：百合科秋水仙属。多年生草本球根花卉，球茎卵形，外皮黑褐色。茎极短，大部分埋于地下。叶披针形。8～10月开花，花蕾纺锤形，开放时漏斗形，淡粉红色（或紫红色），雄蕊比雌蕊短，花药黄色。蒴果，种子多数，呈不规则的球形，褐色。

○ 秋水仙

日常养护：耐严寒，夏季适宜在干燥炎热的环境中生长。室内生长温度控制在10～18℃。需通风良好，日照充足。冬季喜湿润多雨，夏季宜干燥以及排水良好，宜经常向球茎上喷洒清水。

41.铁线莲

别称：番莲、威灵仙、山木通

寓意：铁线莲象征清新纯洁，寓意着吉祥平安的生活。

形态特征：毛茛科铁线莲属。木质藤本，长1～2米，茎棕色或紫红色，具6条纵纹，节部膨大，二回三出复叶，小叶狭卵形至披针形，全缘，脉纹不显。少数是宿根直立草本，复叶或单叶，常对生。花单生或

○ 铁线莲

为圆锥花序，萼片大，花瓣状，花色有蓝色、紫色、粉红色、玫红色、紫红色、白色等，雌、雄蕊多数。花期6～9月。

日常养护：喜光照，但其茎部及根部喜荫蔽。喜肥沃、排水良好的微碱性壤土，要注意充分给水。

42.茑萝

别称：五角星花、羽叶茑萝、缕红草

寓意：《诗经》云："茑为女萝，施于松柏"，喻兄弟亲戚相互依附。茑即桑寄生，女萝即菟丝子，二者都是寄生于松柏的植物。茑萝之形态颇似茑与女萝，故合二名以名之。茑萝的生命力极顽强，象征着住家充实丰盛的生活。

形态特征：旋花科番薯属。一年生藤本花卉。茑萝花从叶腋生出花梗，约长寸余，细直遒劲，每梗上着生小花数朵，也有着生一朵的。花冠深红鲜艳。花期从7月上旬至9月下旬，每天开放一批，晨开午后即蔫。

日常养护：宜放置在背风向阳的地方，喜温暖，忌寒冷，怕霜冻，温度低时生长非常缓慢，种子发芽适宜温度为20～25℃。适宜生长在排水良好的地方，除施入基肥外，开花前还需追施液肥1～2次。定植时，一定要浇透水，以后每周只需浇一次水。

○ 茑萝

43.转心莲

别称：西番莲、转子莲、转枝莲、时计草

寓意：转心莲象征着平安，寓意吉祥、幸福的生活。

形态特征：西番莲科西番莲属。多年生缠绕性草本。茎细长，有细毛，嫩茎有纵棱线，老茎呈圆柱形，具单条卷须，着生在叶腋处。叶互生，裂片披针形，先端尖，锯齿缘，基部心脏形而带凸形。花单生叶腋，花瓣呈淡红色，副花冠须状，呈浓紫色或淡紫色；雄蕊能转动，状如时钟。浆果椭圆形，成熟后黄色。花期秋季。

日常养护：气候要求温暖，全年无冻害。对土壤要求虽然不严，但喜水分充足、排水良好的生长环境，宜选择土质肥沃、质地疏松、透气性好的沙壤土。

○ 转心莲

44.琉璃苣

别称：假苏、京芥

寓意：琉璃苣寓意着多姿多彩的生活。

形态特征：紫草科琉璃苣属。一年生草本植物，稍具黄瓜香味。株高60厘米左右，被粗毛。叶大，粗糙，长圆形，花序松散，下垂；花梗通常淡红色；花星状，鲜蓝色，有时白色或玫瑰色；雄蕊鲜黄色，5枚，在花中心排成圆锥形。花期7月。

○ 琉璃苣

日常养护：喜温植物，耐高温，不耐寒。耐高温多雨，也耐干旱，要求不太贫瘠的土壤。

45.金莲花

别称：旱荷、旱莲花、寒荷

寓意：金莲花寓意吉祥平安。

形态特征：毛茛科金莲花属。一年生或多年生草本，株高30~100厘米，茎柔软攀附。叶圆形似荷叶，花形近似喇叭，萼筒细长，常见黄、橙、红色。有变种矮金莲，株形紧密低矮，枝叶密生，株高仅达30厘米，极适宜盆栽观赏，花期2~5月。

改善环境花木催旺人生

美化家居招来滚滚财运

○ 金莲花

日常养护：不耐寒，喜温暖湿润、阳光充足的环境，生长期适宜温度为18～24℃，冬季温度不低于10℃。喜湿怕涝，喜欢排水良好而肥沃的土壤。需充足水分，宜向叶面和地面多喷水，保持较高的空气湿度，每隔3～4周施肥一次。

46.罗勒

别称：九层塔、金不换、圣约瑟夫草、甜罗勒

寓意：罗勒寓意着快乐和幸福，适合阳台或窗边种植。

形态特征：唇形科罗勒属。一种矮小、幼嫩的唇形科香草植物。原生于亚洲热带区。它的高度在20～60厘米。叶对生，淡绿色，长有细毛，约1.5厘米长、1～3厘米宽。有刺激香味，味道像茴香。

○ 罗勒

日常养护：喜欢温暖的生长环境，耐热但不耐寒，在热和干燥的环境下生长得最好。适宜在湿度良好、肥沃疏松的砂质壤土地栽培，栽前施基肥，保持土壤湿润即可。幼苗期怕干旱，要注意及时浇水。

47.鼠尾草

别称：洋苏草、普通鼠尾草、庭院鼠尾草

寓意：鼠尾草象征正直的人和极具创造力的家庭生活。

形态特征：唇形科。一年生草本。茎直立，四棱形。茎下部叶为二回羽状复叶，茎上部为一回羽状复叶，具短柄。顶生小叶披针形或菱形，先端渐尖或尾尖，基部长楔形，边缘具钝锯齿；侧生小叶卵圆状披针

○ 鼠尾草

形。轮伞花序，组成伸长的总状花序或总状圆锥花序；花冠淡红、淡紫、淡蓝至淡白色。小坚果椭圆形，褐色，光滑。花期6～9月。

日常养护：喜日照充足、通风良好的环境，发芽适宜温度为20～25℃，生长温度为15～30℃。喜欢排水良好的沙质壤土或土质深厚壤土。

48.海索草

别称：神香草

寓意：海索草和薄荷相似，寓意着充满活力和惊喜的生活。

形态特征：唇形科。多年生草本植物，株高30～100厘米。茎分枝直立，叶无柄，线形或披针形钝头全圆，长5厘米以内。茎顶生蓝紫色花朵，穗状花序，花冠青紫色、白色或粉色。花期6～9月。

○ 海索草

日常养护：适合温暖的气候，抗寒性强，北方地区可自然越冬。发芽适宜温度为18～25℃，生长适宜温度为18～35℃。要求排水良好，松软肥沃的沙质土壤。

美化家居招来滚滚财运
改善环境花木催旺人生

49.六月雪

别称：满天星、碎叶冬青、白马骨、素馨、悉茗、素馨

寓意：六月雪寓意着希望。

形态特征：茜草科六月雪属。常绿或半常绿丛生小灌木。植株低矮，分枝多而稠密，显得纷乱。嫩枝绿色有微毛，幼枝细而挺拔，绿色。叶对生或成簇，长椭圆形或长椭圆披针状。花白色带红晕或淡粉紫色。花形小，密生在小枝的顶端，漏斗状，有柔毛，白色略带红晕，花萼绿色，上有裂齿，质地坚硬。小核果近球形，花期6～7月。

○ 六月雪

日常养护：浇水的原则，不干不浇，切勿滥浇，如果盆口长期偏湿，易导致根部呼吸困难，烂根致死。施肥讲究勤薄，施腐熟液肥，夏季不施肥，花期不可施肥，以免妄长走形。5～6月要进行摘梢，7月的新芽要摘除。盆花要固定位置，不宜搬东搬西。六月雪讲究向光性，夏日在烈日下要上面遮阳，保持通风，每天向其叶片喷水1～2次，保持空气湿度。寒冬可用稻草略加包扎（在-10℃左右时），避免冻死。

50.百子莲

别名：紫君子兰、蓝花君子兰、紫穗兰、紫花君子兰、百子兰

寓意：百子莲，花名来自于希腊语"爱之花""花语是"浪漫的爱情"，或"爱情降临"，所以它被赋予了一个很浪漫的别名"爱情花"。

形态特征：百子莲，石蒜科多年生草本。成株高约在30～60厘米，花梗抽出后可达70～80厘米，植株在地

○ 百子莲

下部形成块状根茎，肉质根，叶片自根基长出丛生状，线状披针型全缘叶，花自叶间抽出，其开放形状与石蒜相似，顶生伞形花序，每一花序有小花十至数十朵，小花呈筒状，花瓣略向外翻卷，花期在夏、秋两季，花色有白色及淡紫色两种，后变成黑色；花期7～8月。原产南非，中国各地多有栽培。

日常养护：百子莲喜温暖湿润气侯，其生长适温为15～28℃，夏季温度超过30℃时，要采取降温措施。在肥沃疏松、排水好的土壤中生长良好。盆栽室内能安全越冬，越冬温度为5℃。喜肥水，所以自幼株开始就应加强肥水管理，应施足基肥，生长期间要大量浇水，特别是在夏季炎热时应遮荫通风，充分浇水，但盆内不能积水，否则易烂根。除在定植时于花盆基部施用少量过磷酸钙作为基肥外，生长旺盛阶段应该每隔10天追施一次富含磷、钾的稀薄液体肥料。花前增施磷肥，可使百子莲开花繁茂。冬天呈半休眠状态，应放置于阴凉干燥和，停止浇水。

51.雏菊

别名：春菊、延命菊、长命菊、白菊、马兰头花、野原的玛格丽特、幸福花

寓意：雏菊所代表的含义是心中的爱。在罗马神话里，雏菊是森林中的妖精——贝尔帝丝的化身花。所谓森林的妖精，便是指活力充沛的淘气鬼，因此雏菊的花语就是快活。受到这种花祝福而诞生的人，可以过着像妖精一样，明朗、天真快活的人生。

形态特征：雏菊是菊科中多年生草本植物，原产欧洲，现各地均有栽培。常秋播作2年生栽培，高寒地区春播栽培。株高7～5厘米，茎直立，叶自基部簇生，匙形，边缘具锯齿。花梗自叶丛中抽生，头状花序顶生，花径3～5厘米，舌状花一轮或多轮，呈白、粉、红或紫色，管状花黄色，通常每株抽花10朵左右。种子细小，每克约5000粒，灰白色。花期

○ 雏菊

改善环境花木催旺人生

美化家居招来滚滚财运

3～6个月。

日常养护：雏菊它生长健壮，较耐寒，喜冷凉气候，忌炎热。生育期间还要注意中耕除草，防止杂草丛生。江浙一带在6月上中旬播种，8月中下旬移栽定植，到10月下旬或11月初即开始进入盛花期。入冬后移入室内放在阳光充足处，室温维持在8～10℃，给予适量的肥水，来年早春天气渐暖后出室，这样能使雏菊从深秋到翌年初夏开花不断。

52.翠菊

别名：江西腊、七月菊、蓝菊

寓意：翠菊的花语是担心你的爱，我的爱比你的深，追求可靠的爱情，请相信我。

形态特征：翠菊为菊科一年生草本花卉，栽培地区广泛，是国内外园艺界非常重视的观赏植物。按花色可分为蓝紫、紫红、粉红、白、桃红等色。按株型可分大型、中型、矮型。大型株高50～80厘米；中型株高35～45厘米；矮型株高20～35厘米。按花型可分彗星型、驼羽型、管瓣型、松针型、菊花型等。宜布置花坛、花镜及作切花用。国际上将矮生种用于盆栽、花坛观赏，高秆种用作切花观赏。翠菊在我国主要用于盆栽和庭园观赏较多。全株疏生短毛。茎直立，上部多分枝。叶互生，叶片卵形至长椭圆形，有粗

○ 翠菊

钝锯齿，下部叶有柄，上部叶无柄。头部花序单生枝顶，花径5~8厘米，栽培品种花径3~15厘米。舌状花花色丰富，有红、蓝、紫、白、黄等深浅各色。中国的乡土种高75厘米，花白色至紫堇色，中心部分的盘花黄色。

日常养护：翠菊性健壮，喜肥沃湿润和排水良好的壤土、砂壤土。露地栽培时，施腐熟的有机肥作基肥，幼苗移植缓苗后，可每15~20天施肥一次，促使枝叶茂盛，花色美丽。土壤干旱时，适时浇水，并要注意中耕保墒，避免土壤过湿，烂根死亡。栽种地点忌连作。盆栽宜选用矮生品种，经常保持土壤湿润，放向阳、通风处养护，约每半个月施薄肥一次，则开花繁茂。耐寒性弱，也不喜酷热，通风而阳光充足时生长旺盛。

53.紫菀花

别名：青苑、返魂草根、夜牵牛、紫苑茸

寓意：紫菀花的花语和象征意义是"中和"，象征公正无私。另外，紫菀花还表示回忆、反省、追想；可用来送给年长前辈，以表示健康长寿的祝愿。

形态特征：紫菀为多年生宿根草本花卉，高40~150厘米。茎直立，粗壮，有疏粗毛，基部有纤维状残叶片和不定根。头状花序直径2.5~4.5厘米，排列成复伞房状；总苞半球形，宽10~25毫米，总苞片3层，外层渐短，全部或上部草质；舌状花20多个，蓝紫色，中央有多数两性筒状花。瘦果有短毛，冠毛灰白色或带红色。花期7~8月，果期8~10月。

日常养护：紫菀花喜温暖湿润和阳光充足的环境，既耐寒又耐热。耐涝、怕干旱，耐寒性较强，冬季气温零下20℃时根可以安全越冬。对土壤要求不高，除盐碱地和沙土地外均可种植。尤以土层深厚、疏松肥沃，富含腐殖质，排水良好的砂质壤土栽培为宜，粗性土不宜栽培。

○ 紫菀花

54.麝香草

别名：百里香

寓意：百里香花语是"勇气"，具有吉祥如意的寓意。

形态特征：百里香为灌木状常绿芳香草本。茎带红色，匍匐地上，具有不育枝和花枝；叶无柄，对生，线状披针形至卵状披针形，先端尖，叶缘稍反卷，全缘，沿边缘二分之一以下被有长缘毛；基部广楔形，上面具短茸毛，并密生腺点；夏季开两唇

◎ 麝香草

形紫红色花，轮状聚伞花序密集成头状；花萼表面有短柔毛及腺点，绿色，下唇2裂成针刺状，上唇3裂，裂片较下唇裂片为短；花冠粉红色，比花萼稍长，上唇直立，油腺明显，有樟脑香味；雄蕊2强，超出花冠，花药红色；雌蕊柱头2裂，红色；椭圆形小坚果，棕褐色。花期5～6月。

日常养护：栽培百里香环境要光线充足，否则植株会徒长。对土质的要求不高，但需排水良好，可使用泥炭苔或栽培土混合珍珠石使用。最合适的生育适温为20～25℃，要注意夏季的高温，可将植株稍微修剪，以利通风，并放在阴凉的地方越夏。施肥可用有机肥当基肥，春、秋生长旺盛时，每7～10天浇灌一次，夏季植株较虚弱，最好不要施肥。可在开花前随时剪取枝叶，否则开花结子后，植株易死亡。如果采收的份量较多时，还可干燥保存。

55.鸡蛋花

别名：缅栀子、蛋黄花、印度素馨、大季花

寓意：鸡蛋花的花语和象征意义是"孕育希望，复活，新生"。

形态特征：鸡蛋花为落叶灌木或小乔木。小枝肥厚多肉。叶大，厚纸质，多聚生于枝顶，叶脉在近叶缘处连成一边脉；花朵聚生于枝顶，花冠筒状，直径5～6厘米，5裂，外面乳白色，中心鲜黄色，极芳香；鸡蛋花夏

季开花，清香优雅；落叶后，光秃的树干弯曲自然，其状甚美；花期5～10月。

　　日常养护：鸡蛋花喜温暖、湿润、阳光充足的生长环境，耐干旱，鸡蛋花对土壤要求不高，宜种植在含腐殖质较多的疏松土壤中。如放置在室外通风的光照处，盛夏能受烈日暴晒。要浇水防干，但要防止过湿，否则根易腐烂，尤其在雨季要防止盆内积水，以防烂根。鸡蛋花生长迅速，需每年春天换盆一次。换盆植后浇透水，谷雨前后移置室外向阳处。

○ 鸡蛋花

56.水塔花

　　别名：火焰凤梨、比尔见亚、红藻凤梨、水槽凤梨、红笔凤梨

　　寓意：水塔花的花语和象征代表意义为幸福就在你身边。

　　形态特征：水塔花多年生常绿草本观叶植物，茎甚短。叶阔披针形，急尖，边缘有细锯齿；叶片从根茎处旋叠状丛生，硬革质，鲜绿色，叶缘具细锯齿，表面有厚角质层和吸收鳞片；叶片基部呈莲座状，中心呈筒状，叶筒内可以盛水而不漏，状似水塔，故名水塔花；穗状花序顶生，从叶筒中抽出，直立，紧密而高出叶丛，被白色皮粉；苞片长披针形，红色；具小花50～80朵，花冠朱红色，有金属光泽；单花期3～4天；花期7～9月。

　　日常养护：水塔花喜温暖、湿

○ 水塔花

润、半阴环境。不耐强光直射，夏季强烈的阳光会使叶片发黄，应将其置于明亮散射光处，冬季可置于阳光充足处，这样生长良好。3～10月是其主要生长期，须保证给予充足的水分和较高的空气湿度。平时除浇水保持土壤湿润外，也可向植株中心筒中灌水，或向植株周围喷水，以保持较高的空气湿度；同时用软布擦洗叶面，以保持叶面清洁光亮。

57.荷包牡丹

别名：蒲包花、兔儿牡丹、铃儿草、鱼儿牡丹

寓意：荷包牡丹的花语和象征意义是"答应追求、答应求婚"。

形态特征：荷包牡丹是多年生草本植物。地下有粗壮的根状茎，形似当归；叶对生，有长柄，2回3出羽状复叶，状似牡丹叶，叶具白粉，有长柄，裂片倒卵状。总状花序，顶生呈拱状；花瓣4片，交叉排列为内外两层。

○ 荷包牡丹

花瓣外面2枚基部囊状，内部2枚近白色，形似荷包；内层两瓣粉白色，细长，从外瓣内伸出，包被在雄雌蕊外，好似铃铛；蒴果细而长，种子细小，先端有冠毛；花期4～6月。因叶似牡丹叶，花类荷包，故名"荷包牡丹"。

日常养护：荷包牡丹性强健，喜散射光充足的半阴环境，比较耐寒，而怕盛夏酷暑高温，怕强光暴晒，因此宜置于庭院的大树下、葡萄架下、高大建筑物的背阴面、东向或北向阳台。夏季休眠期要置于通风良好的阴处，不能见直射光。荷包牡丹系肉质根，稍耐旱，怕积水，因此要根据天气、盆土的墒情和植株的生长情况等因素适量浇水，坚持"不干不浇，见干即浇，浇必浇透，不可渍水"的原则，春秋和夏初生长期的晴天，每日或间日浇一次，阴天3~5天浇一次，常保持盆土半墒，对其生长有利，过湿易烂根，过干生长不良叶黄。盛夏和冬季休眠期，盆土要相对干一些，微润即可。为改善荷包牡丹的通风透光条件，使养分集中，秋、冬季落叶后，也要进行整形倍剪。剪去过密的枝条，使植株保持美丽的造型。

58.荷兰菊

别名：紫菀、孔雀草

寓意：荷兰菊的花语和象征意义是"开朗，不畏艰苦"。

形态特征：荷兰菊为菊科多年生宿根草本花卉。须根较多，有地下走茎，茎丛生、多分枝；叶呈线状披针形，光滑，幼嫩时微呈紫色；在枝顶形成伞状花序，花色有蓝、紫、红、白等。花期8～9月。

日常养护：荷兰菊性喜阳光充足和通风的环境，适应性强，喜湿润但耐干旱、耐寒、耐瘠薄，对土壤要求

○ 荷兰菊

不高，适宜在肥沃和疏松的沙质土壤生长。荷兰菊虽耐旱耐瘠，但为使植株繁茂、花朵繁多，就要保持土壤湿润和养分供应，生长期每2周追施1次稀薄饼肥，促使生长旺盛。同时酌情浇水，天旱时要及时浇水。但要注意避免肥水过大，以防止徒长。耐修剪，通过摘心和修剪可促使花朵繁密。

59.蓝雪花

别名：蓝花丹、蓝雪丹、蓝花矶松、蓝茉莉、小蓝雪、岷江蓝雪花

寓意：蓝雪花的花语和象征意义是"冷淡，忧郁"。

形态特征：蓝雪花为多年生常绿小灌木。幼苗时枝条直立，后期悬垂；单叶互生，叶薄，全缘，短圆形或矩圆状匙形，先端钝而有小凸点，基部楔形；穗状花序顶生和腋生，花冠淡蓝色或白色，高脚碟状，管狭而

○ 蓝雪花

长，花期6～9月。

日常养护：蓝雪花性喜温暖，耐热，喜光照，稍耐阴，中等耐旱。生长宜温度为17～26℃，最高可耐35℃稍耐荫，不宜在烈日下暴晒，要求湿润环境，干燥对其生长不利。不耐干旱，宜在富含腐殖质，排水畅通的砂壤土上生长。强光照和较高温度利于分枝。扦插后20～28天生根。

60.美女樱

别名：草五色梅、铺地马鞭草、铺地锦、四季绣球、美人樱

寓意：美女樱的花语和象征意义是"相守、和睦家庭"。

形态特征：美女樱是一年生、多年生草本或亚灌木。茎直立或匍匐，无毛或有毛。叶对生，稀轮生或互生，近无柄，边缘有齿至羽状深裂，极少无齿；花常排成顶生穗状花序，有时为圆锥状或伞房状，稀有腋生花序，花后因穗轴延长而花疏离，穗轴无凹穴；花生于狭窄的苞片腋内，花色有白、红、蓝、雪青、粉红等；花萼膜质，管状，有5棱，延伸出成5齿；花冠管直或弯，向上扩展成开展的5裂片，裂片长圆形，顶端钝、圆或微凹，在芽中覆瓦状排列；花柱短，柱头2浅裂。果干燥包藏于萼内，成熟后4瓣裂为4个狭小的分核；种子无胚乳，幼根向下；花期为5～11月

日常养护：美女樱喜阳光，不耐阴，在生长期间要放在阳光充足处培养，霜降前要搬到室内阳光处。喜欢温暖气候，忌酷热，在夏季温度高于34℃时明显生长不良；不耐霜寒，在冬季温度低于4℃以下时进入休眠或死亡。最适宜的生长温度为15～25℃。一般在秋冬季播种，以避免夏季高温。又因其根系较浅，不耐干旱，夏季应注意浇水，以防干旱。每半月需施薄肥1次，使发育良好。养护期间水分不可过多过少；若缺少肥水，植株生长发育不良，有提早结子现象。但浇水叶不宜过勤，否则会引起基叶徒长或枯萎，影响孕蕾和开花。冬天盆土要偏干些为好。当幼苗长到10厘

○ 美女樱

米高时需摘心，以促使侧枝萌发，株型紧密。同时，为了开花不绝，在每次花后要及时剪除残花，加强水肥管理，以便再发新枝与开花。

61.千屈菜

别名： 鞭草、败毒草

寓意： 千屈菜生长在沼泽或河岸地带，爱尔兰人替它取了一个的名字叫"湖畔迷失的孩子"，象征孤独。

形态特征： 千屈菜为多年生挺水宿根草本植物。地下根状粗状，木质化，粗壮；地上茎直立，多分枝，全株青绿色，略被粗毛或密被绒毛，枝通常具4棱；叶对生或三叶轮生，披针形或阔披针形，顶端钝形或短尖，基部圆形或心形，有时略抱茎，叶全缘，无柄；花组成小聚伞花序，簇生，因花梗及总梗极短，因此花枝全形似一大型穗状花序；花萼筒状，外具12条纵棱，裂片6，三角形，附属体线形，长于花萼裂片；花瓣6，紫红色淡紫色，倒披针状长椭圆形，基部楔形，着生于萼筒上部，有短爪，稍皱缩；雄蕊12，6长6短；子房无柄，2室，花柱圆柱状，柱头头状。蒴果椭圆形，全包于萼内，成熟时2瓣裂，伸出萼筒之外；花期6～10月。

日常养护： 千屈菜性喜阳光充足、湿润、通风良好的环境，水栽以浅水中生长最好，地栽以富含腐殖质的肥沃土壤中生长最好。也可在6～7月份采嫩枝扦插，截取充实健壮枝条15厘米长为插穗，插于盆中或地床均可。播种在4月进行，保持盆土充分湿润及15～20℃的土温，10天左右即可出苗。盆栽时以肥沃壤土并加入足量的基肥作培养土。选用无排水孔的深盆栽植，填土至盆高的2/3，栽后灌水保持盆土湿润即可，待花开放前追施速效肥3～4次，并多注水，使土面保持水深5～8厘米，以促花穗伸长，着花繁茂。生长期应将花盆置阳光充足、通风良好处养管。

○ 千屈菜

第五章

居家内部植物详解

植物让居家环境增添的不仅仅是一抹变化的色彩，更是一股营造勃勃生机的充沛能量。在居家内部种植各种有美好寓意植物，创造属于居家内部的空间，万不可忽视如此重要的一环——充分了解居家内部植物。

居家植物摆设知识--

　　植物花卉自古就是室内装饰的重要组成部分，随着植物种类的日益增多，选择范围越来越广，居家摆设的组合也更加多元化。本小节概述了居家内部植物摆放需要注意的知识。

1.居家植物的作用

　　在对室内进行装饰时，大部分人都喜欢运用植物来美化家居环境。除了基本的净化空气，调节环境的功能外，室内植物还有很好的招财纳福的寓意。居家植物主要有以下几大作用。

　　（1）客厅内摆放植物可融洽家庭气氛

　　果实类的植物具有五谷丰登、硕果累累的吉祥寓意，十分适合在客厅摆放。但是，对于这种果实类植物要精心照料，避免果实因照料不周而出现脱落、发蔫、腐烂等情况，应及时更换。

○ 果实类植物也可以增强全家人的运气，象征全家一团和气。

（2）在玄关摆放植物可有旺财的寓意

房屋大门后就是全屋的玄关位置，玄关在风水学中又被称为"内明堂"，象征家庭成员的未来发展潜力，与宅主和家人的事业、财运有着密不可分的关系。在玄关处摆放一盆大叶厚叶植物，有生旺催财的寓意，利于家庭成员的财富聚集。需要注意的是，植物在摆放后要及时补充水分，以防植物因缺水而枯萎，否则便会适得其反。

○ 在玄关处摆放一盆大叶厚叶植物有生旺催财的寓意。

2.利用植物装饰的设计原则

室内是一个相对封闭的空间，在对这个空间进行绿化装饰时需按照室内环境的特点，结合人们的生活需要，对使用的器物和场所进行美化装饰，从而达到人、室内环境与大自然的和谐统一。具体来说，利用植物进行装饰时，需要遵守以下三大法则。

（1）美学原则

"美"是室内绿化装饰的重要原则，如果没有美感就根本谈不上装饰。因此，必须依照美学的原理，通过艺术设计明确主题，合理布局，分清层次，协调形状和色彩，才能收到清新明朗的艺术效果，使绿化布置很自然地与装饰艺术联系在一起。为体现室内绿化装饰的艺术美，必须通过一定的形式，使其体现构图合理、色彩协调、形式谐和。

①构图合理。

构图是装饰工作的关键问题，在装饰布置时必须注意两个方面，其一是布置均衡，以保持稳定感和安定感；其二是比例合度，体现真实感和舒适感。

布置均衡包括对称均衡和不对称均衡两种形式。人们在居室绿化装饰时习惯于对称的均衡，如在走道两边、会场两侧等摆上同样品种和同一规格

○ 进行绿化布置时，要注意与房屋其他装饰艺术的联系，呈现出和谐有序的美感。

○ 在进行构图时，可使用装饰的不对称均衡原则。如在客厅沙发的一侧摆上一盆较大的植物，另一侧摆上一盆较矮的植物，同时在其邻近花架上摆上一悬垂花卉。

的花卉，显得规则整齐、庄重严肃。与对称均衡相反的是，室内绿化自然式装饰的不对称均衡。如在客厅沙发的一侧摆上一盆较大的植物，另一侧摆上一盆较矮的植物，同时在其邻近花架上摆上一悬垂花卉。这种布置虽然不对称，但却给人以协调感，视觉上认为二者重量相当，仍可视为均衡。这种绿化布置得轻松活泼，富于雅趣。

比例合度是指植物的形态、规格等要与所摆放的场所大小、位置相配套。比如，空间大的位置可选用大型植株及大叶品种，以利于植物与空间的协调；小型居室或茶几案头只能摆放矮小植株或小盆花木，这样会显得优雅得体。

掌握布置均衡和比例合度这两个基本点，就可有目的地进行室内绿化装饰的构图组织，实现装饰艺术的创作，使室内植物虽在斗室之中，却能"隐现无穷之态，招摇不尽之春"。

②色彩协调。

色彩感觉是一般美感中最大众的美感。色彩一般包括色相、明度和彩度三个基本要素。色相就是色别，即不同色彩的种类和名称；明度是指色彩的

◐ 色彩对人的视觉是一个十分醒目且敏感的因素，因此，室内绿化装饰时要根据室内的色彩状况而定。

明暗程度；彩度也叫饱和度，即标准色。色彩对人的视觉是一个十分醒目且敏感的因素，在室内绿化装饰艺术中起着举足轻重的作用。

室内绿化装饰的形式要根据室内的色彩状况而定。如以叶色深沉的室内观叶植物或颜色艳丽的花卉作布置时，背景底色宜用淡色调或亮色调，以突出布置的立体感；居室光线不足、底色较深时，宜选用色彩鲜艳，或淡绿色、黄白色的浅色花卉，以便取得理想的衬托效果。陈设的花卉也应与家具色彩相互衬托。如清新淡雅的花卉摆在底色较深的柜台、案头上可以提高花卉色彩的明亮度，使人精神振奋。

此外，室内绿化装饰植物色彩的选配还要随季节变化以及布置用途不同而作必要的调整。

③形式和谐 。

植物的姿色形态是室内绿化装饰的第一特性，它将给人以深刻的印象。在进行室内绿化装饰时，要依据各种植物的各自姿色形态，选择合适的摆放形式和位置，同时注意与其他配套的花盆、器具和饰物搭配谐调，力求做到

◎ 室内绿化装饰必须符合功能的要求，如书房是读书和写作的场所，就应摆放清秀典雅的绿色植物。

大师全解植物开运密码　活用植物增旺住宅运势

和谐相宜。如悬垂花卉宜置于高台花架、柜橱或吊挂高处，让其自然悬垂；色彩斑斓的植物宜置于低矮的台架上，以便于欣赏其艳丽的色彩；直立、规则植物宜摆在视线集中的位置；空间较大的中间位置可以摆放丰满、均称的植物，必要时还可采用群体布置，将高大植物与其他矮生品种摆放在一起，以突出布置效果。

（2）实用原则

室内绿化装饰必须符合功能的要求，要实用，即要根据绿化布置场所的性质和功能要求，从实际出发，做到绿化装饰美学效果与实用效果的高度统一。如书房，是读书和写作的场所，应以摆放清秀典雅的绿色植物为主，以创造一个安宁、优雅、静穆的环境，使人在学习间隙举目张望，让绿色调节视力，缓和疲劳，起镇静悦目的功效，而不宜摆放色彩鲜艳的花卉。

（3）经济原则

室内绿化装饰除了要注意美学原则和实用原则外，还要求绿化装饰的方式经济可行。设计布置时要根据室内结构、建筑装修和室内配套器物的水

○ 选用绿色植物进行装饰时还应配合整个室内空间经济水平的档次和格调。

美化家居招来滚滚财运
改善环境花木催旺人生

363

平，选配合乎经济水平的档次和格调的植物，使室内"软装修"与"硬装修"相谐调。同时要根据室内环境特点及用途选择相应的室内观叶植物及装饰器物，使装饰效果能保持较长时间。

上述三个原则是利用绿色植物对室内进行绿化装饰的基本要求，它们联系密切，不可贪偏颇。如果一项装饰设计美丽动人，但不适于功能需要或费用昂贵，也算不上是一项好的装饰设计方案。

3.居家植物摆放法则

摆放的盆景植物一定要健康美观，不可出现枯萎的状况。木属阳，是五行中唯一具有生命的东西，可以生长、繁殖。切忌使用干燥花，它会吸收阴气，不是很好。

⊙ 正东方位是代表健康的方位，宜在此处摆放健康的绿色植物。

正东方位是代表健康的方位，住宅或房间要注意这个方位的布局。由于正东方属木，所以催化这个方位的方法就是在此摆放健康的绿色植物，植物的大小要和房间成比例，而且不宜用尖叶的植物。

4.盆栽植物在室内的摆放方式

与庭院植物种植方式相对应，居家内部植物的摆放也有孤植、对植、群植三种摆放方式。

孤植就是一盆花。适合近距离观赏、姿色优美、鲜明的花，摆起来最灵活。孤植摆放在开门的对角线处最为有利。如果是高植（大尺寸花木），可以直接就地摆放；如果是矮冠，可以放在花架上。除此之外，写字台和茶几都是可以摆放矮冠花木的地方，但是应尽量摆在左手边。

◎ 在沙发的两端摆放一样的盆栽植物是常见的对植摆放模式，既能凸显客厅的端正大方，也能体现对称美感。

与孤植相对应的称为对植。对植一般放在房门入口处或楼梯两边，或主要活动区的两侧，如双人沙发的两端等。对植一般要求是同一种花木，体现对称美的效果。

群植分为单一群植和混合群植。单一群植是指大小不一但品种一样的花木；混合群植是指花色品种多样的花木。群植一般与家具及装修相配合并模仿大自然的形态，中间布有山水画，客厅、走廊、卧室、阳台都可摆放。群植既可以更换又可以移动，摆放方式十分自由。

5.家庭盆景花卉摆放的注意事项

室内盆景花卉摆设忌多。大多数家庭喜欢在居室内摆设盆景花卉，但不可过多。有的人在书架、茶几、花架、餐柜、音箱，甚至电视机上都放置了盆景和鲜花，这样会给人压抑感。其实"室雅何须大，花香不在多"，在一般的居室里，2～3盆便够了，这样才显得大方清雅，不俗气。

室内盆景花卉摆设忌单调。室内盆景花卉摆设的布局，集中和分散放置均可，但切忌盆钵大小一致或摆放位置呈水平线，以免显得单调、呆板。

○ 室内盆景、花卉摆放在精不在多，以小巧雅致为主，并要注意和周围环境相配。

忌摆设刚施肥的盆花。室内摆设盆花的目的在于创造赏心悦目、清新幽雅的意境，摆设刚施肥的盆花不仅使室内充满异味，影响空气，也会失去欣赏的意义。为了使室内经常摆有花卉，可精心栽培8～10盆盆花珍品，轮换施肥，轮换摆设，这样居室既可常年绿化，幽雅清新，又充满新意。

适合玄关摆放的植物

玄关是大门与客厅的缓冲地带，对客厅有遮掩作用。此外，还有居家装饰上的美化作用。

很多家庭都喜欢在玄关放置一盆花，从风水学上说，这盆花放得非常有道理，是强化玄关作用的点睛之笔。玄关摆放植物，绿化室内环境，增加生气，令吉者更吉。必须注意的是，摆放在玄关的植物宜以赏叶的常绿植物为主，如铁树、发财树、黄金葛及赏叶榕等。有刺的植物，如仙人掌、玫瑰及杜鹃等切勿放在玄关处。而且玄关植物必须保持长青，若有枯黄，就要尽快更换。

玄关植物的布置重点在于呈现屋主的生活品位，营造温馨气氛。摆放在玄关的植物以绿意盎然的中、小型盆栽为宜，可以依家庭成员喜好来选择花叶色系，应避免摆放颜色暗沉、枝叶下垂的植物。

小盆栽适合放置在吸引人目光的台面上，附近若有鞋柜，务必收拾整齐，才能相得益彰。直接置于地面的中型盆栽，要在盆栽底部加置一个水盘，避免浇水后大量的余水和泥土溢出。

○ 玄关摆放的植物除了有挡灾的寓意外，也多会起到装饰的效果。

○ 玄关植物若不以化解不利因素为目的，则宜选用小型盆栽植物。

1.蔓绿绒

别称：春羽、喜树蕉

寓意：蔓绿绒的叶子奇特多变，姿态婆娑，寓意着喜庆、祥和。

形态特征：多年生常绿草本植物，天南星科喜林芋属。叶片宽，手掌形，肥厚，呈羽状深裂，有光泽；叶柄长而粗壮，气生根极发达粗壮，纷然披垂，是好的观叶植物。

○ 蔓绿绒

日常养护：喜温暖半阴环境，畏严寒，忌强光，10℃左右就开始生长，生长期宜放置在半阴处，夏季要避免烈日直射。喜湿润环境，适宜在富含腐殖质排水良好的砂质壤土中生长，要经常保持土壤湿润，干燥时，还应向植株喷水保湿。5～9月为生长旺季，每月施肥水1～2次，不可过多。

2.玲珑冷水花

别称：婴儿的眼泪

寓意：玲珑冷水花寓意着平安与幸福，摆放在玄关处有纳气和净化空气的效力。

形态特征：荨麻科。株型矮，多年生具匍匐特性的植物，叶小，鲜绿色，是盆花底色的理想植物。在无霜的气候条件下四季常青。

日常养护：注意不要让强光直接照射，最好放在有适度的遮阴的地方，适宜生长温度温度15～25℃。栽培介质一定要排水良好。施肥可使用花宝四号，稀释1000倍后浇灌植株及叶面，半个月一次就可以，冬天生长停顿，并不需要施肥，且浇水量也要减少。浇水要浇在根部，不要弄湿茎叶。

○ 玲珑冷水花

3.串钱藤

◎ 串钱藤

别称：百万心、纽扣玉

寓意：串钱藤寓意招财进宝，有很强的招来财运的效力。

形态特征：萝藦科眼树莲属。多年生攀援缠绕藤本。茎干细长，可达1.5米。叶柄1～2毫米，广卵形叶片对生，叶色鲜绿带点银灰色，直径约为7～10毫米，叶端尖突。春季开花，叶梗处开出黄色或白色小花，钟形。植株具蔓性，可攀附或垂生长。

日常养护：喜半阴环境，生长适宜温度为20～30℃。性喜湿润、较耐旱，栽培基质一般选用通气性良好的材料，可用蛇木屑加适量珍珠岩混合配制营养土。浇水掌握干透浇透的原则，需肥量不大，每月施一次稀薄的液肥。

4.蝴蝶兰

别称：蝶兰

寓意：蝴蝶兰寓意幸福奔来，具有吉祥、圆满的美好含义。

形态特征：兰科蝴蝶兰属。蝴蝶兰茎很短，常被叶鞘所包。叶片稍肉质，正面绿色，背面紫色，椭圆形、长圆形或镰刀状长圆形。花序侧生于茎的基部，花序柄绿色，花序轴紫绿色；花梗连同子房绿色；花白色，美丽，花期长。花期4～6月。

日常养护：喜高气温、通风半阴环境，喜暖畏寒，越冬温度不低于15℃，生长适宜温度为18～30℃。喜欢空气高湿且通风的环境，要求空气经常保持湿度60%～80%，并且保

◎ 蝴蝶兰

持空气流通，最好有微风吹拂。蝴蝶兰施肥原则为薄肥勤施，切忌施过浓化肥。浓度以化肥包装说明上标称浓度再稀释1倍左右适宜。

5.白鹤芋

○ 白鹤芋

别称：苞叶芋、白掌、一帆风顺、异柄白鹤芋、银苞芋

寓意：白鹤芋能吸收空气中的苯、三氯乙烯、甲醛等有害气体，寓意着事事顺利、平平安安。

形态特征：天南星科白鹤芋属。多年生草本，具短根茎。叶长椭圆状披针形，两端渐尖，叶脉明显，叶柄长，基部呈鞘状。花葶直立，高出叶丛，佛焰苞直立向上，稍卷，白色，肉穗花序圆柱状，白色。

日常养护：喜高温半阴环境，生长适宜温度为22～28℃，3～9月以24～30℃为宜，9月至翌年3月以18～21℃为宜，冬季温度不低于14℃。怕强光暴晒，夏季需遮阴60%～70%，但长期光照不足则不易开花。夏季高温和秋季干燥时，要多喷水，保证空气湿度在50%以上。土壤以肥沃、含腐殖质丰富的壤土为好。每半月施肥一次。

6.薜荔

○ 薜荔

别称：凉粉子、木莲、凉粉果、木馒头

寓意：薜荔多生长于偏僻山林之间，不与百花争芳，予人以幽静自然的感觉，故薜荔寓意高洁脱俗。

形态特征：桑科榕属。常绿攀援或匍匐灌木，含乳汁。叶卵状心形，薄革质，基部稍不对称，尖端渐尖，叶柄很短，全缘，上面无毛，背面被黄褐色柔毛。隐花果单生于叶腋，梨形或倒卵形，有短柄。花期4～5月，果6月，瘦果9月成熟，果熟期10月。果幼时被黄色短柔毛，成熟黄绿色或微红。

日常养护：性喜阳光，适合种植于阳光直射之处。对土壤要求不严，耐贫瘠、抗干旱，以排水良好、湿润肥沃的沙质壤土最好。追施稀薄的尿素或复合肥液(400倍液)，于5月、6月、8月、9月各追肥一次。

7.冬珊瑚

○ 冬珊瑚

别名：珊瑚樱、吉庆果、珊瑚子、珊瑚豆、玉珊瑚、红珊瑚、野辣茄、野海椒、看樱桃、四季果

寓意：冬珊瑚枝叶稠密，果子浑圆，未熟时碧绿无瑕，成熟后红果满枝，久挂不落，象征着生命的永恒。

形态特征：冬珊瑚为茄科茄属多年生木本植物，直立小灌木，多分枝成丛生状。茎半木质化，茎枝具细刺毛，全株有毒；叶互生，狭长圆形至倒披针形，叶面无毛，叶下面沿脉常有树枝状簇绒毛，边全缘或略作波状；夏秋开花，花序短，腋生，通常1～3朵，单生或成蝎尾状花序，总花梗短几近于无，花梗长约5毫米，花小，白色。浆果单生，球状，幼果色翠绿，熟后鲜红色，经冬不落。花期4～7月，果熟期8～12月。

日常养护：冬珊瑚喜温暖、向阳、湿润的环境及排水良好的土壤。不耐寒，北方盆栽观赏。生长期适当浇水，以不受干旱为度，盛夏每天浇水两次，谨防阵雨淋浇，否则发生炭疽病而死亡。入冬后减少浇水，可以使挂果期延长。生长适温10～25℃，喜阳光，不需遮荫，每天至少4小时直射光，室内应放在明亮的东南窗前。

8.三棱箭

别名：量天尺、霸王花、三角柱

寓意：三棱箭的花语和象征意义是无尽的未来。

形态特征：三棱箭为仙人掌科量天尺属附生攀援性多浆植物。多分枝，三棱柱形，棱宽而较薄，缘波状；茎上有气生根，常利用气生根附着于树木或墙壁上；分节，每节长30～60厘米，深绿色；花大，白色，漏斗形，外瓣黄绿色，内瓣白色，倒披针形，芳香，晚间开放；浆果长圆形，红色，味香可食；花期5～9月。

○ 三棱箭

日常养护：三棱箭性强健，喜温暖湿润的半阴环境，适宜腐殖质丰富、疏松肥沃的微酸性壤土。忌强光，在直射强光下植株发黄，冬季可接受阳光直射。生长适温25～30℃，在盆土干燥情况下，能耐5℃低温，在5℃以下，茎节容易腐烂。粗壮充实的茎节放于温暖湿润的半阴处，不经扦插也会生根，可直接上盆栽植。夏季置荫棚下或半阴处，充分浇水和喷水，保持盆土和环境湿润。

9.黄水仙

别名：洋水仙、喇叭水仙

寓意：黄水仙的花语和象征意义是"傲慢"。

形态特征：黄水仙为多年生球根花卉。花茎挺拔，有皮鳞茎卵圆形；叶5～6枚，宽线形，先端钝，灰绿色；有6片花瓣，分为内花冠和外花

○ 黄水仙

冠，内花冠呈橙色，外花冠呈黄色，且外花冠的长度大约是内花冠的2倍，花横向或略向上开放，外花冠成喇叭形、黄色，边缘呈不规则齿状皱榴。

日常养护：黄水仙喜冬季湿润、夏季干热的生长环境。因此，盆栽黄水仙秋冬根生长期和春季地上部生长期均需充足水分，但不能积水。开花后逐渐减少，鳞茎休眠期保持干燥。黄水仙对光照的反应不敏感，除叶片生长期需充足阳光以外，开花期以半阴为好。生长期长时间光线不足，叶片伸长柔软、下垂，但对开花影响不大。

适合客厅摆放的植物

　　客厅是一家人共同相聚的空间，客厅的布置关系着家庭的和睦、人际脉络的培养，最终会影响着家庭的运势与前景。客厅应该着重于财位的布置。繁茂的盆景衬上财位能给人以提升运势的心理暗示。摆放在客厅财位的盆景花叶须圆且大，忌针叶类及杜鹃。

　　财位宜摆放生机益然的植物，植物不断生长，可令家中财气持续旺盛，运势更佳。在财位摆放常绿植物，尤其是以叶大、叶厚、叶圆的黄金葛、橡胶树、金钱树及巴西铁树等最为适宜。但要留意，这些植物应该用泥土来种植，不能以水培养。财位不宜种植有刺的仙人掌类植物。而藤类植物由于形

○ 过高的植物不宜放在窗边，以免遮挡阳光，影响客厅的光线。

美化家居　招来滚滚财运
改善环境　花木催旺人生

373

◯ 客厅比较适合摆放颜色艳丽的植物，看起来赏心悦目。

状过于曲折，最好也不放在财位上。

　　客厅是家中功能最多的一个地方，朋友聚会、家人休闲小憩观看电视等都在这里进行。客厅要光线充足，所以应在窗台上尽量避免摆放太多浓密的盆栽，以免遮挡阳光。明亮的客厅可以给人家运旺盛的感觉。

　　客厅中摆放的植物通常以中、小型盆栽或插花为主，避免选用大型盆栽，因其容易招来蚊虫和产生压迫感。平日工作忙碌的家庭可选择绿色观叶植物以舒缓压力，假日休闲时可换上色彩较缤纷的鲜花来装饰。盆栽或插花可摆设于茶几、电视柜旁或其他不妨碍活动的位置。

1.嘉德利亚兰

别称：阿开木、加多利亚兰、卡特利亚兰

寓意：嘉德利亚兰代表着优雅和华丽，是象征富贵的极佳植物。

形态特征：兰科嘉德利亚兰属。常绿，假鳞呈棍棒状或圆柱状，花单朵或数朵，着生于假鳞茎顶端。株高25厘米以上。叶片厚实呈长卵形。花

○ 嘉德利亚兰

大而美丽，色泽鲜艳而丰富，有特殊的香气，每朵花能连续开放很长时间，除黑色、蓝色外，几乎各色俱全，姿色美艳，有"兰花之王"的称号。一年开花1～2次，赏花期一般为3～4周。

日常养护：喜好通风良好，光线十分充足的地方。因此夜间温度若不低于15℃的话，最好将其置于户外。夏天（7～8月）约要做40%遮光以免灼伤叶片。冬天最好将其搬进室内，置于窗边明亮、通风良好的地方。冬天待水苔（种花的花材）表面干了再浇水。4～10月浇水次数要增加。花芽出现后，要减少浇水量，待花芽出囊后再恢复正常的浇水量。4月中旬至6月，固体肥和液体肥并行使用。7～10月，两周浇一次液肥。夏天需将肥料稀释薄一点再浇。

2.荷包花

别称：蒲包花

寓意："钱包"也被称为"荷包"，荷包每个都是鼓鼓的，也是财源滚滚的象征。在我国的南方地区，春节时在客厅摆放一盆荷包花，寓意着富贵满堂、金玉环绕。

形态特征：玄参科蒲包花属。为多年生草本植物，在园林上多作一年

○ 荷包花

改善环境花木催旺人生

美化家居招来滚滚财运

生栽培花卉，株高30厘米左右，全株茎、枝、叶上有细小茸毛，叶片卵形对生。花形别致，花冠二唇状，上唇瓣直立较小，下唇瓣膨大似蒲包，中间形成空室，柱头着生在两个囊状物之间。花色变化丰富，单色品种有黄、白、红等深浅不同的花色，复色则在各底色上着生橙、粉、褐红等斑点。蒴果，种子细小多粒。

日常养护：性喜凉爽，惧高热、忌寒冷、喜光照，但栽培时需避免夏季烈日曝晒，需蔽荫，在7～15℃条件下生长良好。对土壤要求严格，以富含腐殖质的沙土为好，忌土湿，有良好的通气、排水的条件，以微酸性土壤为好。生长期内每周追施一次稀释肥，要保持较高的空气湿度，但盆土中水分不宜过大，空气过于干燥时宜多喷水，少浇水，浇水掌握间干间湿的原则。

3.福禄桐

别称：圆叶南洋参

寓意：福禄桐的名字就寓意着福气，有加官进禄、财运亨通之意。

形态特征：五加科福禄桐属。常绿性灌木，株高1～3米，侧枝细长，分枝皮孔显著。叶互生，奇数羽状复叶，小叶3～4对，对生，椭圆形或长椭圆形，锯齿缘，叶绿常有白斑。散形花序，花小形，淡白绿色。福禄桐四季常绿，枝叶繁密，叶片观赏价值高，是国内外流行的一种观叶植物。

日常养护：喜温暖湿润和阳光充足的环境，耐半阴，不耐寒，怕干旱。家庭中可长期放在光线明亮的室内，如果每天能在室内见到数小时的阳光则生长更为旺盛。夏季注意避免室外强烈阳光的直射。生长期保持盆土湿润而不积水，经常用与室温相近的水向植株喷洒，以增加空气湿度，使叶色清新。每2周左右施一次观叶植物专用肥或腐熟的稀薄液肥。

○ 福禄桐

4.大岩桐

别称：六雪尼、落雪泥

寓意：大岩桐花大色艳，花期长，是节日点缀和装饰室内及窗台的理想盆花，寓意吉祥红火。

形态特征：苦苣苔科大岩桐属。多年生草本，块茎扁球形，地上茎极短，全株密被白色绒毛。叶对生，肥厚而大，卵圆形或长椭圆形，有锯齿；叶脉间隆起，自叶间长出花梗。花顶生或腋生，花冠钟状，先端浑

○ 大岩桐

圆，有粉红、红、紫蓝、白、复色等色，大而美丽。蒴果，花后1个月种子成熟，种子褐色，细小而多。

日常养护：生长期喜温暖，忌阳光直射，有一定的抗炎热能力，但夏季宜保持凉爽，23℃左右有利开花。1～10月温度保持在18～23℃，10月至翌年1月（休眠期）需要10～12℃，块茎在5℃左右的温度中也可以安全过冬。生长期要求空气湿度大，不喜大水，避免雨水侵入。冬季休眠期则需保持干燥，如湿度过大或温度过低，块茎易腐烂。喜肥沃疏松的微酸性土壤。

5.橘树

别称：年橘

寓意：年橘中的"橘"与"吉"发音相似，有吉祥之意，在新年里摆放一盆橘树，寓意着新的一年吉祥如意、大吉大利。

形态特征：芸香科金橘属。橘树盆栽主要是为了满足人们春节期间摆设观赏的需要，因此有些地方也称其为年橘(或者年桔)。橘树主要有四季

○ 橘树

改善环境花木催旺人生

美化家居招来滚滚财运

橘、朱砂橘、金橘、金弹果及代代橘这五种。橘树类盆栽四季常绿，树姿优美，花朵雪白芳香且花开满树，果实金光闪闪，玲珑可爱，挂果时间长，是我国著名的传统春节观果植物。

日常养护：喜阳光充足，也有一定的耐阴能力。性喜温暖，不耐霜冻。冬天温度最好保持在5℃以上。耐旱，冬季只要保持盆土不完全干掉即可。春、夏、秋季每个月向盆土施一次少量复合肥。

6.长寿花

别称：矮生伽蓝菜、圣诞伽蓝菜、寿星花

寓意：长寿花小巧玲珑，叶片翠绿，花朵细密拥簇成团，寓意健康长寿、大吉大利，以盆栽赠送长辈是很好的礼物。

形态特征：景天科伽蓝菜属。常绿多年生草本多浆植物，茎直立，单叶交互对生，卵圆形，肉质，叶片上部叶缘具波状钝齿，下部全缘，亮绿色，有光泽，叶边略带红色。圆锥聚伞花序，挺直，花小，高脚碟状，花色粉红、绯红或橙红色。花期1～4月。

○ 长寿花

日常养护：喜温暖阳光充足环境。不耐寒，生长适宜温度为15～25℃，冬季室内温度需12～15℃。夏季炎热时要注意通风、遮阴，避免强阳光直射。冬季入温室或放室内向阳处。耐干旱，生长期不可浇水过多，每2～3天浇一次水，盆土以湿润偏干为好。冬季应减少浇水，停止施肥。生长期每月施1～2次富含磷的稀薄液肥，施肥在春、秋生长旺季和开花后进行。

7.虎尾兰

别称：虎皮兰、千岁兰、虎尾掌、锦兰

寓意：虎尾兰寓意积极热情，有保平安、促进步的含义。

形态特征：龙舌兰科虎尾兰属。多年生草本植物。地下茎无枝，叶簇生，下部筒形，中上部扁平，剑叶直立，叶全缘，表面乳白、淡黄、深绿相间，呈横带斑纹。金边虎尾兰叶缘金黄色，银脉虎尾兰表面具纵向银白色条纹。总状花序，花淡白、浅绿色，3～5朵一束，着生在花序轴上。

日常养护：性喜温暖，喜光又耐阴，生长适宜温度为20～30℃，越冬温度为10℃。不宜长时间处阴暗处，也不可突然移至阳光下，应先在光线暗处适应。耐干旱，忌水涝，在排水良好的沙质壤土中生长健壮。春夏生长速度快，应多浇一些有机液肥，晚秋和冬季保持盆土略干为好。在生长期内10～15天浇一次稀薄饼肥水。

○ 虎尾兰

8.酒瓶兰

别称：象腿树

寓意：酒瓶兰的茎条坚韧，叶缘光滑，叶色蓝绿，外观十分养眼，摆放在客厅的正北、正东和西北方，有富贵招财的象征。

形态特征：龙舌兰科酒瓶兰属。属观叶植物，为常绿小乔木，在原产地可高达10米。其地下根肉质，茎干直立，下部肥大，状似酒瓶；膨大茎干具有厚木栓层的树皮，呈灰白色或褐色。叶着生于茎干顶端，细长线状，革质而下垂，叶缘具细锯齿。老株表皮会龟裂，状似龟甲，颇具特色。叶线形，全缘或细齿缘，软垂状，开花白色。

日常养护：喜温暖日光充足环境，耐寒，生长适宜温度为16～28℃，越冬温度为0℃以上，宜置于温暖向阳处。性喜湿润，较耐旱，喜肥沃土壤，在排水通气良好、富含腐殖质的砂质壤土上生长较佳，应加强肥水管理，勤施薄施液肥，并增施钾肥，浇水不宜过多。

○ 酒瓶兰

9.火鹤花

○ 火鹤花

别称：红鹤芋、红掌

寓意：火鹤花红火的颜色象征红红火火的生活，其高昂的姿态给人积极向上之感，适合在各种节庆日子摆放。

形态特征：天南星科花烛属。其株高一般为50～80厘米，具肉质根，无茎，叶从根茎抽出，具长柄，单生、心形，鲜绿色，叶脉凹陷，厚实坚韧。花腋生，佛焰苞蜡质，正圆形至卵圆形，鲜红色，肉穗花序，圆柱状，直立。

日常养护：性喜温暖、潮湿，忌阳光直射。在夏季可放在房间的阴面或厅内有散射光的位置，冬季应放在房间的阳面。火鹤花生长的最适温度为18～28℃，夏季应加强通风，多喷水，适当遮荫；冬季如室内温度低于14℃时需进行加温。火鹤花属于对盐分较敏感的花卉品种，浇水时最好采用盐分较少的水。春、秋两季一般每三天浇肥水一次，夏季每两天浇肥水一次，冬季每5～7天浇肥水一次。可直接使用红掌专用肥。

10.大花蕙兰

○ 大花蕙兰

别名：喜姆比兰、蝉兰、西姆比兰

寓意：大花蕙兰花色亮艳鲜丽，显示出雍容华丽风采，有"高贵、祥和、丰盛、福泰安康"的寓意。

形态特征：大花蕙兰为多年生附生性草本，属合轴性兰花。假鳞茎粗壮，椭圆形，粗大，茎上通常有12～14节（不同品种有差异），每个节上均有隐芽；假鳞芽的大小因节位而异，1~4节的芽较大，第4节以上的芽比较小，质量差。隐芽依据植株年龄和环境条件不同可以形成花芽或叶芽；叶片2列，长披针形，叶宽而长，下垂，浅绿色，有光泽。其长度、宽度不同品种差异很大；叶色受光照强弱影响很大，可由黄绿色至深绿色。花葶斜生，稍弯曲，有花6~12朵；花大型，直径6~10厘米，花色有白、黄、绿、紫红或带有紫褐色斑纹，略带香气；花被片6，外轮3枚为萼片，花瓣状，内轮为花瓣，下方的花瓣特化为唇瓣。大花蕙兰果实为蒴果，其形状、大小等常因亲本或原生种不同而有较大的差异。

日常养护：大花蕙兰属杂交种，喜半阴、通风凉爽的环境，忌涝渍和闷热，盆栽宜用疏松透气性良好的土壤。夏季要避开直射的阳光，秋、冬、春尽可能多接受阳光，生长适温15~25℃，在这个温度下每月施一次稀薄液肥，并保证充足的水分。冬季要减少浇水，保持7~13℃的室温。盆栽的大花蕙兰可每三年换盆一次，并结合换盆进行分株繁殖，换盆季节可选在春暖时进行。

11.海芋

别名：野芋、天芋、天荷、羞天草、隔河仙、观音芋、广东狼毒

寓意：白色海芋送给同学、朋友，花语是"青春活力"；黄色海芋送给挚友，花语是"情谊高贵"；橙红色海芋象征爱情，请送给心仪的人，因为它的花语和象征意义是"我喜欢你"

○ 海芋

形态特征：海芋为多年生常绿草本植物。茎粗壮，地上茎有时高达2～3米，全株最高可达5米，茎内多黏液；叶多数，螺旋状排列；叶片肥大，叶片革质，表面稍光亮，绿色，背较淡，极宽，箭状卵形，边缘浅波状；叶柄可长达1米，基部抱茎生长。花序柄2～3丛生，圆柱形，各被以苞叶（鳞叶），后者披针形，绿色；佛焰苞管部席卷成长圆状卵形或卵形，

佛焰苞淡绿色至乳白色，下部绿色；浆果亮红色，短卵状；花期4～7月。

日常养护：海芋喜温暖、潮湿和半荫环境，忌阳光直射。适宜肥沃、疏松、排水良好的土壤，不耐旱，不耐寒。栽培土用疏松的沙质壤土，与腐叶土混合较理想，有利于块茎生长肥大；生长季节每月施2次以氮磷钾为主的复合液肥，可保持叶色四季碧绿；每年早春或秋季换一次盆；缺肥时，叶片小而黄。海芋喜空气湿度，但浇水不能过度，盆土宜时干时湿，积水易引起块茎腐烂；冬季必需控水，只要保持叶片不呈软垂状即可。高温有利于生长，在20~28℃条件下生长良好，但要注意不能暴晒，在室外必须遮阴，否则会出现焦叶，抗寒力较低，不耐霜冻，冬季应控水停肥，需10℃以上才能安全越冬。

12.网球花

别名：绣球百合，网球石蒜

寓意：寓意:胜利希望

形态特征：网球花为多年生草本。鳞茎扁球形，主脉两侧各有纵脉6~8条，横行细脉排列较密而偏斜；花茎直立，实心，稍扁平；叶自鳞茎上方的短茎中抽出，3~6枚，常集生茎上部，全缘；叶柄短，鞘状；圆球状伞形花序顶生，排列稠密，花红色；花被管圆筒状，花被裂片线形，长约为花被管的2倍；花丝红色，伸出花被之外，花药黄色；浆果鲜红

○ 网球花

色；花期5~7月。

日常养护：网球花喜温暖湿润，适宜生长温度16～21℃，怕阳光直射，培养土以沙壤土为宜。网球花多行盆栽，盆土要求疏松肥沃。夏季为生长盛期，须多浇水，但切忌雨淋和积水，否则易导致块茎腐烂。夏季光线太强时，放半阴处养护，能延长花期。11月份后应减少浇水，冬季叶片枯萎，鳞茎进入休眠，不必浇水和施肥，要完全干燥，放在12～15℃的室内越冬。

13.散尾葵

别名：黄椰子、紫葵

寓意：散尾葵风姿秀美，舒展大方，它的花语和象征意义是柔美、优美动人。

形态特征：散尾葵为丛生常绿灌木或小乔木。茎干光滑，黄绿色，无毛刺，嫩时披蜡粉，上有明显叶痕，呈环纹状，似竹节；羽状复叶，叶面滑细长，叶柄尾部稍弯曲，先端柔软；裂片条状披针形，左右两侧不对称，端长渐尖，常为2短裂，背面主脉隆起；叶柄、叶轴、叶鞘均淡黄绿色；叶鞘圆筒形，包茎。肉穗花序圆锥状，生于叶鞘下，多分支；花小，金黄色；果近圆形，橙黄色。种子1～3枚，卵形至椭圆形。基部多分蘖，呈丛生状生长。花期3～4月。

日常养护：散尾葵性喜温暖湿润、半阴且通风良好的环境。怕强光暴晒，喜半阴，春、夏、秋三季应遮阴50%，但在室内栽培观赏宜置于较强

○ 散尾葵

散射光处。5～10月是其生长旺盛期，必须提供比较充足的水肥条件。平时保持盆土经常湿润。夏秋高温期，还要经常保持植株周围有较高的空气湿度，但切忌盆土积水，以免引起烂根。散尾葵喜温暖，怕寒冷，冬季需做好保温防冻工作，一般10℃左右 可比较安全越冬，若温度太低，叶片会泛黄，叶尖干枯。

14.条纹十二卷

别名：雉鸡尾、蛇尾兰

寓意：开朗、活泼。

形态特征：条纹十二卷为百合科多年生肉质草本植物。无茎，基部抽芽，群生；叶片紧密轮生在茎轴上，呈莲座状；叶三角状披针形，先端锐尖；叶表光滑，深绿色；叶背绿色，横生整齐的白色瘤状突起，排列成横条纹，与叶面的深绿色形成鲜明的对比；花葶长，总状花序，小花绿白色。

◎ 条纹十二卷

日常养护：条纹十二卷喜温暖干燥和阳光充足环境，冬季温度不低于5℃。怕低温和潮湿，宜疏松、排水良好的壤土。盆栽时，由于根系浅，以浅栽为好。生长期保持盆土湿润，每月施肥1次。冬季和盛夏半休眠期，宜干燥，严格控制浇水。条纹十二卷不耐高温，夏季应适应遮阴，但若光线过弱，叶片退化缩小。冬季需充足阳光，若光线过强，叶片会变红。冬天盆土过湿，易引起根部腐烂和叶片萎缩。如发生可从盆内托出，剪除腐烂部分，晾干后重新扦插补救。

15.鱼尾葵

别名：青棕、假桄榔、果株

寓意：鱼尾葵的象征意义是"富贵、事事顺心、生意兴隆"。

形态特征：鱼尾葵属多年生常绿乔木。茎干直立不分枝，绿色，被白色的毡状绒毛，具环状叶痕；叶大型，幼叶近革质，老叶厚革质，上部有不规则齿状缺刻，先端下垂，酷似鱼尾；花序长，具多数穗状的分枝花序，肉穗花序下垂；雄花花萼与花瓣不被脱落性的毡状绒毛，萼片宽圆形，盖萼片小于被盖的侧萼片，表面具疣状凸起，边缘不具半圆齿，无毛；花瓣椭圆形，黄色，花丝近白色；果实球形，成熟后紫红色，果

○ 鱼尾葵

实浆液于皮肤接触能导致皮肤瘙痒；种子1颗，罕为2颗，胚乳嚼烂状；花期5～7月，果期8～11月。

日常养护：鱼尾葵生长势较强，根系发达，对土壤条件要求不严。喜阳，生长期要给予充足的阳光，适于室内较明亮明亮光线处栽培。喜温暖，不耐寒，生长适温为25～30℃，越冬温度要在10℃以上。喜湿，在干旱的环境中叶面粗糙，并失去光泽，生长期每2天浇水，并向叶面喷水，以提高空气湿度。根系浅，不耐干旱，茎干忌暴晒。

16.朱顶红

别名：百枝莲、柱顶红、朱顶兰、孤挺花、华胄兰、百子莲、百枝莲、对红

寓意：朱顶的花语和象征意义是"追求爱，渴望被爱"。

形态特征：朱顶红为多年生草本植物植物。有肥大的鳞茎，近球形，并有葡匐枝，外皮淡绿色或黄褐色；叶片两侧对生，鲜绿色，呈带状，与花茎同时或花后抽出，先端渐尖；总花梗中空，稍扁，被有白粉；顶生漏斗状花朵，花朵硕大，喇叭形，花色

○ 朱顶红

艳丽，有大红、玫红、橙红、淡红、白等色；花丝红色，花药线状长圆形；花被管绿色，圆筒状，花被裂片长圆形，顶端尖，略带绿色，喉部有小鳞片；花期由冬至春，甚至更晚。

日常养护：朱顶红喜温暖、湿润的环境，要求夏季凉爽、冬季温暖，5～10月温度在20～25℃，11月至4月温度在5～12℃。如冬季土壤湿度大，温度超过25℃，茎叶生长旺盛，妨碍休眠，会直接影响翌年正常开花。喜阳光，可以适量的阳光直射，不可太久。宜放置在光线明亮、通风好，没有强光直射的窗前。喜水，保持植株湿润，浇水要透彻。但忌水分过多、排水不良。一般室内空气湿度即可。

17.金琥

别名：黄刺金琥，象牙球

寓意：金琥刺多而密，顶部有金黄色的毛，民间视其为"生金"，更有避邪、镇宅的寓意。

形态特征：金琥又叫黄刺金琥，是仙人掌科中很受欢迎的仙人球种类。栽培中还有几个主要变种，如白刺金琥、狂刺金琥、短刺金琥、金琥锦、金琥冠等。茎圆球形，单生或成丛；球顶密被金黄色绵毛，有显著的棱条21～37个；刺座大，密生硬刺，金黄色，后变褐，有辐射刺，稍弯曲；花着生球顶部绵毛丛中，钟形，黄色；花期6～10月。

日常养护：金琥属原产墨西哥中部干燥、炎热地区。植株强健，喜温暖温润的环境，宜栽培在肥沃并含石灰质的砂壤土上。金琥喜阳光充足、通风良好的环境，切勿置于居室的过阴处，否则球体会变长、刺色暗淡甚至丧失观赏价值，但在夏季温度过高时须稍加遮阴，阳光直射会灼伤球体。生长最适温度为20～35℃，不耐低温，冬季应保持在5℃以上，温度过低会使球体产生难看的黄斑，影响观瞻，冬季低温时要让盆土保持干燥状

〇 金琥

态。金琥生长较快，每年需翻盆一次，翻盆的适宜时间为植物休眠期结束至生长旺盛期到来之前。仙人球面切记不可喷水。

18.银苞芋

别名：白鹤芋、包叶芋、绿巨人

寓意：银苞芋株形丰满，叶色青翠，白色佛焰苞大而显著，高挺于叶面之上，似乘风破浪的白帆，因而有"一帆风顺"之寓意。甚为美观，在欧洲被视为"清白之花"。

形态特征：银苞芋多年生常绿草本植物，根茎短。叶革质，长椭圆形，端长尖，叶面深绿色，有光泽，叶脉明显，叶柄下部鞘状；肉穗花序直立，芳香，佛焰苞白色，阔披针形；佛焰苞长圆状披针形，白色，稍向内翻卷；肉穗花序黄绿或白色；具多花性。花期春季。

日常养护：银苞芋喜高温、高湿环境和富含腐殖质的壤土。在温度合适时，全年均可以生长。生长适温为22～28℃，不耐寒，安全越冬温度为10℃。低温时植株生长受阻，并造成叶片边缘与叶尖褐化，严重时地上部分焦黄枯萎。喜半阴的环境，夏季要遮阳，光照过强时叶片的颜色会变得暗淡而失去光泽，还会导致叶尖及叶缘枯焦。但也不宜过阴，光线太暗时，植株生长瘦弱，叶片下垂，叶色变淡，且不易开花。喜湿润的土壤环境，不耐干旱，生长期间应充足供水，保持盆土湿润而不干旱。但也不宜过湿和积水，水分过多时叶片会弯曲下垂，叶色枯黄，甚至产生烂根，浇水应掌握"间干间湿而偏湿"。冬季应控制浇水，长期低温和盆土潮湿，易引起根部腐烂、叶片枯黄。喜湿润的环境，空气干燥时，新长出的叶片会变小、发黄，叶尖、叶缘枯焦。应经常向叶面及周围喷水，使环境湿润，空气相对湿度应保持在50%以上。因生长快，每1～2年翻盆1次，可于春季萌芽前进行。盆土要求疏松和排水良好，不宜用黏重的土壤栽种。

○ 银苞芋

适合卧室摆放的植物

卧室是人们休息的地方，所以卧室摆放的植物应以安抚心神、净化空气为主。要避免放置香味过浓、颜色艳丽的植物，以免影响睡眠质量。

人的一生约有三分之一的时间是在睡眠中度过的，睡眠对人类来说是至关重要的，如果睡眠不足会引起人体的各种不正常反应，严重地影响人的身心健康，所以卧室的设计应该充分重视，多下功夫，不仅要在视觉上给人以美的享受，还要注意合理布局室内植物，使居住者的身心能够得到彻底的放松与呵护。卧室追求雅洁、宁静舒适的气氛，内部放置植物有助于提升休息与睡眠的质量。由于卧室的面积有限，所以应以中小盆或吊盆植物为主，在宽敞的卧室里可选用站立式的大型盆栽。床头摆放鲜花可以兼备开运与提高

◎ 小一点的卧室宜选择小巧雅致的盆栽植物，摆放大型植物易产生压迫感。

○ 用植物来装饰卧室，不要太花哨，只要和环境相融合，一小盆观叶植物就能起到画龙点睛的作用。

品位的双重效果。盆景放在早晨一醒来就能感受到清新空气的东侧最好，在传统风水学上东侧象征活动、发展等。

　　卧室植物布置的重点在于宁静祥和，要突出适合休息和阅读的空间气氛，所以以绿意盎然的中、小型盆栽为宜。

　　为了维护卧室的卫生，应尽量选用小型水栽植物或插花，通风或窗边位置可放置小型带土壤的盆栽。

　　盆栽也可放置于书桌、化妆柜旁，避免过于接近床褥或衣柜，以防湿气和微生物侵扰床褥、衣物。

1.五彩千年木

别称：三色千年木、七彩千年木

寓意：传统风水学理论上，五彩千年木属于生旺植物之一，摆放在住宅中，可以补气血、旺生气。摆在老人的房间中，还寓意好运、长寿。

形态特征：百合科龙血树属。株形树干小而直立，树节紧密。叶片细狭如剑形，叶长30～40厘米，叶宽不足1厘米。其吸引人的主要是彩色的叶面，在细而长的叶面上，呈现出红、黄、绿、白、粉等多种颜色。

○ 五彩千年木

日常养护：性喜光、热的环境，也较耐阴。适合种植在半阴处，必须搁置在室内明亮处，温度在20～35℃生长旺盛。一般盆土以不干不湿为宜，但以干为好，所以宜干透才浇，浇到湿度适中即可，盆内不得积水或过湿。空气相对湿度要在80％左右，有时可向叶面喷些软水雾点。每周施肥一次，以氮为主。夏秋两季也可施些进口的复合肥。切忌施生肥、浓肥。

2.鹅掌藤

别称：七叶莲、七叶藤、七加皮、汉桃叶、狗脚蹄

寓意：鹅掌藤形似鹅的脚掌，寓意吉祥平安，有富贵安稳之意。

形态特征：五加科鹅掌柴属。半蔓性常绿灌木，枝叶光亮翠绿，侧枝细长，生有褐色孔皮。叶互生掌状复叶，全缘，小叶倒卵状长椭圆形，小叶与叶柄间具关节。伞形花序作总状排列，全体呈圆锥状，顶生，秋季开淡绿白色小花。果实浆果，呈小球形，成熟橙黄色。

○ 鹅掌藤

日常养护：喜光，喜温暖，耐阴，耐寒，在全日照、半日照、半阴下均可生长良好。最适宜温度度为20～30℃。喜湿润气候，掌藤对水分的适应性很强，耐旱又耐湿，适宜生长环境的空气相对湿度在70%～80%。每月施一次腐熟充分的薄肥水。

3.仙客来

别称：萝卜海棠、兔耳花、兔子花、一品冠、篝火花、翻瓣莲

寓意：仙客来也是一种吉祥花卉，象征佳节喜庆、和气圆满。摆放在卧室中，接受明亮的光线，有提升居住者的运气的寓意。

形态特征：紫金牛科仙客来属，块茎扁圆球形或球形、肉质。叶片由块茎顶部生出，心形、卵形或肾形，叶缘有细锯齿，叶面绿色，具有白色或灰色晕斑，叶背绿色或暗红色，叶柄较长，红褐色，肉质。花单生，花朵下垂，花瓣向上反卷；花有白、粉、玫红、大红、紫红、雪青等色，基部常具深红色斑；花瓣边缘多样，有全缘、缺刻、皱褶和波浪等形。花期10月至翌年4月。

○ 仙客来

日常养护：喜凉爽、湿润及阳光充足的环境。生长和花芽分化的适宜温度为15～20℃，湿度70%～75%，冬季花期温度不得低于10℃。要求疏松、肥沃、富含腐殖质，排水良好的微酸性沙壤土。喜湿怕涝，每天保持土壤湿润即可。也属喜肥植物，花盆内的土取腐殖质较多的肥沃砂壤土，每年春季和秋季追施2‰的磷酸二氢钾各一次，切忌施用高氮肥料。

4.茉莉

别称：茉莉花、香魂

寓意：茉莉花是菲律宾、突尼斯、印尼的国花，寓意着平安、幸福、友好。

改善环境花木催旺人生
美化家居招来滚滚财运

形态特征：木樨科茉莉花属。常绿小灌木或藤本状灌木，枝条细长小枝有棱角，有时有毛，略呈藤本状。单叶对生，光亮，宽卵形或椭圆形，叶脉明显，叶面微皱，叶柄短而向上弯曲，有短柔毛。初夏由叶腋抽出新梢，顶生聚伞花序，顶生或腋生，通常三到四朵，花冠白色，极芳香。大多数品种的花期6～10月，由初夏至晚秋开花不绝。落叶型的冬天开花，花期11月至次年3月。

○ 茉莉

日常养护：性喜温暖，在通风良好、半阴的环境生长最好。喜湿润，极喜肥，土壤以含有大量腐殖质的微酸性砂质土壤为最适合。盛夏每天要早、晚浇水，如空气干燥，需补充喷水；冬季休眠期，要控制浇水量。生长期间需每周施稀薄饼肥一次。

5.姬凤梨

别称：小花姬凤梨、蟹叶姬凤梨、紫锦凤梨

寓意：姬凤梨寓意有好运、兴旺、发财之意，放在卧室内也同样具有招财开运的寓意。

形态特征：凤梨科凤梨属。多年生常绿草本植物。地下部分具有块状根茎，地上部分几乎无茎。叶从根茎上密集丛生，每簇有数片叶子，水平伸展呈莲座状，叶片坚硬，边缘呈波状，且具有软刺，叶片呈条带形，先端渐尖，叶背有白色磷状物，叶肉肥厚革质，表面绿褐色。花两性，白色，雌雄同株，花葶自叶丛中抽出，呈短柱状，花序莲座状，4枚总苞片

○ 姬凤梨

三角形，白色，革质。

日常养护：姬凤梨生长适宜温度在25℃左右，除冬季可接受全日照外，其他季节都应遮阴，掌握好40%～50%的透光率。既不耐旱，又怕水渍，如土壤过干或空气太干燥，叶片容易卷曲萎缩，但若水太多，盆土久湿不干，会引起根系腐烂。室内要保持较好的透气性。冬季保持土壤稍湿即可；空气干燥时，应注意向周围喷水，以提高空气湿度。在生长期，要每隔半个月施一次以氮肥为主的肥料。

6.合果芋

别称：长柄合果芋、紫梗芋、剪叶芋、丝素藤、白蝴蝶、箭叶

寓意：合果芋寓意着吉祥平安，有驱邪纳祥的含义。

○ 合果芋

形态特征：天南星科合果芋属。多年生常绿草本植物，蔓生性较强，节部常生有气生根。叶上有长柄，呈三角状盾形，叶脉及其周围呈黄白色，根肉质。同属的栽培品种还有黄纹合果芋、白丽合果芋等，皆具多变的叶形、色泽清丽，很适合作室为内盆栽观赏。幼嫩的叶片呈宽戟状，成熟的叶片5～9分裂，叶表绿色，常有白色斑纹。

日常养护：喜温暖半阴的环境，能适应不同光照环境。在明亮的散射光处生长良好。以遮光50%为宜。生长适宜温度为22～30℃。喜多湿、疏松肥沃、排水良好的微酸性土壤。喜湿怕干。夏季生长旺盛期，需充分浇水，保持盆土湿润，每2周浇施一次稀薄肥水，每月喷一次0.2%的硫酸亚铁溶液。

7.吊竹梅

别称：吊竹兰、斑叶鸭跖草

寓意：吊竹梅寓意节节高，象征着每日翻新的红火生活。

形态特征：鸭跖草科吊竹梅属。常绿宿根草本，茎斜细而软，初期斜向上生长，后阶状倒地，呈匍匐状，接触栽培基质的匍匐茎节可以生根。叶狭

美化家居招来滚滚财运
改善环境花木催旺人生

卵圆形，长约7厘米，宽约4厘米，锐尖或渐尖，有短柄。叶面银白色。作为小型盆栽，可置于高几架、柜顶端任其自然下垂，也可吊盆欣赏。

日常养护：喜半阴，避开烈日照射。喜水湿，生长期每天浇水一次，保持土壤湿润，并给叶面喷水。冬季减少水量。生长适宜温度10～25℃，越冬温度5℃左右。不择土壤。生长期每月施液肥一次即可。

○ 吊竹梅

8.乌羽玉

别名：红花乌羽玉、僧冠拳

寓意：美轮美奂。

形态特征：乌羽玉是仙人掌家族中的经典种类，肉质柔软、形态奇特。植株具粗大的肉质根，在原产地根部的体积比茎部大好多倍；球茎球状，体柔软，表皮为绿色或灰绿色；棱8～10，沟呈螺旋形排列但不明显，几乎没有棱沟；植株顶部的生长点多生绒毛，灰白色；刺座圆形，很大，刺退化，被绵毛取代；花小而短，开放短促，淡红色；果实呈棍棒形，红色或粉色；每个果实有10~30粒种子不等，可自花授粉繁殖。

日常养护：乌羽玉喜温暖、干燥和阳光充足，怕积水，耐干旱和半阴，要求有较大的昼夜温差。生长期在春、秋季，肥大的直根怕渍水，除生长期保持土壤湿润外，其他时期要控制浇水，浇水掌握"不干不浇，浇则浇透"的原则，避免盆土积水，否则会造成根腐烂。夏季高温时植株生长缓慢，要求通风良好，避免闷热、干燥，否则易受红蜘蛛危害，还会产

○ 乌羽玉

生锈病或茎腐病；并适当遮光，以防强烈的直射光灼伤球体。由于其肉质根肥大，适用较深的盆种植，盆底多垫瓦片或颗粒较粗的砾石，以利于排水。

9.鼠尾掌

别名：金纽

寓意：鼠尾掌的花语和象征意义是"温暖的家庭"。

形态特征：鼠尾掌是仙人掌植物中最早用于观赏栽培的品种之一。茎细长，匍匐，多分枝，长可达2米，幼时亮绿色，后变灰绿色；具浅棱10～14，辐射刺10～20，新刺红色，后变黄至褐色；花两侧对称，粉红色，昼开夜闭。浆果球形，红色。花期4～5月。

○ 鼠尾掌

日常养护：鼠尾掌喜排水、透气良好的肥沃土壤，可用腐叶土、沙子及壤土等配合而成。喜阳光充足。越冬温度需10℃以上。在夏季生长期，需要充足水分，并多喷水，保持较高的空气湿度。每月施肥1次。盛夏在室外栽培时，需适当遮阴。冬季搬进室内，需阳光充足，减少浇水。鼠尾掌茎细长，呈匍匐状，多分枝，盆栽时需设立支架，或悬挂吊盆栽培。须整株修剪，保持优美株态。繁殖以嫁接为主，多在春季或初夏进行。

美化家居招来滚滚财运
改善环境花木催旺人生

适合厨房摆放的植物

　　不论空间大小，任何厨房都应该至少摆上一盆植物，这是因为家庭中有些成员每天会花很多时间在厨房里，且厨房的环境湿度也非常适合大部分的植物。

　　色彩丰富的植物可以柔化硬朗的线条，为厨房注入一股生气。厨房与整个屋宅的财运息息相关，在厨房内摆放合适的植物，有旺财、护财的寓意。在厨房内摆放植物，一定程度上还能修正不利格局、化解不利因素。

　　位于西方的厨房，在窗边摆放金黄色的花、水仙花及三色紫罗兰，不仅可以挡住夕阳的直射，也有招徕财运的美好寓意。

　　厨房若是位于东方，可在桌上、电冰箱附近摆放红花，因为东方是日出的方向，红色代表着太阳的颜色，摆放红花使人感到温馨和愉悦，有利于保

○ 厨房内摆放植物，看起来会更加生机勃勃。

持身体的健康。

　　厨房如果位于南方，就应该在此处摆放阔叶植物。因为位于南方的厨房受强烈的日晒，气温上升，容易使人感到焦躁不安，而摆放阔叶植物可以缓和日晒，减少人焦躁不安的情绪。

　　厨房通常位于窗户较少的朝北房间，用些盆栽装饰可消除寒冷感。由于阳光少，应选择喜阴的植物，如万年青、星点木之类。

　　由于厨房的油烟较多且温度较高，因此不宜放大型盆栽，而吊挂盆栽则较为适合，其中以吊兰为佳。居室内摆上一盆吊兰，在24小时内可将室内的一氧化碳、二氧化碳、氮氧化物等有害气体吸收干净，起到空气过滤器的作用。虽然天然气不至于伤到植物，但较娇弱的植物最好还是不要摆在厨房。厨房的门开开关关，加上厨房到处都是散发高热的炉子、烤箱、冰箱等家用电器，容易导致植物干燥，所以盆栽摆设宜尽量靠窗或洗涤槽角落。

◎ 厨房内适宜放置好养易活的水养植物，最好还具有较强的净化空气的作用。

美化家居招来滚滚财运
改善环境花木催旺人生

1.爱之蔓

○ 爱之蔓

别称：心蔓、吊金钱、蜡花

寓意：爱之蔓的茎蔓就像古人用绳串吊的铜钱，故名"吊金钱"，含有开拓财运的含义。又因其茎细长似心形项链，所以又叫它"爱之蔓"，也常被当作爱情的象征。

形态特征：萝　科吊灯花属。茎细长下垂，节间长。叶对生，心形、肉质、银灰色，花淡紫红色。植株具蔓性，可匍匐于地面或悬垂。

日常养护：性喜温暖。光线充足时，其生长繁茂，在散射光的条件下生长更好。夏季忌上午11时至下午4时的强阳光直晒。但放置环境也不能过阴或完全不见阳光。喜生于稍湿润的土壤中，亦较耐旱，故盆土以半干半湿、间干间湿为宜。春、秋季应3~4天浇一次水；夏季2~3天浇一次水，天气酷热时，可喷水雾润泽枝叶；冬季应节制浇水，可10~15天浇水一次，保持盆土微湿润即可。喜淡薄肥料，忌施浓肥和单用氮肥。在室内培养，10~15天施一次氮、磷、钾相结合的液肥，每日可向叶面增喷0.1%~0.2%的磷酸二氢钾水溶液。

2.卷柏

○ 卷柏

别称：九死还魂草、石柏、岩柏草、黄疸卷柏

寓意：当土壤中的水分不足时，卷柏会自己把根拔出来，卷成圆球随风滚动，找个水分充足的地方落脚生根，这种极强的适应力，寓意着困难最终会被战胜。卷柏的这种属性能与厨房的火性属性相配合。

形态特征：卷柏科卷柏属。多

年生草本，主茎直立，常单一，茎部着生多数须根；上部轮状丛生，多数分枝，枝上再作数次两叉状分枝。叶鳞状，有中叶与侧叶之分，密集覆瓦状排列，中叶两行较侧叶略窄小，表面绿色，叶边具无色膜质缘，先端渐尖成无色长芒。孢子囊单生于孢子叶之叶腋，雌雄同株，排列不规则，大孢子囊黄色，内有4个黄色大孢子。小孢子囊橘黄色，内涵多数橘黄色小孢子。

日常养护：性喜光，光照时间要充足，在温度15～25℃能正常生长。其耐旱力极强，湿度在85%～95%最好。施肥以氮肥为主。

3.铁线蕨

别称：铁丝草、少女的发丝、铁线草、水猪毛土

寓意：铁线蕨寓意吉祥、健康，适合在厨房摆放，具有吸收厨房的有害气体，净化用餐环境的作用。

形态特征：铁线蕨科铁线蕨属。多年生草本。根状茎细长横走，密被棕色被针形鳞片。叶远生或近生，叶片卵状三角形。叶干后薄草质，草绿色或褐绿色，两面均无毛；叶轴、各回羽轴和小羽柄均与叶柄同色，往往略向左右曲折。囊群盖长形、长肾形成圆肾形，上缘平直，淡黄绿色，老时棕色，膜质，全缘，宿存。孢子周壁具粗颗粒状纹饰。

○ 铁线蕨

日常养护：喜温暖、半阴环境，不耐寒，忌阳光直射。生长适宜温度为13～22℃，冬季越冬温度为5℃。喜湿润、疏松、肥沃和含石灰质的沙质壤土。盆栽时培养土可用壤土、腐叶土和河砂等量混合而成。生长期每周施一次液肥，注意经常保持盆土湿润和较高的空气湿度。

4.球兰

别称：铁加杯、金雪球、牛舌黄、石壁梅

寓意：球兰有富贵吉祥寓意，象征顺心如意的家庭生活。

形态特征：萝摩科球兰属。多年生蔓性草本，茎呈蔓性，叶对生，厚肉

美化家居招来滚滚财运
改善环境花木催旺人生

质，叶色全绿。花腋生或顶生，球形伞形花序，小花呈星形簇生，清雅芳香。全株有乳汁。附生于树上或石上，茎节上生气根。聚伞花序形状，腋生副花冠星状。果线形，光滑。种子先端具白色绢质种毛。花期4～6月，果期7～8月。

日常养护：喜温暖，生长适宜温度18～28℃，最好是把球兰放在室内最明亮处，但要避免阳光直接照射。性喜潮湿，栽培土质以腐殖质壤土为佳，排水需良好。只要保持盆土湿润即可，施肥主要以有机肥或复合肥料为主；生长期间，每月施肥一次。

○ 球兰

5.天竺葵

别称：洋绣球、入腊红、石腊红、日烂红、洋葵、天竺葵、驱蚊草

寓意：天竺葵形似绣球，花团紧密圆润，有富贵招财之意。可以在节假日送人或摆放家中，都具有和乐圆满的祝福寓意。

形态特征：天竺葵属多年生的草本花卉，茎肉质。叶互生，圆形至肾形，通常叶缘内有马蹄纹。总梗长，有直立和悬垂两种。花色有红色、桃红色、橙红色、玫瑰色、白色和混合色，花期为5～6个月。

○ 天竺葵

日常养护：喜阳光，好温暖，稍耐旱，怕积水，不耐炎夏的酷暑和烈日的曝晒。生长适宜温度3～9月为13～19℃，冬季温度为10～12℃。其适应性强，各种土质均能生长，但以富含腐殖质的砂壤土生长最良。每1～2星期浇一次稀薄肥水（腐熟豆饼水），每隔7～10天浇800倍磷酸二氢钾溶液可促进正常开花。

适合餐厅摆放的植物

　　餐厅是进食的地方，在此处摆放植物花卉固然有增加情调的作用，但若摆放不当，视觉冲击过大，反而会影响食欲。

　　餐厅是家人团聚用餐的地方，而且位置靠近厨房，浇水便利。配置一些开放着艳丽花朵的盆栽，如秋海棠和圣诞花之类，可以增添欢快的气氛；或将富有色彩变化的吊盆植物置于木制的分隔柜上，把餐厅与其他功能区域划分开，既能保护隐私，也能很好地修正室内格局。

　　餐厅是掌握家人健康的烹饪与饮食环境，所以在植物的布置上应以愉快与促进食欲为主要目标。选用小巧可爱且生性强健的观叶植物为宜，更简便的方式是剪取适合水栽的植物茎段以水钵栽培。宜采用植株整洁、叶面光滑、色泽浓绿的植物。也可根据个人需求来选择植物的颜色，想引起食欲，可采用橘黄色系花叶；要减低食欲则可采用蓝绿色系。

　　现代人很注重用餐区的清洁，因此餐厅植物最好用无菌的培养土来种植。餐厅摆放的植物的生长状况应该良好，形状必须低矮，才不会妨碍人们谈话。

○ 餐厅上摆放切花比较方便更换，也更易于变化。

1.白纹草

别称：绿竹、白纹兰

寓意：白纹草有吉祥健康的寓意，摆放在餐厅中，除了有极强的装饰功能外，还能促进食欲，净化空气。

○ 白纹草

形态特征：百合科吊兰属。为宿根观叶植物，与镶边吊兰极相似，但没有走茎。叶片细致柔软，绿色叶片上具有白色条斑。

日常养护：喜半阴，越冬温度在10℃以上，生长适宜温度为20～28℃。放在有明亮散射光线下，避免强烈阳光直射即可。冬季浇水宜少，要随时摘除萎叶。春季进行分株、换盆，天暖后充分浇水，并注意适当追肥。

2.西瓜皮椒草

别称：豆瓣绿椒草

寓意：西瓜皮椒草寓意平安辟邪，适合在喜庆佳节、乔迁之日、开业典礼时赠送。

形态特征：胡椒科草胡椒属。簇生型植株，短茎上丛生西瓜皮状盾形叶。株高15～20厘米。叶密集，肉质，叶柄红褐色。叶面绿色，叶背为红色。叶脉绿色，叶面间以银白色的规则色带，形似西瓜的斑纹。穗状花序，花小，白色。

日常养护：生长适宜温度为20～28℃，超过30℃和低于15℃则生长缓慢。耐寒力较差，若冬季室内温度低于10℃，易受冻害。盆栽宜选用以腐叶土为主的培养土。平时要摆

○ 西瓜皮椒草

放在半阴处培养，切忌强光直射。生长季节应保持盆土湿润，但盆内不能积水。每月施一次稀薄腐熟饼肥水。

3.观赏辣椒

别称：无

寓意：观赏辣椒寓意红火的生活，象征越来越好的未来。

形态特征：茄科。生性强健，分枝性佳，叶形从椭圆、卵形到披针形皆有，全绿且对生。白色星形小花开于叶腋或枝条顶端，果实因品种不同，形状从圆球形、锥形、长形皆有。果实颜色千变万化，极具观赏价值。

○ 观赏辣椒

日常养护：观赏辣椒喜温、怕霜冻、忌高温，在温度25～28℃的环境下最适宜生长、结果。属短日照植物，对光照要求不严，但光照不足会延迟结果期并降低结果率，高温干旱、强光直射易发生果实日灼或落果。结果期要求干燥空气，太过湿润易导致授粉不良。

4.瓜叶菊

别名：千日莲、千叶莲

寓意：瓜叶菊的叶子层层叠叠，象征着喜悦、快活、快乐、合家欢喜、繁荣昌盛。

形态特征：瓜叶菊为多年生草本植物，分为高生种和矮生种，20～90厘米不等。茎直立，被密白色长柔毛；叶具柄；叶片大，肾形至宽心形，有时上部叶三角状心形，顶端急尖或渐尖，基部深心形，边缘不规则

○ 瓜叶菊

三角状浅裂或具钝锯齿，上面绿色，下面灰白色，被密绒毛；叶脉掌状，在上面下凹，下面凸起；叶柄较长，基部扩大，抱茎；上部叶较小，近无柄。头状花序，多数，在茎端排列成宽伞房状；花序梗粗，总苞钟状，总苞片1层，披针形，顶端渐尖。小花紫红色，淡蓝色，粉红色或近白色；舌片开展，长椭圆形，顶端具3小齿；瘦果长圆形，具棱，初时被毛，后变无毛。花果期3～7月。

日常养护：瓜叶菊喜温暖又不耐高温，在15～20℃的条件下生长最好。生长期要放在光照较好的温室内生长，开花以后移置室内欣赏，每天至少要放在光线明亮的南、西、东窗前接受4小时的光照，才能保持花色艳丽，植株健壮。在花蕾期喷施花朵壮蒂灵，可促使花蕾强壮、花瓣肥大、花色艳丽、花香浓郁、花期延长。在栽培中要注意经常转换盆的方向，以使花冠株形规整。盆栽时要注意保持盆土稍湿润，浇水要浇透，但忌排水不良。

5.石竹

别名：洛阳花、中国石竹、中国沼竹、石竹子花、石竹兰、石柱花、十样景花、汪颖花、洛阳石竹、石菊、绣竹、常夏、日暮草、瞿麦草

寓意：石竹花是母亲节的象征，象征着纯洁的爱、才能、大胆、女性美。

形态特征：石竹为石竹属多年生草本种食物。茎丛生，直立或基部匍匐，节膨大；叶线状披针形，先端渐尖，基部狭窄成聚伞花序；小苞片4～6，广卵形，先端尾状渐尖，长约为萼筒的1/2；萼圆筒形，先端5裂；花瓣鲜红色、白色、粉红色，边缘有不整齐的浅锯齿，喉部有斑纹或疏生须毛。蒴果包于宿萼内；种子扁卵形，灰黑色，边缘有狭翅；花期5～9月，果期8～10月。

日常养护：石竹性喜阳光和凉爽气候，耐寒，不耐酷暑，忌水涝，好肥；适生于排水良好、肥沃疏松的壤

○ 石竹

土中。繁殖可用播种和扦插等方法。播种繁殖一般在秋天进行。播后，保持盆土湿润，10天左右即出苗。当苗长出4～5片叶时，可移植。扦插繁殖在10月至翌年2月下旬进行。盆栽石竹要求施足基肥，每盆种2～3株。苗长至15厘米高摘除顶芽，促其分枝，以后注意适当摘除腋芽，以免养分分散而开花小。生长期间宜放置在向阳、通风良好处养护，保持盆土湿润。冬季宜少浇水，如温度保持在5～8℃条件下，则冬、春不断开花。

6.金盏菊

别名：金盏花、黄金盏、长生菊、醒酒花、常春花、金盏

寓意：由于金盏花可醒酒，在中国文化中有"提醒"的寓意；又因金盏菊花期长，又被当作"忍耐"的象征，常用于婚礼的饰花，以祝福新人"永浴爱河"。

形态特征：金盏菊为一年生或多年生草本植物。植株矮生、密集，全株被白色茸毛；单叶互生，椭圆形或椭圆状倒卵形，全缘或具疏细齿，基生叶有柄，上部叶基抱茎；头状花序单生茎顶，形大，舌状花一轮，或多轮平展，金黄或桔黄色，筒状花，黄色或褐色；瘦果弯曲；花期4～6月，果熟期5～7月。

日常养护：金盏菊喜欢温暖气候，忌酷热，在夏季温度高于34℃时明显生长不良，春夏秋三季需要在遮阴条件下养护。适宜的生长温度为15～25℃，在冬季温度低于4℃以下时进入休眠或死亡。不择土壤，以疏松、肥沃、微酸性土壤最好。与其他草花一样，对肥水要求较多，生长期每半月施肥1次，要求遵循"淡肥勤施、量少次多、营养齐全"的施肥（水）原则，并且在施肥过后，晚上要保持叶片和花朵干燥。肥料充足，金盏菊开花多而大。相反，肥料不足，花朵明显变小退化。花期不留种，将凋谢花朵剪除，有利花枝萌发，多开花，延长观花期。

○ 金盏菊

适合书房摆放的植物

书房多是用于办公、学习、思考、阅读的地方，所以整体设计以舒适、稳重为主。摆放在书房内的植物也最好能舒缓情绪，使人放松。

在书房的案头前方摆上富贵竹之类的水种植物，以单枝，即三、五、七枝为佳，生机盎然、赏心悦目，利于启迪智慧，能起智者乐水之效。

书房内植物不易太多、太大，否则容易使人分神，不利学习和工作。一般来说，在书桌的案头摆放一小盆盆景或水培植物较好，点点绿意缓解了书房沉闷的气氛，也能使人心情放松。稍大型的植物不宜靠书桌过近，可放置在书柜旁。

◎ 书房内的植物颜色不能过于鲜艳，否则容易影响效率。

◎ 在书房内的财位放置富贵植物，有生财的寓意。

大师全解植物开运密码
活用植物增旺住宅运势

1.富贵子

○ 富贵子

别名：朱砂根、红凉伞、百两金、万两金

寓意：富贵子红果累累，被认为是吉祥喜庆的象征，还寓意多子多福。

形态特征：紫金牛科。常绿小灌木，株高0.4～1米，叶片互生，质厚有光泽，边缘具钝齿，有红叶、绿叶两个品种。夏日开花结果，花白或粉红色，排列成伞形花序；果实球形，似豌豆大小，成熟时鲜红、透亮，环绕于枝头。上一年结的果尚未脱落，下一年又可开花结果，一棵树365天都可赏果，红果期达9个月，深受人们的喜爱。

日常养护：性喜阴凉、湿润的中性沙质土壤，耐高温。注意适时适量浇水，保持盆土的湿润状态，既不干燥又不渍水。喜薄肥勤施，忌浓肥。夏秋季节富贵子生长比较旺盛，养料需要的多，可以多施肥；冬季和初春植株基本处于休眠状态，可以少施或不施。

2.金钱树

○ 金钱树

别名：金币树、雪铁芋、泽米叶天南星等

寓意：金钱树的叶子呈墨绿色，且革质厚，有金属光泽，形状似铜钱，是一种象征富贵生财的植物。

形态特征：天南星科雪芋属，多年生常绿草本植物。地下具有肥大的肉质块茎，地上部分无茎。羽状复叶大型，自块茎顶端抽生而出。小叶卵形，厚革质，墨绿色，有金属光泽，其形状似铜钱而得名。金钱树的小叶片形态优美，排列整齐，叶色亮绿，四季常青，是当今国内室内观叶植物中的新宠。

日常养护：比较喜光又有较强的耐阴性，但忌强光直射。家庭里可置于室内光线明亮处栽培观赏。喜温暖至高温，生长适宜温度为20~32℃，畏寒冷，冬季温度低于5℃易导致植株受到寒害。较耐干旱，忌盆内积水，容易导致块茎腐烂、植株死亡。每个月向盆土施一次少量的复合肥，冬季停止施肥。

3.观赏凤梨

别名：菠萝花

寓意：观赏凤梨寓意着鸿运当头、生活事业步步高，也有空中来财含义，对增进财运有利。

形态特征：凤梨科。多年生草本植物。种类繁多且外表差异颇大，其共同特征为：革质长带状叶片向上凹曲，叶片基部相互抱合呈莲座状，从外观看不到茎部。观赏凤梨以其鲜艳

○ 观赏凤梨

的花姿、多彩的叶片深受广大群众喜爱，是常见的室内植物之一。

日常养护：喜温暖湿润气候。观赏凤梨多为附生种，要求基质疏松、透气、排水良好，pH呈酸性或微酸性。最适宜生长温度为15~20℃，冬季不低于10℃，湿度要保持在70%~80%。根部极不发达，水分和营养吸收主要靠叶片。

4.文竹

别称：云片松、刺天冬、云竹

寓意：文竹整株形态轻柔飘逸，象征才思敏捷，适宜摆放在书房中，有增添文采的美好寓意。

形态特征：百合科天门冬属。多年生常绿藤本观叶植物。肉质，茎柔软丛生，伸长的茎呈攀援状；平常见到绿色的叶其实不是真正的叶，而是叶状

枝，真正的叶退化成鳞片状，淡褐色，着生于叶状枝的基部；叶状枝纤细而丛生，呈三角形水平展开羽毛状。主茎上的鳞片多呈刺状，如同松针一般，精巧美丽。花小，两性，白绿色。花期春季。浆果球形，成熟后紫黑色。

○ 文竹

日常养护：性喜温暖、半阴环境，不耐严寒，忌阳光直射，要注意适当遮阴，生长适宜温度为15～25℃，越冬温度为5℃。性喜湿润，不耐干旱，适生于排水良好、富含腐殖质的砂质壤土。平时要适当掌握浇水量，做到不干不浇、浇则即透，经常保持盆土湿润。炎热天气除盆土浇水外，还须经常向叶面喷水，以提高空气湿度；每月追施稀薄液肥1～2次，忌施浓肥。

5.香龙血树

别称：巴西木、巴西千年木、金边香龙血树

寓意：在传统风水学理论上，香龙血树属于生旺植物之一，摆放在住宅中可以旺生气。

形态特征：百合科龙血树属。常绿乔木，叶簇生于茎顶，长40～90厘米，宽6～10厘米，尖稍钝，弯曲成弓形，有亮黄色或乳白色的条纹；叶缘鲜绿色，且具波浪状起伏，有光泽。香龙血树树干粗壮，叶片碧绿油光，生机益然，被誉为"观叶植物的新星"，是颇为流行的室内大型盆栽花木，尤其在较宽阔的客厅、书房、起居室内摆放。

日常养护：只要温度等条件适合，一年四季都可生长。夏季高温

○ 香龙血树

时，需适当遮阴，冬季室温不可低于5℃，温度太低，叶尖和叶缘会出现黄褐斑。室内摆入香龙血树应在光线充足的地方，若光线太弱，叶片上的斑纹会变绿，基部叶片黄化，失去观赏价值。每星期浇水1~2次，水不宜过多，以防树干腐烂。夏季高温时，可用喷雾法来提高空气湿度，并在叶片上喷水，保持湿润。

6.猪笼草

别名：水罐植物、猴水瓶、猴子埕、猪仔笼

寓意：猪笼放到水里时，四周的水都向猪笼里灌入。粤语里用来形容一个人财路亨通、财富从四面八方滚滚而来时，就称为"猪笼入水"。所以相当多的广东人在春节时喜欢买上一盆猪笼草放在书房之内，祝福新的一年财源广进。

形态特征：猪笼草科猪笼草属。著名的食虫植物之一，其叶片的中脉

○ 猪笼草

延长形成卷须，而卷须的顶端则扩大而成一囊状体——捅虫囊，内可贮藏水分。因品种不同，囊的大小不一，颜色以绿色为主，有褐色或红色的斑点和条纹。因囊的形状像猪笼，因此得名猪笼草。猪笼草奇特、美丽、耐阴，观赏价值很高，在欧美等地普遍作为室内观赏植物。

日常养护：喜欢半阴环境，除冬季外怕强光直射。家庭里可置于室内光线明亮处栽培观赏。喜温暖，生长适宜温度为25~30℃，冬季温度15℃以下植株停止生长，10℃以下叶片容易受到寒害。喜欢湿润，空气干燥期宜经常向植株喷水。每个月向盆土施一次复合肥。

7.大花犀角

别名：海星花、臭肉花

寓意：大花犀角肉质茎挺拔，形如犀牛角，象征坚强。

形态特征：大花犀角为多年生肉质草本，植株丛生，无叶。茎粗，株高20～30厘米，基多分枝部，四角棱状肉质茎灰绿色，棱脊上具粗短软刺及很短的软毛，形如犀牛角。花期夏秋，花蕾气囊状，1~3朵由嫩茎基部长出，花大，花冠平展，花朵五裂张开，星形，宛如海星，花色淡黄，瓣内有暗紫红色条纹和丝毛，边缘密生长细毛，具臭味。花期7～8月。

日常养护：大花犀角是一种美丽的室内观赏花卉。可用于装点书房、客厅的案头、茶几。它喜温暖，耐干旱。春秋季的生长期要充分浇水，每半月左右施1次稀薄液肥。夏季高温时植株处于全休眠或半休眠，此时要加强通风，控制浇水，停止施肥，否则植株很容易腐烂。冬季要保持盆土稍干，5℃以上可安全越冬。因其喜半阴环境，故要避免强阳光直射，除冬季外，其他季节均可放在半阴处养护，以免因阳光太强，使肉质茎呈红色，影响生长和观赏。由于植株生长

◉ 大花犀角

较快，每年的春季要用含腐殖质丰富的肥沃土壤换盆。

8.兜兰

别名：绚柠兰、拖鞋兰

寓意：兜兰象征勤俭节约。

形态特征：兜兰为多年生常绿草本植物，是兰科中最原始的类群之一。茎极短，叶片革质，近基生，带形或长圆状披针形，绿色或带有红褐色斑纹；花葶从叶丛中抽出，花形奇特，唇瓣呈口袋形；背萼极发达，有各种艳丽的花纹。两片侧萼合生在一起；蕊柱的形状与一般的兰花不同，两枚花药分别着生在蕊柱的两侧；花瓣较厚，花寿命长，有的可开放6周以上，并且四季都有开花的种类；兜兰的花比较雅致，色彩较稳重，变化不多，有白、粉、浅绿、黄、紫红及条纹和斑点等。

日常养护：盆栽兜兰，应选透气的瓦盆，栽培基质可用蛇木屑、腐叶土、泥炭土、苔藓等材料。由于兜兰没有贮藏水分和养分的假球茎，应注意水分和养分的管理。在干旱和盛夏季节，除正常浇水保持栽培基质湿润外，每天应向叶面和向花盆周围地面洒水2～3次。开花前2～3个月，应控制浇水，有利花芽分化，生长期间每周施一次稀薄的肥料，休眠期应停止施肥。兜兰

○ 兜兰

以分株法繁殖，花后结合换盆进行。分株时将母株从盆内脱出，把兰苗轻轻分开，分株时应注意植株大小，往往每盆需有3株兰苗，应大小搭配，并在伤口处涂药，然后上盆栽植。

9.非洲堇

别名：非洲紫罗兰、非洲苦苣苔

寓意：非洲堇象征亲切繁茂、永远美丽。

形态特征：非洲堇多年生草本植物，原产东非的热带地区，四季开花。无茎，全株有毛；叶基部簇生，叶柄粗壮肉质，叶片圆形或卵圆形，背面带紫色，有长柄；花1朵或数朵簇生在有长柄的聚伞花序上，色有紫红、白、蓝、粉红和双色等；花有短筒，花冠2唇，裂片不相等；栽培品种繁多，有大花、单瓣、半重瓣、重瓣、斑叶等。

肥沃疏松的中性或微酸性土壤较为适合。植株小巧玲珑，花色斑斓，是室内的优良花卉。

日常养护：非洲堇多喜温暖气

○ 非洲堇

候，忌高温，较耐阴。不要放在太阳趋向之处，只要室内有散射光都可以生长，非洲紫罗兰是很耐阴的室内植物，反而不适合室外种植。土壤以疏松排水良好的土为佳，可用泥碳土混合蛭石、珍珠石来当介质。因其叶片有绒毛，且花朵小巧，所以浇水时最好别订水积存在花苞或叶片上，可用尖嘴壶小心加水。放在桌上的盆花底下可加一水盘，以免水漏出，也可由底盘直接加水，让根系将水分吸收，尤其在盛花时期，叶片及花占了整修盆子大小，用底部法可避免伤到叶片。温度生长适温15～25℃，夏天要注意通风。较需肥，最好10～20天补充液肥一次，少量多次施肥；进入花期时应补充磷钾肥，若氮肥太多，反面促使叶子茂盛而不开花。

10.香雪兰

别名：小苍兰、小菖兰、剪刀兰、素香兰、香鸢尾、洋晚香玉

寓意：香雪兰的花语和象征意义是"纯洁"。

形态特征：香雪兰为多年生草本。地下小球茎圆锥状或卵圆球形，外被棕褐色薄膜，包被上有网纹及暗红色的斑点；叶片剑形或条形，略弯曲，黄绿色，中脉明显。花茎直立，上部有2～3个弯曲的分枝，下部有数枚叶；穗状花序顶生，倾斜，花着生在枝的一个侧面；花无梗，每朵花基部有2枚膜质苞片，苞片宽卵形或卵圆形，顶端略凹或2尖头；花色淡黄色或黄绿色，有香味；花被管喇叭形，基部变细，花被裂片6，2轮排列，外轮花被裂片卵圆形或椭圆形，内轮较外轮花被裂片略短而狭；雄蕊3，着生于花被管上；花柱1，柱头6裂，子房绿色，近球形；蒴果近卵圆形，室背开裂；花期4～5月，果期6～9月。

日常养护：香雪兰喜凉爽湿润与光照充足的环境，能耐冷凉，但不耐寒，高温将造成休眠。生长发育最适温度为白天20℃左右，夜间15℃，最低3～5℃。现蕾开花期以14～16℃为宜。对于日照反应，花芽分化前期短日照有利于诱导花芽分化，而分化后

○ 香雪兰

的长日照条件有利于花芽发育和提早花期。另外，栽种香雪兰要求疏松肥沃的土壤。

11.石莲花

别名：石蚌腿、石蚌接骨丹、石楞腿、石上仙桃

寓意：因莲花为佛教界的莲台佛座，因此石莲花寓意吉祥、如意、平安。又因石莲花叶盘酷似一朵盛开的莲花，永不凋谢，又象征着永不凋谢的爱。

形态特征：石莲花为景天科石莲花属多肉植物的总称。大多数品种植株呈矮小的莲座状，也有少量品种植株有短的直立茎或分枝；叶片的肉质化程度不一，有厚有薄，形状有匙形、圆形、圆筒形、船形、披针形、倒披针形等多种；部分品种叶片被有白粉或白毛。叶色有绿、紫黑、红、褐、白等颜色，有些叶面上还有美丽的花纹，叶尖或叶缘呈红色；某些品种还有斑锦、缀化等变异。根据品种的不同，有总状花序、穗状花序、聚伞花序，花小型，瓶状或钟状，花色以红、橙、黄色为主。

日常养护：石莲花喜温暖干燥和阳光充足环境，以肥沃、排水良好的沙壤土为宜。夏季高温时大部分品种的石莲花都处于休眠或者半休眠状态，植株生长缓慢或完全停滞，可放在通风良好处养护，避免烈日暴晒，节制浇水，停止施肥，防止植株腐烂。春、秋季节是石莲花属植物的主要生长期，应给予充足的光照，否则植株徒长，株型松散，叶片变薄，叶色黯淡。在莲花生长期每月施肥1次，以保持叶片青翠碧绿。生长季节要注花盆置于通风、透光之处，冬季入室保温，室温在10℃左右，并给予充足光照。每1~2年翻盆一次，多在春季或秋季进行，盆土宜用疏松肥沃、具有良好排水透气性的沙质土壤。

○ 石莲花

12.水晶掌

别名：宝草、银波锦

寓意：水晶掌的花语和象征意义是"开朗、活泼"。

形态特征：水晶掌是百合科多年生常绿肉质植物。植株矮小，叶片互生，长圆形或匙状，肉质肥厚，生于极短的茎上，紧密排列为莲座状，叶色翠绿色，叶肉呈半透明状，叶面有8～12条暗褐色条纹或中间有褐色、青色的斑块，叶缘粉红色，有细锯齿。顶生总状花序，花极小。

○ 水晶掌

日常养护：喜温暖而湿润及半荫的环境，耐干旱，忌炎热，不耐寒，生长适温为20～25℃，要求肥沃、排水良好的沙质土壤。水晶掌生长适温为20~25℃，若气温超过32℃且通风不良时，嫩叶易腐烂。冬季室内要求冷凉，以不超过12℃为宜。对阳光比较敏感，在阳光太强处，植株生长不良，呈浅红色。在半阴处的植株，则碧绿透明，宛如晶莹翡翠，十分可爱。由于水晶掌肉质叶片内贮藏有较多水分，所以平时浇水不宜太勤，生长季节2～3天浇1次水，保持盆土适度湿润即可。夏季高温炎热时，植株呈现休眠或半休眠状态，此时应予遮阴并节制浇水。秋凉后即可正常浇水，保持盆土潮润。

13.锦晃星

别名：金晃星、绒毛掌、猫耳朵、金晃星

寓意：锦晃星的花语和象征意义是"热烈、豪放、开朗的心"。

形态特征：锦晃星是一种栽培较为普遍的多肉植物。植株具分枝，细茎圆棒状，被有红棕色绒毛；肥厚、多肉的叶片倒披针形，呈莲座状互生于分枝上部，叶缘顶端红色；而栽培多年植株基部的叶片常脱落，叶片平展，绿色，表面密被白色、细短毫毛，在冷凉时期阳光充足的条件下，叶缘及叶片上部均呈深红色；穗状花序，小花钟形，花被绿色，也被有绒毛，内瓣橙红

改善环境花木催旺人生

美化家居招来滚滚财运

至红色。

日常养护：锦晃星喜凉爽、干燥和阳光充足的环境，耐干旱和半阴，需疏松、排水良好的沙壤土。忌水湿和闷热，不宜多浇水，盆土过湿，茎叶易徒长，叶片和根部霉烂。每年早春换盆，同时换上疏松肥土。如枝条徒长或衰老，可短剪施肥，更新复壮。冬季温度不低于6℃。

○ 锦晃星

14.山影拳

别名：山影、仙人山

寓意：山影拳山影拳因外形峥嵘突兀，形似山峦，象征着坚强。

形态特征：山影拳因品种不同，其峰的形状、数量和颜色各不相同，有所谓"粗码"、"细码"、"密码"之分。多分枝，茎暗绿色，具褐色刺；刺座上无长毛，刺长，颜色多变化。夏、秋开花，花大型喇叭状或漏斗形，白或粉红色，夜开昼闭；20年以上的植株才开花；果大，红色或黄色，可食，种子黑色。

○ 山影拳

日常养护：山影拳性喜阳光，耐旱，耐贫瘠，也耐荫。盆栽宜选用通气、排水良好、富含石灰质的砂质土壤。山影拳不适宜过分潮湿的土壤和光线太弱的环境。浇水宜少不宜多，可每隔3～5天浇1次水，保持土壤稍干燥，这样可使植株生长慢，株形优美。对山影拳要扣水扣肥，否则容易引起烂根，或使其徒长变形，出现"返祖"现象，长成柱状，失去观赏价值。室温维持在5℃左右，即可安全越冬。如遇气温骤降，可将其罩上塑料袋保暖。

15.紫丁香

○ 紫丁香

别名：华北紫丁香、紫丁白、龙梢子、百结、情客

寓意：紫丁香于春季盛开，香气浓烈袭人，有天国之花的外号，它的花语是"光辉"。

形态特征：紫丁香属落叶灌木或小乔木。枝条粗壮无毛，树皮灰褐色，小枝黄褐色，初被短柔毛；嫩叶簇生，后对生，叶广卵形，倒卵形或披针形，通常宽度大于长度，端锐尖，基心形或截形，全缘，两面无毛；圆锥花序，花萼钟壮，花冠紫色，端4裂开展，花药生于花冠筒中部或中上部；蒴果长圆形，顶端尖，平滑，成熟时为黄褐色；花期5~6月。

日常养护：紫丁香性喜阳，喜土壤湿润而排水良好。喜光，平时宜放于阳光充足、空气流通之处。但在夏季要稍加庇荫，高温日灼对盆栽丁香生长不利。冬季埋盆于室外向阳处或移入室内窗台前。平时保持盆土湿润偏干，切忌过湿。夏季高温时要早晚各浇一次水，秋后宜少浇水，以利休眠越冬。丁香在生长期，枝叶过密时，应及时修剪，既不干扰树形，又利于通风透光。每隔2~3年翻盆一次，结合翻盆，修剪根系，除去部分老根及过长根系，剔去旧土，换以新培养土，以利根系发育，叶茂花繁。

16.春兰

别名：朵朵香、双飞燕、草兰、草素、山花、兰花

寓意：古往今来，兰花一直为人们所珍爱和崇尚，为人格高洁之象征。

形态特征：春兰是地生兰常见的原种。有肉质根及球状的拟球茎，叶丛生而刚韧，狭长而尖，边缘粗造；假鳞茎稍呈球形，叶4~6枚集生，狭带形，边缘有细锯齿；花单生，少数2朵，花葶直立，有鞘4~5片；花色浅黄绿色、绿白色、黄白色，有香气；萼片狭矩圆形，端急尖或圆钝，紧边，中脉基部有紫褐色条纹；花瓣卵状披针形，稍弯，比萼片稍宽而短，基部中间

有红褐色条斑；唇瓣3裂不明显，比花瓣短，先端反卷或短而下挂，色浅黄，有或无紫红色斑点，唇瓣有2条褶片；花期2～3月。

日常养护：春兰性喜凉爽、湿润和通风透风，忌酷热、干燥和阳光直晒。一般春兰的生长适温为15~25℃，其中3~10月为18~25℃，10月至翌年3月为10~18℃。在冬季甚至短时间的0℃也可正常开花，能

○ 春兰

耐-8~-5℃，但最好将室温保持在3~8℃为最佳，或保持盆土不结冰为度，并将其搁放于靠近南窗的阳光充足处。夏季温度高、光照强，要保证有充足的水分供应，向叶面及周边环境喷水，可起到增湿降温的作用。冬季植株处于休眠状态，应节制浇水，一般5~7天浇水一次，以保持盆土有些潮气即可。浇水要从盆沿浇入，使其逐渐湿润兰根，直至盆土上下均湿润。一般家庭盆栽春兰，春、冬季在中午前后浇水，夏、秋季在早上或傍晚浇水，避免夏日正午时浇喷水。

17.翡翠珠

别名：绿铃、情人泪、佛珠吊兰、珍珠吊兰、一串珠、一串铃、绿串株、绿珠帘、螃蟹兰、项链掌

寓意：翡翠珠的花语和象征意义是"朴素淡雅、无邪宁静"。

形态特征：翡翠珠为多年生常绿匍匐生肉质草本植物。茎细长，匍匐下垂，在茎节间会长出气生根，但不具攀缘性，全株被白色皮粉；叶互生，较疏，肉质，圆珠形，深绿色，肥厚多汁似珠子，有微尖的刺状凸起，叶色深绿或淡绿，上有一条透明

○ 翡翠珠

的纵条纹；头状花序，生在茎节间抽出的花梗上，呈弯钩形，花朵很小，花白色至浅褐色。花期12月至翌年1月。

日常养护：翡翠珠喜温暖干燥的半阴环境，耐旱，不耐寒，也怕高温和强光暴晒，适宜在肥沃疏松，排水良好的沙质土壤中生长。春、秋两季的生长旺盛期，可放在光线明亮处养护，水分蒸发量大，一般要保持2～3天浇一次为宜，但要避免盆土积水，否则会造成根部腐烂。

夏季高温季节要放置阴凉通风处，以防温度过高造成腐烂，同时要少浇水，因为这时的植物处于半休眠状态，水分蒸发量减少，根部吸收水分缓慢，否则极易烂茎死亡。冬季时要放在阳光充足处，这时生长进入停滞状态，室温要在0℃以上，保持不结冰即可。不宜多浇水，但也不能过干，浇水要在阳光充足的中午进行。

18.夕映爱

别名：清盛锦、艳日晖、灿烂、雅宴曲

寓意：夕映爱的花语和象征意义是"顽强、富贵、永恒"。

形态特征：夕映爱为多年生无茎草本植株。根茎粗壮，有多数长丝状气生根；稍具分枝，叶肉质，呈莲座状排列；叶片倒卵圆形，顶端尖，正面中央稍凹，并具细绒毛，背面有龙骨状凸起，叶缘有睫毛状细锯齿；叶片色彩丰富，中央部分为杏黄色，与淡绿色间杂，外缘则呈红、红褐及粉红等色；花为总状花序，花后全株枯萎死亡，故栽培中一般不让植株开花。

日常养护：夕映爱夏季高温时植株呈休眠或半休眠状态，可放在光线明亮又无直射阳光处养护，光线过强，易灼伤叶片；而过于荫蔽，则叶片色泽暗淡，长势较弱。此外，还要加强通风，节制浇水，避免闷热、潮湿的环境，否则植株容易腐烂。冬季则尽可能地多见阳光，如果能保持12℃以上的温度，可继续浇水，使植株生长。假如维持不了这么高的温

○ 夕映爱

美化家居招来滚滚财运
改善环境花木催旺人生

度，保持盆土适度干燥，也能耐5℃的低温。值春、秋季生长期，不可过于荫蔽；充分浇水，保持盆土湿润，但不能持续积水，空气干燥时要向植株喷水，以使叶片清新。每20天左右施一次腐熟的稀薄液肥，注意肥水不要溅到叶片上。根据生长情况，每2～3年换盆一次，换盆时间以初春或初秋植株刚开始生长时为佳，盆土宜用排水、透气性良好的沙壤土。

19.玉簪

别名：玉春棒、白鹤花、玉泡花、白玉簪

寓意：玉簪的花语和象征意义是"脱俗、冰清玉洁"。

形态特征：玉簪为百合科多年生宿根草本花卉；根粗壮，叶基生成丛状，叶大有叶柄，叶片卵形或心脏形，有光泽。花茎从叶丛中抽出，总状花序，花单生或2～3朵簇生，基

○ 玉簪

部有苞片，花的外苞片卵形或披针形，内苞片很小；花白色，芳香，花被筒下部细长，雄蕊下部与花被筒贴生，花柱常伸出花被外；蒴果圆柱形，有三棱；花果期8～10月。

日常养护：玉簪性喜阴凉，不耐暴晒，否则叶色会由绿变为黄白，叶片由厚变薄或出现焦边。因此，玉簪的栽植地点必须选择无阳光直晒的阴处。喜温暖，但夏季高温、闷热（35℃以上，空气相对湿度在80%以上）的环境不利于它的生长；对冬季温度要求很高，当环境温度在10℃以下停止生长，在霜冻出现时不能安全越冬。玉簪与其他草花一样，对肥水要求较多，但最怕乱施肥，要求遵循"淡肥勤施、量少次多、营养齐全"和"间干间湿，干要干透，不干不浇，浇就浇透"的两个施肥浇水的原则，并且在施肥施水后，晚上要保持叶片和花朵干燥。

适合卫浴间摆放的植物

浴室因其阴暗、潮湿的环境特性所限，选择摆放的植物多是喜阴的水养植物。这些植物容易照顾，净化空气的效果也较强，是令人满意的卫浴装饰要素。

在古代风水学理论中，卫浴间被认为是污秽、潮湿之地，有很多禁忌，如不可正对房门、不可处于风口的位置等，这些理论其实很符合现代环境卫生要求的。但有的开发商为了空间利用最大化，常常忽视这些理论，使卫浴间处于不利于家人健康的方位，带来了不好的影响。植物作为旺宅化解不利因素中最常见的工具在此时就起到了很大作用。根据不同的状况，合理布局，就能很好地改善格局。此外，浴室中摆放植物，还能吸纳污气，美化环

○ 浴室内摆放植物能提升宅运，美化环境。

◎浴室应以简单、便捷为主，用少数绿色植物点缀其中即可。

境，有益人们身心健康。

　　浴室通常封闭且潮湿，宜选用耐阴性强且能耐潮湿的小盆栽或水栽植物来布置。卫浴间一般是封闭设计，不开窗，所以光线暗弱，特别需要选择叶色较浓绿的喜阴植物。摆设时要注意不要妨碍盥洗活动，最好摆放在浴缸角落或于壁上设钩吊挂。为了保证植物更好地生长，保持其观赏性，至少每隔1~2天将盆栽移至通风明亮处透气和补光。

1.金毛狗脊

○ 金毛狗脊

别称：黄毛狗、猴毛头

寓意：金毛狗脊寓意吉祥喜庆，带来财运和健康。

形态特征：蚌壳蕨科金毛狗属。株高达3米。根状茎粗壮肥大，直立或横卧在土表生长，其上及叶柄羣部密被金黄色长茸毛，好像狗的背脊，因此而得名。顶端有叶丛生，叶柄粗长，叶片阔卵状三角形，长宽几乎相等，三回羽裂，末回裂片镰状披针形，尖头，边缘有浅锯齿。叶近革质，上端绿色而富光泽，下端灰白色。饱子囊群盖两瓣，形如蚌壳。

日常养护：喜温暖、潮湿、荫蔽的环境，很适合摆放在较阴暗、潮湿的浴室之中。畏严寒，忌直射光照射，空气湿度宜保持在70%～80%，生长适宜温度16～22℃。对土壤要求不严，但在肥沃、排水良好的酸性土壤中生长良好。

2.波士顿蕨

别称：波士顿肾蕨

寓意：波士顿蕨株型丰满，耐阴长青，属于"吉利之物"，寓意着吉祥如意、聚财发福之意。

形态特征：蕨科肾蕨属。多年生草本，株高60～90厘米。一回羽状复叶，羽叶较宽、弯垂，长90～100厘米。羽片作多次羽状分裂，柔软而下垂，淡绿色有光泽的羽裂叶向下弯曲向下生长，形态潇洒优雅，常作小盆栽置于室内。

○ 波士顿蕨

改善环境 花木催旺人生

美化家居 招来滚滚财运

日常养护：喜欢明亮的散射光，绝不能接受直射的阳光。耐阴植物，需培养于室内通风良好处，水分及光照管控良好。对水分要求较严格，不宜过湿，也不宜过干，以经常保持盆土湿润状态为佳。夏季可在花盆周围地面上铺些湿沙，喷些水，以提高环境湿度。冬季室温低时要减少浇水，保持土壤稍湿润为妥。先加入腐熟的厩肥，日后再以稀薄的肥料追肥。

3.吊兰

别名：垂盆草、桂兰、钩兰、折鹤兰

寓意：吊兰被喻为"绿色仙子"，是品格高尚的象征。

形态特征：吊兰属于多年生常绿草本植物。根状茎短，呈纺锤状，具簇生的圆柱形肉质须根；叶自根际丛生，多数；叶细长而尖，较坚硬，绿色或有黄色条纹，向两端稍变狭，全缘或稍具有波状。花葶比叶长，有时长达50厘米，常变为匍枝，近顶部有叶束或生幼小植株；花小，白色，常2～4朵簇生，排成疏散的总状花序或圆锥花序，花梗关节位于中部至上部；花被叶状，裂片6枚；雄蕊6；稍短于花被片，花药开裂后常卷曲；子房无柄，3室，花柱线形。蒴果三角状扁球形，每室具种子3～5颗。花期春、夏季，果期8月。

日常养护：由于吊兰为肉质根，栽培时只需保持土壤湿润即可，但不能过湿或积水。如果土壤过于黏重，通透性变差，或浇水过多等原因，造成了吊兰部分根系腐烂，导致根系吸收水分的能力下降，这样吊兰叶尖失水端发黑。可将吊兰从盆中取出剪去腐烂根系，重新种植。

吊兰的生长适温10～25℃，越冬温度5℃以上。叶片对光线反应敏感，室内栽培时，应置于光线充足的南窗前，以防光线不足，造成叶色浅淡；室外栽培，如经常暴晒，叶易枯死，宜置于半阴处。

〇 吊兰

4.嘉兰

别名：嘉兰百合、火焰百合、蔓生百合

寓意：嘉兰的花语和象征意义是"荣光"。

形态特征：嘉兰为蔓生草本植物，是津巴布韦国花。具有横走的根状茎，淡黄褐色，常由顶芽出苗；地上茎细柔，蔓生，绿色，不分枝或有

○ 嘉兰

少数分枝；叶无柄，互生、对生或3枚轮生，卵形至卵状披针形；花两性，单生或数朵着生于顶端组成疏散的伞房花序。花大色艳，花被片6，离生，上部红色，下部黄色，条状披针形，向上反曲，边缘皱波状。嘉兰的花瓣开始为绿色翻卷成龙爪形，次日花瓣中部变成黄色，瓣尖为鲜红色，瓣周镶嵌金边，3天后，花茎部、中部分别由绿色、黄色变成金黄、橙红直到鲜红。整株花期可以延续55天。一般于3月萌发生长，6月中旬始花，7~8月为盛花期，9~10月为种子成熟期。

日常养护：嘉兰喜温暖、湿润气候，生长适温为22~24℃，耐寒力较差，当气温低于22℃时，花发育不良，不能结实；低于15℃时，植株地上部分受冻害。忌干旱和强光，幼苗期需40%~45%荫蔽度，营养生长期、花期内需10%~15%的荫蔽度，土壤湿度保持在80%左右。嘉兰在生长期间需要充足的水分，进入冬季休眠期时要减少浇水。土壤不能过湿否则会引起块根腐烂，必要时在休眠期要将块茎掘起，贮藏于砂中或木屑中。

5.石斛兰

别名：石兰、吊兰花、金钗石斛

寓意：石斛兰是父亲之花，花语和象征意义是"慈爱、勇敢、欢迎、祝福、纯洁、吉祥、幸福"。

形态特征：石斛兰为兰科多年生附生草本植物。植株由肉茎构成，棒状丛生，圆柱形或稍扁，基部收缩；叶如竹叶，对生于茎节两旁；总状花序，花葶

解读庭院与植物

改善环境花木催旺人生

美化家居招来滚滚财运

425

从叶腋抽出，每葶有花七八朵，多的达20多朵，每花6瓣，四面散开，中间的唇瓣略圆；花大、半垂，白色或粉红色，花被顶端带有紫色，唇瓣具短爪，唇盘有一紫色斑块。

○ 石斛兰

日常养护：石斛兰性喜温暖、湿润、半阴的环境，忌强光直晒，怕严寒。栽培场所必须光照充足，保持通风，冬季可接受直射光。盆内以保持湿润为最佳状态。春、夏季生长期，应充分浇水，使假球茎生长加快，但盆内不可积水，否则易腐烂。9月以后逐渐减少浇水，使假球茎逐趋成熟，能促进开花。石斛兰对空气湿度要求较高，可以经常往周围的地面喷水，提高空气湿度。栽培2～3年以上的石斛，植株拥挤，根系满盆，盆栽材料已腐烂，应及时更换。

6.卡特兰

别名：阿开木、嘉德利亚兰、嘉德丽亚兰、加多利亚兰、卡特利亚兰

寓意：卡特兰姿色美艳，有"兰花之王"的称号，象征敬爱、倾慕。

形态特征：卡特兰为多年生草本附生植物，常绿。假鳞呈棍棒状或圆柱状，具1～3片革质厚叶，是贮存水分和养分的组织；花单朵或数朵，着生于假鳞茎顶端，花大而美丽，花色除黑色、蓝色外，几乎各色俱全；花萼与花瓣相似，唇瓣3裂，基部包围雄蕊下方，中裂片伸展而显著；花梗有花5～10朵，花大，有特殊的香气，每朵花能连续开放很长时间；一年四季都有不同品种开花，一般秋季开花一次，有的能开花2次。

○ 卡特兰

日常养护：卡特兰性喜温暖、潮湿和充足的光照。通常用蕨根、苔藓、

树皮块等盆栽。生长时期需要较高的空气湿度，适当施肥和通风。对于卡特兰，特别是成熟植株，最好有6~10℃的昼夜温差，白天21~30℃、夜间15~16℃生长最佳。要求半阴环境，春夏秋三季应遮去50%~60%的光线。50%~80%的相对湿度最适合卡特兰，温室栽培最好用加湿器进行加湿，居室栽培可以把花盆座在铺有沙砾的盘子上，盘里放少量水，不能让植株的根接触到水。

7.鹿角蕨

别名：麋角蕨、蝙蝠蕨、鹿角羊齿

寓意：鹿角蕨的花语和象征意义是"安慰"。

形态特征：鹿角蕨为附生性多年生蕨类植物。根状茎肉质，短而横卧，有淡棕色鳞片；叶2列，丛生成下垂状态，二型；基生叶厚革质，直立或下垂，无柄，贴生于树干上，先端截形，不整齐3~5次叉裂，裂片近等长，全缘，两面疏被星状毛，初时绿色，不久枯萎，褐色，宿存；能育叶常成对生长，下垂，灰绿色，分裂成不等大的3枚主裂片，基部楔形，下延，几无柄；内侧裂片最大，多次分叉成狭裂片，中裂片较小，两者均能育，外侧裂片最小，不育，裂片全缘，通体被灰白色星状毛，叶脉粗突；孢子囊散生于主裂片的第一次分叉的凹缺处以下，不到基部，初时绿色，后变黄色，密被灰白色星状毛，成熟孢子绿色。

日常养护：鹿角蕨喜温暖阴湿环境，怕强光直射，以散射光为好，冬季温度不低于5℃，土壤以疏松的腐叶土为宜。夏季生长盛期需多浇水，并经常喷水，保持栽培环境有较高的空气湿度，有利于营养叶和孢子叶的生长发育。要避免烈日照射，以免叶片黄化、灼伤，影响鹿角蕨的观赏价值。冬季必须放室内养护，如室温较低时，生长缓慢，应少浇水。鹿角蕨在稍干燥状态下更能安全越冬。当鹿角蕨的营养叶生长过密时，结合分株繁殖加以调整，这样有利于新孢子体的生长发育。

○ 鹿角蕨

需谨慎种植的室内植物

很多人喜欢在室内种植或摆放喜爱的植物，却并不关注植物的特性，在摆放上面造成了失误，影响了家人健康。本小节主要概述需谨慎种植的几种室内植物。

1.兰花

别称：兰草

寓意：兰花代表君子，所以自古以来人们就把兰花视为高洁、典雅、爱国和坚贞不渝的象征，寓意吉祥幸福。

需注意的地方：兰花的香气令人过度兴奋，若久置于卧室中，会引起失眠。

如何避免：最好不要在卧室或空气不流通的功能区内摆放兰花，较适宜种植于阳台或庭院之中。

○ 兰花

2.紫荆花

别称：洋紫荆、红花紫荆、艳紫荆、香港樱花等

寓意：紫荆花寓意兄弟和睦、家业兴旺。

需注意的地方：紫荆花散发出来的花粉如与人接触过久，会诱发哮喘或使咳嗽症状加重。

如何避免：有哮喘病史或感冒患者不宜接近紫荆花，尽量将紫荆花移栽到庭院之中。

○ 紫荆花

3.含羞草

别称：怕羞草、知羞草、感应草等

寓意：如果用手触摸含羞草的叶子，它们便会蜷缩起来，就好象在向人鞠躬一样，于是人们认为含羞草是种彬彬有礼的植物，蕴含着吉祥如意的美好寓意。

○ 含羞草

需注意的地方：含羞草体内的含羞草碱有毒，若过多接触含羞草碱，会导致眉毛稀疏、头发变黄甚至脱落，还会引起皮肤不适。

如何避免：注意不要经常用手指去拨弄含羞草，避免误食。

4.百合花

别称：卷帘花、山丹花

风水寓意：百合花寓意百年好合，摆放在家庭中有助于提升婚姻的幸福感。

需要注意的地方：百合花的味道闻久了会使人的中枢神经过度兴奋，影响睡眠。

如何避免：卧室内最好不要摆放百合花。摆放百合花的房间要注意通风。

○ 百合花

5.晚香玉

别称：夜香花、洋丁香、洋素馨

寓意：晚香玉的浓烈香气能为家居增添活力和能量，寓意美满长久。

需要注意的地方：花在夜间停止光合作用，排放出大量废气，这种废气

改善环境 美化家居招来滚滚财运 花木催旺人生

虽然闻起来很香，但是对人体的健康极为不利。开花释放出的生物碱等物质，还夹杂着大量散播强烈刺激嗅觉的微粒。夜间吸入花释放出的大量废气后，会使人产生头晕、咳嗽、气喘、胸闷等不适症状，还有可能促使相关的病症复发。心脏病、高血压患者要特别小心。

如何避免：开花期间不要放在不通风的室内。

○ 晚香玉

6.风信子

别称：洋水仙、西洋水仙、五色水仙、时样锦

寓意：风信子象征胜利、喜悦，寓意幸福快乐的生活。

需要注意的地方：球根含有毒物质，若碰触其球根及其汁液，会使皮肤红肿。若误食，则会引起腹泻、腹痛。其花粉可能会引起过敏症状。

如何避免：种植时不要直接碰触球茎，若直接接触后，要立刻用消毒液洗手，短时间内也不要再碰触身上其他部位或他人。开花期间不要放在不通风的室内。

○ 风信子

7.夹竹桃

别称：柳叶桃、竹叶桃

寓意：夹竹桃象征美好和睦的家庭，寓意红火平顺的生活。

需要注意的地方：全株有毒，主要存在于叶、茎及伤口流出的汁液中。花香使人昏睡。误食后会出现恶心、呕吐、腹泻等中毒症状，严重的可能会

大师全解植物开运密码
活用植物增旺住宅运势

致命。其香味若闻得过久，会使人昏昏欲睡，思维混乱。

如何避免：不要在室内种植，也应避免在井边及饮水池附近种植，小心污染水源。

○ 夹竹桃

8.郁金香

别称：洋荷花、草麝香

寓意：郁金香花形花色变化多端，高雅脱俗，是荷兰的国花，寓意着神圣、幸福、荣誉和胜利。

需要注意的地方：花粉和叶中含有毒生物碱。人和动物在郁金香花丛中待两三个小时，就会头昏脑胀，出现轻微中毒症状。皮肤接触花粉，会过敏瘙痒。过度接触还会使毛发脱落。

○ 郁金香

如何避免：不宜在室内栽种，鲜花也不要摆放在卧室内，最好摆放在通风的房间内。

9.花叶万年青

别称：黛粉叶、银斑万年青

寓意：花叶万年青寓意健康长寿、吉祥如意。

需要注意的地方：此植物含有有毒的酶，茎、叶汁液毒性强，果实毒性更大。茎、叶的汁液对人的皮肤有强刺激性，使人奇痒难熬。若婴儿误咬食，会引起咽喉水肿，甚至声带麻痹失音。误食果实会引起口腔、咽喉

○ 花叶万年青

肿痛，伤害声带，严重的甚至会有生命危险。

如何避免：护养时应戴手套。皮肤若接触到汁液，要马上用洗手液洗手，防止中毒。

10.长春花

别称：五瓣梅、日日新、日日春、四时花

寓意：长春花的花色鲜艳，花势繁茂，常用于盆景、花坛，能营造茂盛之景，寓意平安喜庆。

需要注意的地方：全株有毒，花朵的毒性最强，误食此花会出现肌肉萎缩、白细胞减少、血小板减少、四肢麻痹等症状。

○ 长春花

如何避免：若屋内有小孩子，要将花摆放在其不能碰触的地方，避免误食。在护养时也注意不要接触到花朵的汁液。

11.滴水观音

别称：滴水莲、海芋、广东狼毒、独脚莲、老虎芋

寓意：滴水观音植株挺拔洒脱，叶色翠绿光亮，寓意蒸蒸日上的生活，可用于装饰客厅、礼堂，有吉祥喜庆之意。

需要注意的地方：根含海芋素、生物碱、甾醇类化合物，根和叶有剧毒。茎内白色汁液有毒，滴下的水也有毒。误食其汁液会引起咽部和口部的不适，胃有灼烧感；皮肤接触汁液会强烈刺激、瘙痒；眼睛接触汁液则可能引起严重的结膜炎、甚至失明；误食茎叶会出现恶心、麻痹等症状，

○ 滴水观音

严重时还会窒息，甚至心脏麻痹而死亡。

如何避免：避免皮肤接触根叶中的汁液，碰触后要及时洗手。不要误食。

12.凤仙花

○ 凤仙花

别称：指甲花、染指甲花、小桃红、女儿红等

寓意：凤仙花有"有凤来仪"之意，种植于花坛、花镜，有富贵招财的寓意。

需要注意的地方：花粉中含有促癌物质。皮肤经常接触到花粉，虽不直接导致癌症产生，但有诱发癌症的可能。

如何避免：不要在密闭的空间中摆放此花，不要与其长时间共处一室。

13.光棍树

○ 光棍树

别称：光枝树、绿玉树

寓意：光棍树的故乡在非洲，为了适应非洲荒漠地带干旱的气候才逐渐退化了叶子，用绿色的茎和枝条进行光合作用。光棍树的这种进化能力寓意着蒸蒸日上的生活，对居家的福气有提升作用。

需要注意的地方：全株含有的白色汁液有剧毒，若皮肤接触到白色汁液就会红肿，若眼睛碰到，就会造成失明。

如何避免：切勿折断茎干，避免触碰断茎流出的白色汁液。

14.虎刺梅

别称：铁海棠、麒麟刺、虎刺

寓意：虎刺梅的刺有驱邪向吉的风水学效力，其花期长、寿命长的特点更寓意长寿有福。

需要注意的地方：枝条及叶子会分泌白色有毒汁液，皮肤若接触到枝条和叶子的白色汁液会引起红肿、奇痒的症状。若汁液进入眼睛，严重的可导致失明。长期接触虎刺梅分泌的白色汁液有可能诱发癌症。

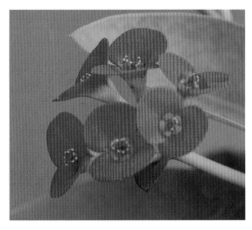

○ 虎刺梅

如何避免：家庭种植要注意摆放在合适的地方，最好不要放在室内。要经常剪枝，株形不要太大。平时不要让小孩子靠近此植物。平日护养、修剪中注意不要接触到其汁液。

15.马蹄莲

别称：慈姑花、海芋、观音莲

寓意：马蹄莲有高洁之意，代表友谊和感情，寓意着永结同心、吉祥如意。

需要注意的地方：块茎、花有毒，内含大量草酸钙结晶和生物碱等。误食可能会导致舌喉灼伤、恶心、呕吐、昏迷及神经功能障碍等。

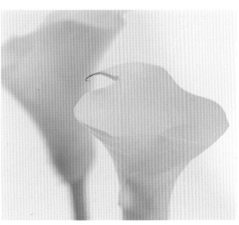

○ 马蹄莲

如何避免：防止误食，尤其是要避免小孩子接近马蹄莲的花，不要破坏马蹄莲，不要随意碰触花茎切口，避免毒素入口。

16.水仙

别称：凌波仙子、天葱、玉玲珑、女史花

寓意：水仙花寓意丰富，是幸福、吉祥的象征。

需要注意的地方：鳞茎汁内含有毒物质，花、枝、叶中也都有毒。误食后会发生呕吐、腹泻、脉搏快而微弱、手脚发冷、冒冷汗、呼吸忽快忽慢、休克等症状。严重时会发生痉挛，因中枢麻痹而死亡。其香气也能令人的神经系统产生不适。尤其在睡眠期间，若吸入过多香气，就会使人头晕。若碰触到花和叶的汁液，会使皮肤红肿。

○ 水仙

如何避免：避免皮肤过多接触，碰触花、枝、叶后要及时洗手；不要误食。

17.一品红

别称：象牙红、老来娇、圣诞花、猩猩木

寓意：一品红苞叶通红似火，能增添节日的欢乐气氛，是一种寓意有普天同庆、喜气洋洋等欢乐意义的植物。以一品红赠送老人，有祝福老人老当益壮、健康长寿之意。由于一品红在圣诞节前后开花，在西方，一品红是也圣诞节装饰最常使用的植物。

需要注意的地方：一品红全株有毒，会释放对人体有害的有毒物质，茎、叶内能分泌白色有毒汁液。吸入其释放的气体会感到不适。皮肤若接触到茎、叶内白色的汁液，就会产生过敏症状，轻则红肿、口舌灼烧、重则皮肤溃烂。误食则会导致呕吐、腹痛、甚至有生命危险。

如何避免：小心不要去折断其枝叶，不要接触破损的一品红。

○ 一品红

第六章
庭院设计实例

赏析

庭院由很多不同设计装饰元素组成，将每种不同的要素搭配，可以产生完全不同的效果。庭院中的每个小细节，都能反映主人和设计者的性格、特点、眼光、个性。在本章精心挑选的庭院案例中，您可以找到您最想要的庭院要素和综合效果，感受到居家庭院带来的舒适感觉，徜徉于绿色自然和独特建筑交织的空间中。

百仕达花园——俯拾之间皆禅意

项目名称｜百仕达花园
施工单位｜深圳市彩之虹园林工程有限公司
摄　　影｜李建波
施工面积｜18平方米

　　百仕达花园属于典型的欧陆风格的建筑群，在深圳首家使用架空层概念，小区红色屋顶映衬，花园内绿草如茵、四季花开，配有背景音乐、园林雕塑、庭院小品等，充分展示高品位住宅的浓郁文化氛围。

　　本案例的业主就是百仕达花园中的一户人家，此次提供的是庭院区域

◎ **享受生活**　某个周末，忙碌的工作之后，在阳光明媚的午后，一杯暖暖的下午茶，几碟小点心，悠然自得地享受宁静时光。

的图片效果展示，通过这些图片我们可以看到，整个庭院区域在主体设计的创意中延续了绿色庭院的主题，运用了大量的木材、石材、植物，尽可能地还原出和谐的自然生态环境，与整个小区环境相呼应。整齐的廊架赋予空间次序感，镂空的木质壁板让空间更具个性化魅力，同时，运用可控的小水体进行区域的装饰，一个个小小的天然石水缸，点缀上片片荷叶，自然烘托出浓浓中国风的韵味。小小的铁艺壁灯，则让空间在欧式和中式中找到艺术的共通点，塑造出静逸的庭院氛围，让业主能在这个区域得到身体、心灵的放松。

○ **细节渲染中式风** 精心打造的墙面装饰成为空间中最亮眼的精致，而整体中式风格的渲染也是来源于这些细节的点缀。

美化家居招来滚滚财运
改善环境花木催旺人生

○ **天顶设计巧妙** 看似露天的阳台，其实在天顶有玻璃与木隔栅的双重设计。既可享受自然美景，又不怕阳光和风雨，一举两得。

○ **水榭亭台的优美** 水景、鹅卵石、郁郁葱葱的植物，在每一个想要亲近自然的时刻，举步即可享受，其实生活的美好，就隐藏在这样的细节中。

碧海云天——远山的呼唤

项目名称 | 碧海云天
施工单位 | 深圳市彩之虹园林工程有限公司
摄　　影 | 李建波
施工面积 | 80平方米

　　碧海云天楼盘位于东部华侨城，毗邻园博园及红树林海滨公园观鸟区，生态环境绝佳，交通便利，地铁就在家门口，也便于家里老人和小孩出行，这也是很多业主选择这个楼盘的主要原因。

◎ **略显随意的小景致**　古朴的小水缸中凌乱地飘着几片叶子，静静的浮着，衬托出莲花优美的姿态，更让此处的小景致随意中透着美感。仅此一处，便可以窥见整个庭院的韵味了。

大师全解植物开运密码
活用植物增旺住宅运势

本案例展示的图片就是碧海云天楼盘内一位业主家中的庭院区域。由于该楼盘很多单位都带有层高达6米的观景空中花园和35平方米的可灵活间隔使用的超大露台，大大增加了配置庭院的区域，实用度非常强。所以在设计上，我们选择了"避繁就简"，以烘托展示简单、开阔的空间为主，以简单廊架、园椅、园桌等景观元素构建出庭院的主体，赋予其完备的功能性；同时搭配高矮不同的各种盆栽以丰富空间，散置的山石与盆栽的结合，加强了景观的观赏性；规整的石块铺地，简朴而自然，这些景观元素的综合运用让庭院更似避世逍遥一隅，让人自然而从容。

○ **精致的角落设计给庭院增添了亮点**　一个好的庭院设计必然处处是美景，无论是大空间还是小角落，精致之中都必然展现设计巧思，此处便是。

○ **以小窥大** 不必耗费精力去装饰整个花园，小小盆栽的点缀就足以让人瞥见美景心旷神怡了，更何况此处还有开阔的视野。

○ **随处可见绿植** 小角落里错落有致的盆栽点缀，让庭院的每一处景致都无可挑剔。环顾空间，处处呈现盎然生机。

○ **合理利用盆栽** 空间的转角，如果用来种花草，显得地方狭小，若没有点缀，又会空荡荡。如果此时用盆栽来装饰，不仅可以合理地利用好每一寸空间，更有很好的美化效果。

大师全解植物开运密码
活用植物增旺住宅运势

○ **多重设计心思** 花盆形态各异，植物品种不同，更有天然石头的搭配，整个设计巧思之中更突出自然特色，随意中不乏趣味。

◯ **藤蔓点缀空间** 藤蔓植物点缀楼梯扶手，柔化钢材的生硬感，让平淡朴实的楼梯之旅也显现出美感和趣味，不至于单调。

◯ **无限开阔的视野让人坐拥城市美景** 视野开阔，景致优美，完美的私家花园。无需大费周章，刻意装饰，简单的绿植、盆栽便可锦上添花。

天麓别墅——花团锦簇

项目名称 | 天麓别墅
施工单位 | 深圳市彩之虹园林工程有限公司
摄　　影 | 李建波
施工面积 | 150平方米

　　天麓别墅楼盘也位于东部华侨城，地理位置好，可观全整个大梅沙海滩，景色绝佳，是非常受大家青睐的楼盘。本案例就是在这样大环境中的一栋别墅里进行施工和拍摄的，此房是在楼盘小区花园中的一栋，非常安静，还可欣赏屋前屋后的花园景观。

◎ **让植物成为空间的装饰**　在庭院选种一些当地土生土长的植物，会吸引来蝴蝶和鸟，能让你的院落充满自然气息，而且富有生机。

由于别墅的建筑面积比较大，所以不仅需要装饰庭院区域，前厅、侧边的栏杆等区域也需要装饰。在整体设计上，以不夸张简洁风为主，楼梯过道区域使用拼叠的高低植物组成"静物组"，配以柔和的灯光进行衬托；进门区域，简朴的石材与常规的鲜花、植物相搭配，稳中求变；后庭区域，以木质地板映衬着简洁的鲜花花盆，塑造出静谧的空间；楼层侧边栏则使用白色石子铺地，结合古朴的花盆和植物，略微装点修饰；楼底草坪上的牵牛花的花盘锦绣如云，大方且美丽，这样整齐划一的设计与装饰风格更能体现出别墅的大气。

○ **用炫丽的色彩填满空间**　一个丰富多彩的空间，布置方式会让人感觉景致炫丽，特别能吸引眼球。即使面积不够大，使用鲜艳、明亮的色彩依然能造成强烈的视觉冲击。

◎ **小角落的花团锦簇**　"一花一世界"便是此处景致的最好形容吧！静谧的小角落里，小盆栽的点缀无疑是空间中最绚烂的景致。

◎ **小盆栽点缀空间**　随处可见的小型盆栽成为一个个可自由移动的景观，无论是空旷的走道，还是休憩的平台，都少不了盆栽的装饰。

◯ **微妙细节的设计美感** 　古朴的陶罐与精致的鹅卵石相映衬，构造出典雅风情，又与原有氛围和谐统一于一体，在微妙的细节中体现出设计的美感。

◯ **内外美景相衬** 　美景的展现不拘泥于空间，此处因为自然光照不足而特意加设灯光，为原本单调的空间创造出一种与众不同的气息。

解读庭院与植物

美化家居招来滚滚财运
改善环境花木催旺人生

451

云海谷——陶罐与花草

项目名称 | 云海谷（高尔夫会所）
施工单位 | 深圳市彩之虹园林工程有限公司
摄　　影 | 李建波
施工面积 | 15平方米

　　"云海谷"不是楼盘，它是"深圳东部华侨城"这个大型综合性生态旅游项目中三大独具文化主题特色的功能分区之一，在这个区域内建有高尔夫南、北两个会所。本次案例就是对南、北会所内的部分绿化景观区域的装

○ **转角空间的景致**　空间的绿植装饰维持着统一的风格，展现出庭院的闲适情怀与温馨浪漫气息。无论是过道，还是转角，都让人真切地感受到整体设计带来的迷人氛围。

饰，所以在设计上就更应该遵循"因地制宜"的原则。对于门厅区域，选用了高矮不同的花盆，适当地搭配上相应的植物，形成条状的绿化装饰带；而在走道的侧边区域，则选择了不同形状、式样的花盆和石水盆，一字排开，同时搭配不同种类的植物和花卉，让空间线条错落有致，白色的小石子随意组成的波浪纹，区分出走道的区域，非常简约而独特。

○ **设计感与艺术感并存**　　绿叶、鲜花、枯树枝，巧妙的搭配中将颓废与生机对比，在设计感之外更添艺术感，颇具文艺范儿。

● **过道旁的景致** 各类盆栽倚墙而立，用鹅卵石区隔空间。盆栽形成的景致是视觉的焦点，卵石的铺设更是让人倍感亲切。

● **绿植装饰空间** 选择一些特色植物装饰空间，以增加绿意，美化墙面，从而使有限的空间得到充分的利用，而且可以增加景观。

○ **入户花园巧设计**　在入户门与客厅之间设计一个类似玄关概念的花园，起到连接过渡的作用。这样的入户花园设计，使得"庭院"在室内得以延伸。

东堤园 —— 一方露台

项目名称｜东堤园
施工单位｜深圳市彩之虹园林工程有限公司
摄　　影｜李建波
施工面积｜43平方米

　　东堤园位于深圳南山区沙河西路与白石路交汇处东北角，紧临京基百纳广场购物中心。这次的案例就是该楼盘的一位业主的庭院空间设计和施工。

　　从功能上讲，庭院是家居从室内向室外环境的过渡，在设计风格上，则需要与室内外形成呼应，不宜独立存在。因为它属于家居的一部分，在设计

○ **绿意满院**　各式各样的植物和花卉来保持院子的充实，经典的美丽持续所有季节。多重景致集中渲染，让人沉溺其中，悠然忘神。

时也需要强调生活化、个性化与艺术性之间的结合。这里我们运用木质的花架结合精致的地面铺装，将这么一个类似露台的区域打造成一个郁郁葱葱、人见人爱的小花园。当然，庭院中的植物无疑是非常重要的元素，我们运用了大大小小的盆栽植物来装点庭院，同时，植物也是庭院的私密屏障，把周围高楼的窗户及玻璃的反光阻隔在外，使得庭院即使身处于繁华商业中心也能保持宁静。与此同时，配置的花架区分出庭院主体空间，搭配木质桌椅形成休闲区或阅读角，再添加上角落里那非常有特色的地灯，赋予庭院更和谐的艺术感，让主人有了一方与自然对话的天地，在小小的庭院中独享宁静与悠闲。

○ **多重景致汇成庭院美景** 日式风格的水钵，满溢质朴风格；清澈的泉水顺着竹筒缓缓流出，倾泻在石井中；各色鲜花的环绕点缀，增加了庭院的旖旎风情。

美化家居招来滚滚财运
改善环境花木催旺人生

花样年·君山——绿意盎然

项目名称 | 东莞花样年·君山
施工单位 | 深圳市彩之虹园林工程有限公司
摄　　影 | 李建波
施工面积 | 6平方米，9平方米

　　东莞花样年·君山位于东莞市中心东城与寮步交界处，距离市中心仅10分钟车程，周边配套齐备。该楼盘有别墅，也有高层住宅，高层住宅的景观非常好，高尔夫资源和黄旗山自然资源不可多得，非常适合东莞人群购买。本次的案例就是针对该楼盘的高层住宅，分别展示了中式风格和英式乡村风

○ **趣味装饰**　选择一个有趣的材料来装饰空间会让人更加难忘。小石子和石头的点缀，呈现出粗犷而随意的装饰风格。

格两种不同感觉的庭院样板效果。

中式风格的庭院面积约6平方米，由于面积的限制，只能在一些细节上讲究，所以我们采用了缩小版的、木质地的小汀步做了一个进入庭院区域的一个引导，再配上白色的石子和地板来装饰地面。植物的选择以中型和低矮的盆式植物为主，适当地摆放组合，丰富空间元素，打造一个简单而有韵味的中式小庭院。

英式乡村风格的庭院面积约9平方米，空间相对开阔，所以采用的是草坪铺地，在绿色的草地上点缀黄色的花朵，丰富地面效果，并沿整个庭院空间的地线边沿栽种各色的、高矮基本相同的花卉，突出了乡村风格自然的一面。同时，运用白色的小花架和鸟笼，在空间中加入英式元素，让整个庭院显得格外清新。

○ **花草点缀墙面** 葱郁多彩的植物装饰，柔化了墙面僵硬的线条，也掩饰了其冰冷的色彩，更让平淡无奇的墙面在花草和绿荫下惬意地休憩着。

◎ **恰到好处的搭配设计** 柔和的灯光洒下，色彩各异的鲜花点缀，做工精致的鸟笼式花篮，这一切犹如一段舒缓动情的韵律，在空间中慢慢荡漾开来。

◎ **草坪上的设计巧思** 将平淡无奇的草坪设计出独特的美感。展翅飞翔的小鸟姿态让这个空间充满趣味感和设计感，让人过目不忘。

大师全解植物开运密码
活用植物增旺住宅运势

◎ **多元素组合的空间** 水景、绿植、鸟笼式的灯箱……空间虽小，却是景致无限。更为难能可贵的是，多处景致都以中式风格为基调，因为统一而更显整体设计美感。

○ **空间集锦** 高低错落、品种不同的盆栽在这个小空间完美聚集，窗格、木桌、石凳，更是形态各异，看似奇怪的组合其实巧思无限。

○ **小景观增添了亮点** 随意摆放的花盆，杂乱之中体现一种从容。白色的花盆和鹅卵石都展现着原生态的自然特色，不加雕琢，却充满个性。

观澜高尔夫·上堤——大城小院

项目名称｜观澜高尔夫·上堤
施工单位｜深圳市彩之虹园林工程有限公司
摄　　影｜李建波
施工面积｜100平方米

　　观澜高尔夫·上堤是观澜湖继大宅、会馆别墅、翡翠湾、长堤之后又一力作，它是基于对豪宅客户进一步的细分，满足客户希望在一个荣耀的领地上实现自我价值的同时，希望得到一个纯粹属于自己的世界的需求而打造。

　　本案例就是针对该楼盘中一户别墅住宅的庭院部分进行的，由于该别墅

◎ 自成一格的小庭院 道路交汇的地方利用植物与山石造景，形成错落有致的景观。白色的矮墙成围合之势，让庭院更显紧凑。

的庭院面积较大，所以在设计理念上想突出其自然性，使用天然草坪铺陈大地面，然后在草坪上分别运用了方形石块和花形的原石设置出汀步，使其更有园林的休闲意味，同时也能带入行走导向。同时，还运用山石在庭院墙体转角处堆砌出假山，搭配上小部分的水景，形成自然的庭院景观。植物则依着墙和铁栏杆"站立"，仿若一个个小警卫守护着这个庭院，在一定程度上也形成了与外界的间隔，俨然是空间的保护。

○ **曲径通幽处** 用早园竹和长青的地被植物装饰石板小路，混合着自然和艺术的元素，给庭院打造出一个立体的、舒适的外观。

广华集团屋顶花园——绿竹初成苑

项目名称 | 广华集团屋顶花园
施工单位 | 深圳市彩之虹园林工程有限公司
摄　　影 | 李建波
施工面积 | 800平方米

　　广华集团屋顶花园由于面积非常大，所以在设计上主打自然、简洁的概念。在屋顶空阔的大空间中，运用人工堆砌的石台，种植人工园艺竹林，在这样的大空间中形成隔断，区分出多个空间。地面铺装运用了大面积的透水砖和粗石子，同时结合方形石板进行走动导向，让空间更有秩序感。还搭建了木质廊架，只要在其中摆设上桌椅，稍微加上一些装饰物件，即可让这个区域成为一个闲适的休憩区，非常具有特色。

◐ **闹市中的僻静之地**　青砖石板小路，竹林掩映，整体风格简单统一，古朴雅致中不失现代的大气之风，在喧嚣闹市里独创一片幽静之所。

○ **绿竹掩映** 极具现代感的庭院沙发与古朴自然的休息亭在庭院中完美结合。休息亭被茂密的竹林所包围，一袭凉风掠过，仿佛置身于自然之中。

○ **小细节，大奥妙** 木格栅不仅具有观赏的功能，而且还能阻挡外界的视线，在一定程度上保证了休息亭的私密性。

○ **典雅中式风** 此处的设计呈现典型的中式风,设计者对天然材料情有独钟,以最接近自然的色彩搭配与图案装饰,将中式家具、庭院与自然巧妙相融。

○ **美景在视野深处** 简单而大气的设计展现出一种复古的田园风格,仿佛走进了竹林,顺着石板小道走到尽头便是世外桃源。

○ 竹林美景 花坛里种满翠绿的竹子，既可以遮挡外界的视线，又是庭院中可以欣赏的一景。阡陌的石板小路就被葱郁的植物层层包围着。

广东天泰屋顶花园——屋顶上的绿宝石

项目名称｜广东天泰屋顶花园
施工单位｜深圳市彩之虹园林工程有限公司
摄　　影｜李建波
施工面积｜660平方米

　　广东天泰控股是一个港资能源集团，其总部在广州，一向注重对环境的保护。因此，在对其总部的大厦进行绿化装饰时选择屋顶花园这一措施。屋顶花园不但降温隔热效果优良，而且能美化环境、净化空气、改善局部小气候，还能丰富城市的俯仰景观，改善人民的居住条件，提高生活质量，以及

○ **天然小路**　并不刻意切割的石板看似随意地嵌入草地，穿过树丛，蜿蜒向前，走在上面，踏青感觉十足。

对美化城市环境，改善生态效应都有着极其重要的意义。

广州天泰控股集团建造这座屋顶花园，其中一个目的就是能为员工、客户和嘉宾提供一个环境优美的游憩场所。由于在屋顶建花园存在种种问题（如承重、面积大小、远离地面、植物生存条件苛刻等），这就要求屋顶花园在形式上应该小而精，力求精美，给人以轻松、愉悦的感受。因此，在设计这个屋顶花园时，我们选择的景物配置、植物都是当地的精品，并精心设计植物造景的特色。

○ **万绿丛中一点红** 整个庭院以常绿植物为主，穿插一两株颜色亮丽的植物，不禁使人眼前一亮。

○ **多种植物搭配** 灌木植物、乔木植物与地被植物多样搭配，颜色丰富而错落有致，增加了庭院的观赏性。

◉ **景中有景** 大块的石板隔开铺满碎石的沙地自成一角，小小的人参榕搭配石塔，又是相映成趣的美景。

◉ **曲直有别** 房屋与屋顶围栏之间选择种植直而细长的竹子，再铺上整齐的石板路，拉升空间，减少压迫感。

◉ **前后呼应** 花园中元素颇多又极注重前后呼应，所见多是高低有序，花石掩映，石塔间也遥相呼应。

大师全解植物开运密码

活用植物增旺住宅运势

◎ **以盆栽植物为围栏** 临近屋角的地方摆放几盆水菖蒲，有效阻挡水汽向屋内蔓延，又起到了点缀美化的作用。

◎ **别有洞天的设计** 荷花、奇石、不规则石墩、一池清水的组合打破了空中花园的常规设计，产生了小桥流水的意境。

美化家居招来滚滚财运
改善环境花木催旺人生

○ **设计多样化** 在房屋与阳台之间架设木质天顶，并配以藤萝植物，简单而清新的长廊吸引人驻足观赏。

○ **遗世独立之美** 从花园的一边向房屋望去，屋子、树丛仿若临水而建，水中的石块更突显了幽静之感。

○ **拐角处的设计** 在房屋拐角处种植类型各异的植物，外面用花岗岩围成弧形与水池隔开，形成独特的小花园。

○ 选择适合的植物 五针松是常见的庭院植物，其树形优美，叶短枝密，兼有苍劲潇洒之感，极富诗情画意。

◎ **简约大方的一角** 稀疏的竹子、朴实无华的石头和碎石地面的简约组合，既起到装饰作用，又不会阻挡室内光线。

◎ **小型植物的优势** 此处选择小型盆景类植物、灌木植物与大块石块搭配，造成视觉差异，形成一个微型园林景观。

◎ **孤植的优势** 丛植在视觉上固然丰富，但孤植更能充分展现植物本身的美感，在深色的墙砖衬托下，植物的颜色也更加亮丽。

○ 奇妙的空间感 　近处可见沙石与植物组合而成的园林景观，远处可望高楼林立的空中美景，形成双重视觉效果。

○ **增加异域风情**　在池塘一角加设一个简易的洗手钵，引入日本庭院元素，更显得风情万种。

红树湾——与阳光对话

项目名称｜中信红树湾房屋露台
施工单位｜深圳市彩之虹园林工程有限公司
摄　　影｜李建波
施工面积｜30平方米

中信红树湾地处深圳湾填海区，北望华侨城世界之窗景，南眺深圳湾，西接沙河高尔夫，东连红树林自然保护区，在城市中心拥有海景、高尔夫景等稀缺景观。

本案例展示的图片是碧海云天楼盘的一位业主家中的露台区域。以防腐

○ **同中有异**　此处的别致在于，整体上寻求对称之美，但细小之处又存在差异，树种的不同更耐人寻味。

木平台作为底面，重点使用盆栽植物装点。盆栽的好处就是方便移动位置，能经常变换不同的组合效果。

每个季节，你都可以买来应季的花草去点缀平台的各个角落，让露台从春到秋都色彩缤纷，赏心悦目。

用盆栽装饰平台的时候，漂亮的花器能增加美观性和风格性。欧式木制花盆、陶艺盆、铸铁盆等都很美观，再增加一些小装饰品，让木平台拥有更多的园林元素，也增加了更多的生活气息。

○ **增加花园感** 此处集中放置几棵大、中型盆栽植物，四周再辅以花色艳丽的小型盆栽，打造出悠闲的园林一角。

◐ **注重细节** 深色的方形花盆埋入洁白的鹅卵石中，盆沿挂着自然垂落的植物，红色的花朵在一旁绽放，细处也是美景。

◐ **善用小型盆栽** 面对窗台的一边放置几盆小型盆栽，既不会阻挡窗外美景，又能起到装点阳台的作用。

美化家居招来滚滚财运
改善环境花木催旺人生

鸣谢

深圳市彩之虹园林工程有限公司

地址：深圳市福田区红荔西路花卉世界2号及74号

邮编：518035

电话：0755-28147408

传真：0755-83247781

QQ：649137966

E-mail：Rainbow-Garden@163.com